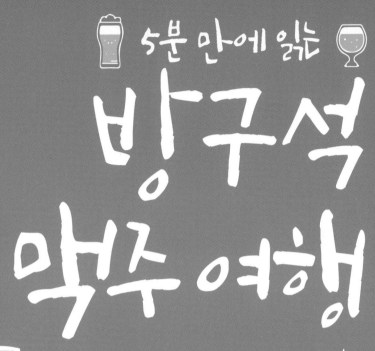

5분 만에 읽는
방구석
맥주 여행

염태진 저

5분 만에 읽는
방구석 맥주 여행

| 만든 사람들 |
기획 인문·예술기획부 | **진행** 윤지선 | **집필** 엄태진 | **편집·표지디자인** D.J.I books design studio 김진

| 책 내용 문의 |
도서 내용에 대해 궁금한 사항이 있으시면
저자의 홈페이지나 J&jj 홈페이지의 게시판을 통해서 해결하실 수 있습니다.
제이앤제이제이 홈페이지 jnjj.co.kr
디지털북스 페이스북 facebook.com/ithinkbook
디지털북스 카페 cafe.naver.com/digitalbooks1999
디지털북스 이메일 digital@digitalbooks.co.kr
저자 이메일 iharu@kakao.com
저자 브런치 brunch.co.kr/@iharu

| 각종 문의 |
영업관련 hi@digitalbooks.co.kr
기획관련 digital@digitalbooks.co.kr
전화번호 (02) 447-3157~8

5분 만에 읽는

방구석
맥주 여행

목 차

Part 3. 맥주와 나라

Part 4. 맥주와 브랜드

Part 5. 맥주와 한국

·PART 1·

맥주와 상식

어쩌다 독일의 지역 맥주를
마시고 있는 걸까?

요즘은 거의 매일 맥주를 마시고 있다. 아내는 맥주를 좀 끊어보라고 성화지만 참새가 방앗간을 그냥 못 지나치듯 마트에만 가면 맥주 진열대를 그냥 지나칠 수가 없다. 개인적으로 독일 라거보다 체코 라거를 즐겨 마시는데(주로 필스너 우르켈과 부데요비츠키 부드바르), 최근에 다시 독일 맥주가 맛있어지기 시작했다. 그 시작은 가펠 쾰쉬라는 녀석 때문이었다. 이 맥주는 라거

Photocredit © PV007

처럼 마시기 쉽고 청량감이 들지만 에일의 하나이다. 게다가 라거에서는 느끼지 못하는 과일 향이 살짝 배어있어 여름철에 제격이다. 라거와 에일의 특징을 모두 갖고 있는 하이브리드 맥주인 셈인데, 그래서인지 이 스타일의 본고장인 쾰른에서는 이 맥주를 라거나 에일 중 하나로 구분하지 않고 쾰쉬 스타일, 그 자체로 불리기를 원한다고 한다.

그러고 보니 이름도 생소하고 독일의 어느 곳에 있는지도 모르는 쾰른의 맥주를 한국에서 이렇게 손쉽게 구해서 마실 수 있다니, 하고 가벼운 감상에 젖어 들었다. 내가 언제부터 세계 맥주를 마시기 시작한 것일까? 정확히 기억하기는 어렵지만 어림잡아도 20년은 넘은 것 같다. 오래전, 세계 맥주라고 하면 귀하고 비싸서 한 번 마시기가 쉽지 않았다. 시중에 유통되는 맥주의 종류도 많지 않았지만, 넉넉하지 않은 주머니 사정이 컸다. 당시를 떠올려보면 유독 기억에 오래도록 남는 맥주 하나가 있다. 일명 삿포로 실버컵이라 불린 캔맥주이다. 그냥 삿포로 맥주가 아니고 실버컵이어야 한다. 지금까지 나온 모든 캔맥주의 줄을 세워도 삿포로 실버컵의 우아함은 따라갈 수가 없다. 전체적인 색상이 은색이라 실버컵이라 불렸는데, 캔의 허리 부분이 살짝 곡선으로 들어가 있다. 색상과 모양 그 자체도 아름답지만 손으로 잡았을 때 꽉 쥐어지는 느낌이 좋았다. 가격은 꽤 비싸서 그 당시 물가로 만 원 조금 안 되었던 것 같다. 지금처럼 편의점에서 세계 맥주를 파는 시절도 아니었고, 일반 맥줏집에서도 구할 수 없어서 조금 고급스런 맥줏집에서 마셨던 기억이 난다. 이 맥주는 마

사진 출처: 삿포로맥주 홈페이지(spaceprogram. co.kr/cg/sapporo)

시고 싶기도 했지만 그보다 소장하고 싶은 욕구가 더 컸다. 하지만 당시 형편으로는 맥주에 만 원씩이나 거금을 쓸 수가 없었다. 그런데 이제는 만 원이면 수입 맥주 4캔을, 편의점이든 마트든 심지어 동네 슈퍼에서도 쉽게 구할 수 있으니 괜한 감상에 젖어드는 것이다.

그런데 최근 맥주에 관한 아주 흥미로운 글 하나를 읽었다. 맥주 역사서인 〈그때, 맥주가 있었다〉라는 책에 이런 대목이 나온다. 1835년 독일에서는 최초로 철도가 개통되었고, 첫 기차는 뉘른베르크에서 퓌르트까지 연결되는 10km 정도의 철도를 시속 40km로 달렸다고 한다. 철도 프로젝트는 큰 위험 부담이 따르는 것이었다. 당초 예산보다 15% 이상의 비용을 추가로 쓰면서 건설되는 철도에 대해 대중들은 미심쩍거나 부정적인 시선으로 바라보았다. 그런데 철로 제작에 필요한 부품을 운송하는 데 마땅한 운송 수단이 없어, 오히려 철도 운송의 필요성을 깨닫게 되었으니 아이러니한 일이다. 아무튼 이 독일 최초의 열차는 승객을 싣고 뉘른베르크에서 퓌르트까지 약 9분을 달렸다. 그리고 이 열차에 최초로 실은 화물이 있었는데, 바로 맥주 두 통이었다(그리고 신문 한 꾸러미가 있었다). 전통적으로 지역의 양조장에서 생산된 로컬 맥주를 선호하던 독일인들이 이웃 동네의 신선한 맥주를 마실 수 있게 된 것이다.

그로부터 거의 200년이 흘러 운송의 수단과 유통의 기술은 더욱 발전하였다. 나는 독일의 지방 도시 쾰른까지 가지 않았지만, 지금 쾰쉬 맥주 한 캔을 마시면서 한국의 지방 도시에서 글을 쓰고 있다. 이 책에서 소개되는 글은 대단한 글이 아니다. 맥주의 나라를 여행하고 쓴 글도 아니고, 맥주를 수십 년간 양조한 경험으로 쓴 글도 아니다. 한국의 여느 마트에서 쉽게 구할 수 있는 맥주를 방구석에서 마시면서 쓴 글이다. 나는 내 방구석에서 맥주로 작은 여행을 하고 있을 뿐이다.

맥주가
축구라면

어떠한 맥주 책을 보더라도 영화의 클리셰처럼 진부하거나 상투적으로 동반되는 설명이 있다. 맥주의 재료와 양조에 대한 설명이다. 맥주의 4대 재료가 물, 보리(맥아), 홉, 효모라는 것은 대부분 알고 있을 것이다. 하지만 이 재료들이 어떠한 마법을 부려 맥주로 변하는지 모르는 사람들도 의외로 많다. 20년을 나와 같이 맥주를 마셨던 대학동기는 어느날 '맥주는 홉으로 만들지?'라고 내게 물었다. 그 녀석은 홉을 맥아로 착각하고 있었던 것이다. 나도 역시 맥주책의 클리셰를 따라 첫 장을 맥주의 재료에 대해 쓰고 있다. 그런데 이왕이면 조금 더 쉽고, 대중적인 언어로 설명하고 싶었다. 어떻게 하면 좋을지 고민하던 중, 무릎을 딱 칠 만한 방법을 발견했다. 내가 평소에 즐겨 듣는 팟캐스트 방송 중에 여행에 관한 다양한 주제로 진행자와 게스트가 잡담을 나누는 '탁PD의 여행수다'라는 편안한 방송이 있다. 이 방송의 진행자인 탁재형 PD가 맥주를 만드는 과정을 축구에 비교하여 설명해 주었는데, 내가 아무리 쉬운 설명을 찾아봐도 이보다 명쾌하지는 않을 것이다. 그래서 탁재형 PD에게 이 방송의 내용을 인용해도 되겠냐고 요청했더니 흔쾌히 수락해 주었다. 그러니 여기서 이어지는 맥주와 축구의 컬래버는 탁재형 PD의 덕분이다.

🍺 ── 축구장을 건설하는 맥아

맥주의 첫 번째 재료는 맥아다. 영어로는 몰트(malt)라고 하고 순우리말로는 '엿기름'이라고 한다. 그런데 왜 보리가 아니고 맥아일까? 맥아는 보리와 무엇이 다를까? 맥아를 한자로 풀면 보리 맥(麥)과 싹 아(芽)를 쓰는데, 한자 그대로 풀어보면 '싹이 난 보리'라는 뜻이다. 일반적으로 술, 특히 발효주라는 것은 효모라는 미생물이 당분이 있는 음식을 먹고 뱉은 부산물이고 이 부산물이 알코올과 탄산이다. 가장 대표적인 발효주, 와인은 포도나 여러 과일 등이 재료이기 때문에 효모가 먹을 수 있는 당분이 풍부하다. 하지만 보리를 보면 어떨까? 보리 자체에는 당분이 적고 대신 탄수화물로 이루어진 전분이 가득하다. 그런데 이 전분은 약간의 힘을 가하면 당분으로 바뀐다. 흰 쌀밥을 가만히 씹다 보면 단맛이 났던 경험이 있을 것이다. 쌀밥이 잘게 부수어지고, 거기에 침과 물이 가해져 전분이 당분으로 바뀌었기 때문이다. 그런데 술을 만들기 위해 보리를 씹어서 뱉을 수도 없는 노릇[1] 이고, 보리의 전분을 당

Photocredit ⓒ sirmarkdavid

---

1 남미에는 실제로 여인들이 곡물을 씹고 뱉은 것을 모아서 만든 술이 있다.

분으로 바꾸는 효과적인 과정이 필요한데 이를 해결해주는 것이 바로 보리에 싹을 틔우는 것이다.

보리에 싹을 틔우는 과정을 '발아'라고 하고 영어로는 몰팅(malting)이라고 한다. 보리를 물에 담가 놓으면 보리의 싹이 트는데 이때 보리의 껍질에 있는 효소가 활성화된다. 이 효소는 전분을 보호하고 있는 단백질과 탄수화물이라는 장벽을 허물어 내고, 전분을 소모해 당분을 만든다. 보리의 싹은 이 힘을 추진력으로 트는 것이다. 그런데 발아가 완전히 끝나 전분이 전혀 없는 곡물이 되면 이것도 발효에 좋은 것은 아니다. 그래서 발아가 적당히 이루어졌을 때 발아를 중단시키기 위해 맥아를 건조한다. 건조라고 하는 것은 맥아를 가마에 넣고 볶는 것인데, 이 볶는 과정에서 맥아 특유의 풍미, 몰티(malty)가 형성된다. 마치 커피 원두를 볶아 커피를 만드는 과정과 비슷하다. 그 다음 건조된 맥아를 잘게 부수어 따뜻한 물에 불려 당분을 이끌어내는데 이렇게 생겨난 맥아즙을 워트(wort)라 한다.

이러한 과정을 축구에 비교하면 축구장을 건설하는 것과 같다. 축구를 하려면 선수도 필요하고 공도 필요하겠지만, 그 전에 운동장이 갖춰져 있어야 한다. 맥주를 만들기 위한 인프라를 갖추는 것, 그것이 곧 맥아즙을 만드는 과정이다.

그런데 맥주를 만드는 곡물은 맥아만 가능할까? 꼭 그렇지만은 않다. 맥아가 역사적으로 많이 사용되었고, 다른 곡물에 비해 전분을 당분으로 바꾸는 효소가 많이 있기 때문에 사용되었던 것이다. 그렇다고 해서 다른 곡물로만 가지고 맥주를 만드는 것도 힘들다. 그래서 맥아와 다른 곡물을 섞어 사용하는데 그러면 맥아의 효소가 다른 곡물의 머리채를 잡아 끌고 가면서 당화를 돕는다. 맥아와 함께 사용할 수 있는 곡물은 크게 세 가지이다. 몰트가 아닌, 즉 싹이 트지 않은 보리, 보리 외 다른 곡물, 몰트화된 곡물이다. 가끔 맥주의 라벨을 읽다 보면, 원재료에 맥아와 보리가 함께 쓰인 것을 볼 수 있다. 여기서 말하는 보리는 맥아가 아닌 구운 보리로 맥주의 다른 풍미를 유도하기 위해 사용된 것이다. 그밖의 몰트화 되지 않은 곡물로 자주 쓰이는 것은 옥수수와 쌀인데 비싼 맥아를 대체하기 위해 사용되었으며 풍미가 떨어져 가벼운 맥주를 만드는 데 사용된다. 이와 같은 맥주를 부가물 맥주라 부르며 미국과 일본의 대기업 맥주에서 흔히 볼 수 있다. 보리 맥아와 함께 몰트화된 다른 곡물을 넣기도 하는데 대표적인 것이 밀맥주다. 밀맥주는 통상 곡물 중 밀맥아가 50% 이상 함유된 맥주를 말한다. 밀 이외에 대표적인 몰트화된 곡물에는 호밀이 있다.

경기장을 가꾸는 홉

아무리 좋은 재료가 있어도 양념을 치지 않으면 맛이 나지 않는다. 시설 좋은 운동장이 있어도 선수들의 경기력을 향상시키기 위해서 잔디를 가꾸고 경기장을 최상의 상태로 유지해야 한다. 맥주도 마찬가지이다. 맥주에 홉이 없다면 그저 달고 신맛이 나는 음료에 불과하다. 홉은 맥주에 쓴맛을 내기 위해 사용하기도 하고, 종류에 따라 과일 향, 꽃내음, 풀내음, 흙냄새 등 다양한 향과 아로마를 내기도 한다. 또한 홉은 미생물에 대한 항 박테리아 성분이 있어 맥주의 신선도를 유지시켜주는 천연방부제 역할까지 한다.

이 홉(HOP)은 8~90년대 유행했던 한국의 맥줏집인 호프(HOF)와는 다른 것이다. 호프집에 자주 드나들었던 친구가 맥주의 주재료를 홉이라고 헷갈린 이유가 바로 이 호프(HOF) 탓일지도 모르겠다. 홉은 삼과의 덩굴 식물로 대마초와는 사촌 격이지만, 대마초와 같은 환각 성분은 없으니 허튼 기대는 하지 마시길. 이 식물의 암꽃은 마치 초록색의 작은 솔방울처럼 생겼는데, 이 암꽃에 함유된 알파산이 맥주의 쓴맛을 만들어 내고, 여러 가지 오일 성분이 맥주에 풍미와 아로마를 입힌다.

Photocredit ⓒ RitaE

홉은 수확 후 쉽게 갈변[2]하므로 수확 후 바로 건조하여 사용하거나, 건조한 홉을 갈아 알약처럼 만든 펠렛 홉을 주로 사용한다. 홉 생산지와 가까운 일부 양조장에서는 수확한 홉을 말리지 않고 그대로 생홉을 사용하기도 하는데 생홉을 사용한 맥주를 그린홉(greenhop) 맥주라고 한다. 전문 양조 시설이 아닌 자가 양조에서는 홉에서 추출한 알파산과 아로마 오일 성분을 액체로 가공한 홉 추출물을 사용하기도 한다.

홉의 생산지는 주로 북위 48도선에 집중되어 있다. 그중 미국과 독일이 가장 많고 그다음이 체코, 중국, 폴란드 순이다. 독일은 전통적으로 맥주의 나라이고 홉을 처음으로 사용한 나라이기도 하다. 독일 할러타우 지역의 홉은 독일 맥주의 80% 이상에서 사용되고 있다. 미국은 현대 맥주사에서는 빠질 수 없는 나라이다. 특히 미국의 크래프트 맥주 혁명은 홉의 발전과 떨어질 수 없

---

2 사과를 깎았을 때 시간이 지나면서 점점 갈색으로 변하는 현상 같은 것을 말한다.

다. 미국은 홉의 품질 개량을 통해 여러 가지 새로운 홉종을 개발하였는데 4C 라 불리는 홉이 특히 유명하다. 한 번이라도 미국의 IPA나 페일 에일을 마셔 봤다면 자몽이나 오렌지, 복숭아, 파인애플, 레몬 같은 과일 향과 강렬한 쓴맛을 기억할 것이다. 이러한 특징은 대부분 센터니얼(Centennial), 캐스케이드 (Casecade), 콜럼버스(Columbus), 치누크(Chinook)라는 4C의 홉에서 기인한 것이다. 4C의 홉을 깊이 맛보려면 발라스트 포인트의 스컬핀 IPA를 추천한다. 체코는 사츠(Saaz) 홉으로 유명하다. 사츠 홉은 체코의 보헤미아 지방이나 인근의 독일에서 필스너 맥주를 만드는 데 주로 사용한다. 미국식 홉처럼 과일 향이나 꽃 향이 강하지는 않으나 향이 은은하고 쌉쌀한 맛이 좋다. 사츠 홉을 사용한 맥주로 필스너 우르켈이나 산토리 프리미엄 몰츠를 추천한다. 일본 맥주라 거부감이 있다면 체코의 부데요비츠키 부드바르를 추천한다. 그밖의 주목할 만한 홉 중에 일본에서 개발한 소라치 에이스(Sorachi Ace)가 있다. 아무래도 옆 나라에서 개발한 홉이어서 부러울 따름이다. 우리나라도 장차 한국산 홉이 유명해지면 좋겠지만, 한국의 토양과 기후가 홉 재배에 적합하지는 않은 것 같다.

홉은 맥아즙을 끓일 때 넣으며, 넣는 순서에 따라 용도가 달라진다. 끓기 시작할 때 넣은 홉은 맥주의 쓴맛을 내는 용도이다. 오래 끓인 홉은 향은 날아가고 쓴맛만 남기 때문이다. 끓는 중간 혹은 후반에는 풍미용으로 홉을 넣고, 불을 끄고 넣는 홉은 아로마용이다. 맥주의 아로마를 풍부하게 하기 위해 발효 중에 넣을 때도 있는데, 이를 드라이 호핑이라고 부른다. 홉에서 나오는 맥주의 풍미를 호피(hoppy)라고 하는데, 호피한 맥주로는 '듀벨 트리펠 홉'을 추천한다. 듀벨은 기본적으로 두 가지 홉을 사용하고 세 번째 홉을 드라이 호핑하는데, 이 세 번째 홉을 매년 다른 종류로 사용한다. 매년 출시되는 듀벨 트리펠 홉을 기대하는 이유이기도 하다.

Photocredit ©Bernt Rostad

🍺 —— 맥주의 선수는 효모

축구장도 지어졌고 잔디도 잘 관리가 됐다면 이제 실제 축구 경기를 할 선수가 필요하다. 축구 경기가 끝나면 좋은 경기든 나쁜 경기든 스코어가 나오게 마련이다. 맥아로 맥주즙도 만들었고, 홉으로 쓴맛과 맥주 맛을 더 했으니 이제 맥주의 가장 중요한 성분인 알코올과 탄산가스를 만들 차례다. 이때 필요한 선수들이 효모(Yeast)이다.

효모는 일종의 곰팡이로, 수억 년 전 첫 번째 효모의 탄생을 시작으로 현재 1,500여 종의 효모가 발견되었다. 이중 맥주 양조에 쓰이는 효모는 손에 꼽힐 정도다. 맥주 효모는 맥즙에 있는 당분을 먹고 알코올과 이산화탄소를 배출하는데, 발효할 때 어떤 효모를 사용하느냐에 따라 맥주의 종류가 크게 라거와 에일, 그리고 야생 에일로 나뉜다.

에일 효모

에일은 사카로마이세스 세레비지에(Saccharomyces Cerevisiae)라는 에일 효모로 만든 맥주이다. 이 효모는 비교적 따뜻한 약 15~24도 사이에서 왕성하게 활동하고, 발효 과정이 맥주즙의 상면에서 발생한다. 맥주의 발효 과정을 직접 보면 마치 물이 끓는 것처럼 발효조 상면에서 부글부글 끓어오르는 거품을 볼 수 있는데 이것이 바로 효모가 활동하는 모습이다. 이렇게 하여 붙여진 에일의 다른 이름이 '상면발효' 혹은 '고온발효' 맥주이다. 축구로 비교하자면 11명 모두를 공격수로 구성한 팀과 같다. 그런데 이 에일 효모는 당분을 깨끗하게 먹어 치우지도 않고 완전히 먹지도 못한다. 그러다 보니 찌꺼기가 많이 남아 있는데 이런 것들이 맥주의 색깔을 뿌옇게 만든다. 바로 어제 마신 호가든을 생각해 보시길. 에일의 종류는 매우 많다. 밀맥주, 스타우트와 포터, 페일 에일과 IPA, 앰버 에일, 블론드 에일, 브라운 에일, 이런 것들이 모두 에일에 속한다.

라거 효모

상업적으로 사용되는 라거 효모의 이름은 사카로마이세스 파스토리아누스(Saccharomyces Pastorianus)이다. 이 이름은 맥주에서 효모의 역할을 처음으로 발견한 과학자의 이름에서 따왔다. 바로 루이 파스퇴르이다. 재미있는 사실은 덴마크 칼스버그 양조장의 과학자인 에밀 한센 역시 라거 효모를 발견하여 사카로마이세스 칼스버겐시스(Saccharomyces Carlsbergensis)라는 이름을 붙였는데, 파스퇴르가 발견한 효모와 같은 종이라는 것을 훗날 알게 되었다는 것이다. 지금은 먼저 발견한 자의 이름을 따서 부르고 있다. 라거 효모를 이용한 라거 맥주는 1800년대 중반에야 발명되었지만, 라거 효모가 출현한 시기는 15세기로 거슬러 올라간다. 15세기 유럽인들이 남미 지역에 퍼져나가면서 남미의 천연 효모를 고향으로 전파했고, 이것이 독일 지역의 추운 기후에서 에일 효모와 교배하여 새로운 종으로 탄생하였으니 바로 지금의 라거 효모이다. 라거 효모는 에일 효모보다 낮은 약 8~12도 사이에서 활발히 활동하고 발효를 마친 후에는 아래로 가라앉는다. 그래서 '하면발효' 혹은 '저온 발효'라고 부른다. 에일 효모와는 달리 라거 효모는 당분을 더 깨끗하고, 더 많이, 더 오랫동안 먹어 치운다. 그래서 라거 맥주는 에일 맥주에 비해 맛이 깔끔하고 청량하고 가볍다.

야생 효모

잘 훈련된 국가 대표 선수들로 구성된 팀도 있겠지만, 동네에서 축구 좀 하는 '아는 형들'을 모아 놓은 축구팀을 생각해 보자. 에일 효모나 라거 효모는 잘 정제하여 보관하고 배양된 효모이다. 모든 양조장에서는 효모를 소중히 관리하고, 심지어는 효모 은행에 보관해 놓기도 한다. 그런데 우리가 마시는 공기 중에도 눈에 보이지는 않지만 야생 효모가 떠돌고 있다. 이런 야생 효모 중에는 맥주를 만드는 데 사용해도 좋을, 즉 선수로 출전해도 좋을 효모가 있다.

이렇게 '맥주 좀 아는 형', 야생 효모를 사용해 만든 맥주를 와일드 에일이라고 부르고, 대표적인 것이 벨기에의 람빅이다. 람빅은 묵은 맥즙을 오랜 기간 자연환경에 노출시키고 공기 중에 떠다니는 효모에 의해 자연발효시켜 만든다. 그런데 한 가지 아쉬운 것은 야생 효모를 이용한 맥주는 점점 사라져 갈 것으로 보인다는 점이다. 가속화되는 도시화 속에서 전통 양조장만 예전 그대로 남아 있기는 상당히 어려울테니 말이다.

Photocredit © FRANCESCO ANGRISANI

물이 있어야 경기의 결과가 나온다

이제 맥주의 4대 재료 중 물만 남았다. 맥주에서 물의 중요성을 이야기하기 전에 오래전에 있었던 에피소드 하나를 꺼내 볼까 한다. 맥주를 모르던 시절, 그때의 맥주는 항상 2차였다. 친구와 함께 1차에서 삼겹살과 소주를 목이 차도록 구겨 넣고 맥주를 마시러 갔던 날이었다. 수입 맥주 한 병을 들고 단 한 방울도 허용하지 않을 것 같은 목구멍에 사정하며 밀어 넣었는데 의외로 막힘

없이 들어갔다. 물이 이렇게 부드러울 수가 있다니! 맥주에서 물의 묘미를 알아버린 건 그때였다.

잠시 초등학교 과학 시간으로 돌아가, 물은 센물과 단물로 나뉜다고 배웠던 것을 떠올려보다. 센물은 칼슘이나 마그네슘 같은 미네랄이 많이 포함되어 있다. 미네랄 함량이 많은 물이 비누와 만나면 작은 스크럽 알갱이가 남는다. 반면 단물은 미네랄 함량이 적다. 이 물로 비누 세안을 하면 잘 씻기지 않는다.

센물과 단물을 맥주 양조에서는 경수와 연수라 부른다. 물에 포함되어 있는 미네랄의 종류와 양, 칼슘이나 마그네슘, 그밖의 구리나 아연도 맥주의 풍미와 질감에 영향을 준다. 전통적으로 지역에 있는 수원에 따라 맥주의 스타일이 탄생하였다. 더블린 리피 강의 미네랄이 풍부한 경수는 스타우트와 같은 탁한 질감의 맥주를 만드는 데 적합했고, 플젠 지역의 부드러운 물, 연수는 필스너와 같은 맑고 청량한 맥주를 만드는 데 일조했다. 하지만 현대에 와서는 지역의 물을 사용해 만든 맥주의 의미는 점점 옅어지는 것 같다. 이제는 물에 화학적으로 특정 성분을 첨가하거나 제거하여 물의 성분을 바꿀 수 있다. 세계의 어느 지역에 공장을 세워도 동일한 품질의 맥주를 만들 수 있는 것이다. 그런데 사람의 혀는 그보다 뛰어나지 않은가? 벨기에의 호가든과 한국의 오가든을 구분할 수 있으니. 참고로 아까 등장한 목넘김이 좋은 맥주는 스텔라 아르투아였다.

맥주에
마법사가 있다면

회사 동료들과 회식을 하면 맥주를 좋아하는 나를 위한 배려인지 곧잘 세계 맥주 전문점으로 향하곤 한다. 어느날 회식 자리에서 맥주라고는 라거밖에 모르는 막내 녀석이 맛있는 라거 맥주 하나만 추천해 달라고 했다. 여기서 마시는 라거의 맛이 거의 대동소이해서 조금은 특별한 것을 골라주고 싶었다. 그래서 선택한 나의 무기는 '사무엘 아담스 보스턴 라거'였다. 이 맥주라면 그동안 그 녀석이 마셔왔던, 맛도 나지 않고 싱거운 라거와는 다를 것이다. 홉의 향도 확실하니 이 정도면 라거의 신세계에 놀라 자빠질 것이라 생각했다. 하지만 그 녀석의 반응은 나의 기대에서 한참을 벗어났다. 평소 마시던 라거에 비해 홉의 향이 강해서 싫다는 것이었다. 사람에 따라서 홉 향에 거리감을 느낄지도 모르겠다. 하지만 대부분의 맥주는 홉에 의해서 맥주 특유의 맛을 내게 된다. 홉 향을 싫어하는 그 녀석이 마시는 싱겁고 쌉쌀한 맥주도 알고 보면 홉이 만든 것이다. 게다가 홉은 맥주에 쓴맛을 더하고 맥주를 더 오랫동안 보존해준다는 점을 기억하자.

Photocredit © B.M Studio

그런데 홉의 어떤 성분이 이런 것을 가능하게 할까? 홉은 맥주에 풍미와 아로마를 더하는 여러 가지 오일을 가지고 있다. 이중 우리의 몸이 맥주에 반응하는 것은 루풀린(Lupulin)이라는 성분의 효과이다. 루풀린은 쓴맛을 내는 후물론(Humulone)이라는 알파 산, 박테리아의 성장을 억제하는 항생 물질적 특정을 갖고 있는 루풀론(Lupulone)이라는 베타 산을 함유하고 있다. 후물론과 루풀론이라는 어려운 이름을 굳이 들추어 말하는 이유는 홉의 학명이 어쩌면 이 이름에서 나왔을 가능성이 있기 때문이다. 홉은 학명으로 후물루스 루풀루스(Humulus Lupukus)라고 한다. 이 말의 어원은 '작은 늑대'라는 뜻의 라틴어인데, 늑대가 조용히 양을 잡듯이 홉 식물이 다른 식물 위에서 자라는 경우가 많아 붙여졌다. 특히 버드나무 위에서 자라서 '버드나무 늑대'라고 불렸다. 이 이름을 붙인 인물은 로마의 철학자 대(大) 플리니우스다. 그는 홉을 식용이 가능한 식물로 소개했는데 역사적으로 홉을 가장 먼저 언급한 인물로 기억되지만 그는 홉을 여러 가지 야생 식물 중의 하나로만 언급했을 뿐 맥주와의 연관성을 언급한 건 아니었다. 그럼 홉을 맥주와 연관지어 기록한 것은 언제일까? 이제 조금 깊은 홉의 역사를 따라가 보겠다.

Photocredit © Iva Balk

홉을 본격적으로 사용한 맥주가 나온 것은 생각보다 오래되지 않았다. 홉을 사용하기 전에는 그루트(gruit 또는 grut)라고 하는 여러 가지 허브초를 사용했다. 영화 어벤져스에 나오는 그루트(groot)와는 발음만 같고 공통점이란 첫 두 글자 gr과 어쨌든 둘 다 식물이라는 것 뿐이다. 이 허브초의 종류에는 헤더, 들버드나무, 서양톱풀, 쑥국화, 세이지, 로즈마리, 병꽃풀 등 낯선 식물이 많은데, 명확히 딱 이것만 그루트라고 말할 수는 없다. 그루트란 맥주의 쓴맛과 풍미를 내기 위해 사용한 모든 것을 포함하는 어휘이다. 중세 독일에서는 허브초 이외에도 소의 쓸개를 넣었다는 기록도 있고, 죽은 사람의 손가락을 넣으면 맥주의 맛이 좋다는 미신까지 있었다고 한다. 그런데 그루트가 홉과 다른 점은 맥주의 쓴맛과 풍미를 내기는 하지만, 방부 효과는 없다는 점이다. 그래서 옛날 영국인들은 맛이 상한 맥주를 흔하게 마셨을지도 모른다. 옛날 영국에서는 홉이 나온 이후에도 그루트를 사용한 맥주인 에일을 즐겨 마셨다.

홉을 맥주 양조에 사용했다는 최초의 기록은 822년 북부 프랑스에서 등장한다. 베네딕토 수도원의 아달하르트는 수도원을 어떻게 운영해야 하는지를 명시한 규약집을 만들었는데, 이 규약 중 하나로 '수도원 생활에 필요한 장작과 홉을 자연에서 구해야 하는 것이 수도원 거주자의 의무'라고 썼다. 홉을 재배하기 시작한 것은 훨씬 나중의 일이지만 이 문서만큼은 야생의 홉을 맥주에 이용한다고 쓰고 있다. 당시에는 홉에서 추출한 성분으로 염료나 종이를 만들기도 했는데, 홉을 맥주 양조에도 사용했다는 것이다. 그런데 이렇게 사용한 홉이 맥주의 쓴맛을 내기 위해 사용했는지, 맥주의 보존력을 강화하기 위해 사용했는지까지는 알 수 없다.

홉의 용도까지 설명한 기록은 그로부터 300년이 지나서다. 독일 빙겐 지역의 수녀원장 힐데가르트는 그녀의 저서 〈자연사(Physica Sacra)〉에서 홉을 방부제로 사용한다고 적었다. 그녀는 이 책에서 '홉은 따뜻하고 건조하며 적당히 습기가 있는 식물로, 사람을 우울하게 하기도 하고 영혼을 슬프게 하기도 하지만 홉이 가진 쓴맛은 방부제 역할을 한다'라고 설명하고 있다. 여기까지만 읽으면 홉이 맥주에 쓰인다고 할 수 없다. 하지만 그녀는 곧바로 다음과 같이 덧붙였다. '홉 없이 귀리로만 맥주를 만들면 아주 많은 양의 그루트가 필요할 것이다'. 정리해보면, 힐데가르트는 홉의 여러 가지 작용을 알고 있었고 그 중에서 맥주가 상하지 않도록 도와주는 방부 작용을 가장 중요하게 생각했다.

야생의 홉이 아닌 재배된 홉을 맥주에 사용한 시기는 대략 9세기 후반 즈음이라고 한다. 문서에 기록된 것은 아니어서 정확하지는 않겠지만, 여러 전문가들은 이 시기 독일 남부의 바바리아(지금의 바이에른)의 할러타우에서 홉을 재배했다고 말한다(할러타우는 지금도 세계에서 가장 큰 단일 홉 재배 지역으로 유명하다). 대신, 상업적으로 홉을 재배했다는 기록은 남부 독일이 아니라 북부 독일의 한자동맹[1]을 이루는 도시들에서 나왔다. 한자동맹의 도시 중 독일의 함부르크나 브레멘은 맥주를 플랜더스나 네덜란드 저지대 지역의 부유한 거주자들에게 수출했는데, 시간이 지나면서 네덜란드 저지대 지역에서는 수입된 맥주를 마시기보다는 직접 맥주를 제조하기 시작했다. 그러면서 자연스럽게 네덜란드에서 홉의 재배가 확대되었는데, 대략 14세기 후반의 일이다.

영국에서의 홉 맥주의 출현은 조금 늦다. 영국은 맥주에 있어서 대단히 보수적이어서 오랫동안 홉을 사용하지 않은 에일을 선호했다. 영국에서 홉 맥주를 마시는 자들은 네덜란드 저지대 지역에서 온 일부의 이민자들이었고, 그들은 홉 맥주를 본국에서 수입해 올 수밖에 없었다. 영국인들은 홉을 치명적이고 해로운 식물로 여겼고, 이러한 인식으로 인해 영국에서의 홉 재배는 훨씬 늦어졌다. 영국에서 홉을 재배했다는 기록은 대략 16세기에 있었다. 켄트 홉이 지금의 캔터베리 근처의 웨스트비어에서 광범위하게 재배되었다. 하나의 주에서 재배된 홉은 점차 확대되어 17세기에 이르러서는 영국의 14개의 주에

---

1 북부 독일에서 네덜란드의 저지대 지역에 이르는 도시들이 상업적으로 교류하기 위해 만든 조직

서 재배되었다. 재미있는 사실은 홉의 사용이 확대됨에 따라 홉에 세금을 부여하기 시작했는데, 맥주 회사들은 홉세를 피하기 위해 브룸이나 웜우드와 같은 홉 대체물을 사용했다는 것이다. 하지만 영국 정부는 홉 이외 대체물의 사용을 금지시켰다.

라면에 마법의 스프가 있다면 맥주에는 마법의 홉이 있는 것이다.

Photocredit ⓒ RitaE

스페인에선
맥주를 왜 세르베사라고 부를까

영어로 맥주인 비어(Beer)는 라틴어 비베레(Bibere)에서 나왔다고 전해진다. 라틴어로 비베레는 '마시다'라는 뜻으로 비보(Bibo)라고도 한다. 영어에서 마실 것을 의미하는 비버리지(Beverage)는 바로 여기에 어원을 두고 있다. 라틴어에 뿌리를 두고 있는 유럽의 언어권에서는 맥주을 부르는 말이 거의 비슷하다. 가령 프랑스어로는 비에라(Biére), 이탈리아어로는 비르라(Birra), 독일어로는 비어(Bier)라고 부른다. 그런데 스페인에서는 맥주를 세르베사(Cerveza)라고 부른다. 이웃 나라 포르투갈에서는 세르베자(Cereja)라고 하고, 스페인의 지배권에 있었던 멕시코나 남미에서는 세르베사(Cerveza)로 부른다. 그럼 왜 유독 이 지역에서는 맥주를 다른 이름으로 부르게 된 것일까?

위키피디아에서 그 이유에 대해 약간의 힌트를 얻었다. 세르베사는 중세 프랑스어인 '세르부와즈(Cervoise)'에서 왔다. 프랑스어 사전에서 세르부와즈를 찾아보면 '홉을 넣지 않고 보리나 밀로 빚은 골(les Gaulois)족의 맥주'라고 되어 있다.[1] 세르부와즈의 어원을 따라 조금 더 올라가보면 고대 프랑스 라틴어 방언의 하나로 갈로-로만어(Gallo-Roman) 세레비시아(Cerevisia)에서 왔다고 한다. 세레비시아는 로마 신화의 수확의 여신이며 시칠리아섬의 수

---

1 출처: 동아출판 프라임 프랑스어 사전

이탈리아 맥주, 비르라

스페인 맥주, 세르베사

호신인 세레스(Ceres)를 기리기 위한 용어이다. 그런데 재미있는 사실은 스페인이 1482년경 맥주를 부르는 용어로 세르베사를 채택했을 때, 프랑스인들은 이미 라틴어에서 온 비에라를 더 많이 사용하고 있었다는 것이다. 그러나 세르베사는 죽지 않고 이베리아반도뿐만 아니라 남미 전역에서 사용하고 있는 맥주 용어가 되었다.

앞서 비어는 라틴어 비베레에서 나왔다고 했지만, 고대 게르만 민족의 언어 베레(bere)에서 왔다는 설도 있다. 베레는 보리를 나타내는 말인데, '보리로 만든 음료를 마신다'라는 뜻에서 비베레나 베레가 비슷한 게 아닐까 생각한다. 그리고 비베레의 동사 원형이라는 비보는 러시아나 체코 등 슬라브족 언어권에서 맥주를 부르는 말인 Pivo(피보)를 연상시킨다. 체코에서 맥주를 시킬 일이 있다면 'Beer, Please' 대신 'Pivo, Prosim'이라고 하면 더 운치 있을지 모르겠다.

체코 맥주 피보, 부데요비츠키 부드바르 캔에는 맥주를 부르는 세계의 여러 말이 쓰여 있다.

유럽에서 맥주를 부르는 말 중에는 에일(Ale)이 있다. 맥주를 크게 라거와 에일로 구분하기도 하지만, 영국에서는 전통적으로 홉을 사용하지 않은 맥주는 에일이라고 불렀고, 반면 홉을 사용한 맥주를 비어라고 불렀다. 에일의 어원은 알루(Alu)에서 나왔는데, 여기서 파생된 맥주를 부르는 말로 덴마크의 올레트(Ollet), 핀란드의 오루트(Olut), 리투아니아의 알루스(Alus)가 있다. 덴마크의 유명 크래프트 브루어리 중에 '투올(To Øl)'이라고 있는데, 여기서의 '올'도 맥주를 나타내는 말이다.

아시아에서는 맥주를 어떻게 부를까? 일본은 많이 알다시피 맥주를 비루(ビール)라고 부른다. '비'를 길게 발음해야 하며 짧게 발음하면 '빌딩'이라는 뜻이 된다. 일본 최초의 맥주는 1613년에 영국 선박이 입항하면서 적은 적하목록에 기록되어 있다. 그 이후로는 서양과의 교역이 네덜란드에만 한정되어 있었다. 일본에 체류하고 있던 네덜란드인들을 위해 본국에서 생활필수품을 배편으로 수송했는데 그 목록 중에 맥주가 있었으며, 난학서라는 책에 맥주를 비이루(びいる)라고 기록하고 있다. 네덜란드 발음을 그대로 표기한 것이 오늘날 일본 비루의 유래이다.

중국은 맥주를 피지우(啤酒)라고 한다. 이것은 중국의 백주(白酒)를 바이지우라고 부르는 것과 비슷하다. 다만 보리 맥(麥)자가 아닌 맥주 비(啤)를 써 피지우라고 부른다. 원래는 가죽 피(皮)를 썼었는데, 맥주에만 붙이기 위해 이전에 없던 한자를 만들었다. 이렇게 한자를 바꿔 붙인 대표적인 맥주가 칭다오이다. 칭다오 맥주의 라벨을 자세히 보면 청도맥주(青島麥酒)가 아니라 청도비주(青岛啤酒)라고 쓰여 있는 걸 확인할 수 있다.

중국 맥주 피지우. 칭다오 맥주는 흔히들 청도맥주라고 읽지만 청도비주(青岛啤酒)라
고 쓰여 있다.

맥주병은 왜 갈색이고,
소주병은 왜 초록색일까?

맥주병이 갈색인 이유는 맥주를 좋은 품질로 유지하기 위해서이다. 맥주는 홉을 첨가하고 맥아를 발효시켜 만든 술이기 때문에 햇빛에 오랜 시간 노출되면 자외선에 의해 성분이 응고되거나 산패[1] 한다. 이렇게 빛에 의해 변형

다양한 갈색 맥주병

1 술이 공기 속에서 산소나 빛, 열, 또는 세균, 효소 등의 작용에 의해 산성이 되어 불쾌한 냄새가 나고 맛이 나빠지는 현상

된 나쁜 냄새를 일광취(日光臭) 혹은 스컹키 플레이버(Skunky Flavor)라고 부른다. 홉이 빛에 장기간 노출되면 변형이 일어나는 이유는 홉이 가지고 있는 감광성[2] 때문이다. 빛에 노출이 된 맥주를 마셔도 인체에는 해롭지 않다. 다만 맛이 변하였기 때문에 상품 가치는 떨어진다.

하지만 모든 맥주병이 갈색인 것은 아니다. 가령 멕시코 맥주인 코로나는 투명한 병에 담아 깨끗하고 청량감 있는 느낌을 강조하였다. 중남미 카리브 해안에서 햇빛이 내리쬐는 뜨거운 해변에 누워 마실 맥주가 있다면 왠지 갈색 병의 맥주보다는 투명한 병이 어울려 보이지 않는가. 하이네켄이나 칼스버그를 비롯한 유럽의 많은 라거 맥주들은 초록색 병을 사용한다. 초록색은 청량하고 깨끗한데다 시원한 이미지가 있어 라거 맥주와 어울리기 때문이다. 이렇듯 제품이 창출하는 브랜드의 이미지를 강조하기 위해 다른 색의 병을 사용하기도 한다. 투명한 색이나 초록색으로 맥주병을 사용할 때에는 병에 화학적 처리를 하여 자외선의 투과율을 낮추거나 특별히 햇빛에 강한 홉을 사용한다.

빛을 잘 차단하는 색깔의 순서는 빨강, 주황, 노랑, 초록, 파랑 순이며 그중에서도 빛을 가장 잘 차단할 수 있는 색은 검정이니, 병이 검은색이면 맥주의 변질을 가장 잘 막을 수 있다. 하지만 검은색을 맥주의 병으로 사용하기에는 거부감이 있었나 보다. 맥아의 색이 갈색이고, 맥주의 색도 갈색이 많다 보니 맥주병은 검은색이 아닌 갈색 병을 사용한 것이다.

이에 반해 소주병은 거의 초록색이다. 소주병이 초록색이 된 이유에는 여러 가지 설이 있다. 첫 번째는 유리를 가공하여 병을 만들면 자연스럽게 초록색을 띠기 때문이다. 소주는 증류주로 (발효가 일어나지 않으니) 빛에 의한 변질도 없고, 20도 이상의 술은 미생물이 번식하기 어려워 유통기한도 따로 정해져 있지 않다. 그래서 굳이 가공비를 들여 초록색이 아닌 다른 색으로 가공할 필요가 없었던 것이다. 소주병이 초록색이 된 두 번째 이유는 소주회사

---

2 사진을 현상할 때처럼 물질이 엑스선, 감마선 따위의 방사선이나 빛을 받아 화학 변화를 일으키는 성질

많은 맥주가 갈색 병이지만 브랜드 이미지를 위해 투명한 병이나 초록색 병을 사용하기도 한다.

들의 담합이 있었다는 설이다. 오래전 소주 제조회사들이 담합하여 소주병을 초록색으로 하고 빈 병을 공유하기로 하여 빈 병 회수율을 높였다고 한다. 빈 병의 디자인을 통일하여 모든 업체가 같은 모양의 빈 병을 회수하여 재사용한 것이다. 이로 인해 소주병의 빈 병 회수율은 무려 97%를 달성했고, 재사용율도 85%에 달했다고 한다. 최근 진로의 하늘색 병 소주는 소주병 회수 전쟁을 일으켰으니 오히려 이를 뒷받침하는 사건이라 할 만하다. 세 번째 이유는 초록색 병이 가진 이미지 때문이다. 초록색 병은 맑고 투명하고 덜 독하다는 느낌이 있다. 소주가 처음 나왔을 때 소주병은 투명한 색이었다. 1990년대 중반까지만 해도 투명한 색이 유지되었다가, 1990년대 중반 경월에서 나온 그린소주가 초록색 병을 사용한 이후로 바뀌게 되었다. 그린소주는 초록색 병을 사용하여 친환경 이미지, 깨끗하고 덜 독하다는 이미지를 강조하여 인기를 얻었다. 그러다 보니 다른 업체들도 초록색 병에 동참하게 된 것이다. 참고로 덜 독하다던 그린소주의 도수는 25도였다.

여담이지만, 막걸리는 유리병이 아닌 페트병에 담아 판매한다. 막걸리는 병에 담은 후에도 효모가 살아 있기 때문에 발효가 계속 진행된다. 살균막걸리도 있기는 하지만 보통의 생막걸리는 효모와 초산균이 살아 있어 유통기한이 열흘을 넘지 않는다. 오래된 막걸리를 먹으면 탄산이 많고 신맛이 나는 것은 초산균이 활동하여 신맛이 강한 산성 물질을 배출했기 때문이다. 유통되는 동안 발효되어 기체가 많아지면 유

Photocredit ⓒ Eiliv-Sonas Aceron

소주병은 보통 초록색이다. 하지만 최근 진로는 파란 병으로 파란을 일으켰다.

리병은 폭발할 수도 있다. 그래서 막걸리는 유리병이 아닌 페트병을 사용하는 것이다.

양조장은 필요 없어,
난 레시피가 있어

이코노미스트지에 '화끈한 음식 지루한 맥주'라는 기사를 써 한국 맥주를 비꼰 바 있는 다니엘 튜더는 한국에 크래프트 브루어리를 세우고 '대강 페일 에일'이라는 맥주를 생산한 인물이기도 하다. 대강 페일 에일은 라거가 전부라 해도 과언이 아닌 국내 시장에 정통 에일 맥주를 선보였다. 전 세계 맥주 애호가들이 방문하는 레이트비어(RateBeer.com)의 설명에는 '북한의 대동강 맥주보다 더 좋은 맥주를 만들기 위해 더부스 브루어리가 미켈러 브루어리와 협력하여 만들었다'고 되어 있는데, 한국 맥주가 북한 맥주

보다 떨어진다는 점을 부각하면서 대강 페일 에일은 이 모든 한반도 맥주보다 낫다는 뉘앙스가 숨어 있어 좀 씁쓸하기긴 하다. 그런데 대강 페일 에일은 맥주의 맛이나 품질을 차치하더라도 그 시도 자체는 대단히 훌륭하고 멋진 일이라고 생각된다.

그런데 대강 페일 에일의 라벨을 자세히 살펴보면 양조장 이름만 세 개가 보인다. 한국의 더부스 브루어리, 덴마크의 미켈러 브루어리, 벨기에의 프루프브라우레이(De Proef Brouwerij). 맥주 하나를 생산하는 데 왜 이렇게 많은 양조장이 필요한 걸까? 그 이유를 알기 위해서는 집시 브루잉(Gypsy Brewing)에 대한 이해가 필요하다.

집시 브루잉이란 양조 설비를 갖추지 않은 양조장이 양조 설비를 갖춘 양조장의 시설을 임대하여, 양조 레시피만을 제공하고 맥주를 생산해 내는 양조 방식을 말한다. 집 없이 떠돌아다니는 집시처럼 양조장 없이 떠돌아다니며 맥주를 생산한다는 의미로 쓰이긴 했지만, 사실 고정적으로 지정된 양조장에서 생산하는 쪽에 가깝다. 그러니 집시 브루잉이기보단 레시피를 가진 양조장과 양조 시설을 갖춘 양조장 간의 계약에 의한 양조 방식이라 볼 수 있다. 그래서 집시 브루잉을 다른 말로 계약 양조(Contract Brewing)이라고 한다. 집시 브루잉을 부르는 다른 말로는 뻐꾸기[1] 브루잉, 유령 브루잉도 있다.

집시 브루잉을 하는 이유는 적은 자본으로 실험적인 맥주를 생산할 수 있기 때문이다. 소규모 생산을 위해 막대한 비용과 부지를 들여 발효 탱크를 구축할 수 없을 때 유용한 방식이며 프로토타입으로 맥주를 만들어 볼 계획이라면 규모가 큰 양조장보다는 소규모의 임대가 더 적합할 수 있다. 일부 맥주가 너무 엽기적이어서 대중의 취향을 고려하기는커녕 충동적으로 만든 것 같다는 평을 받는 미켈러 브루어리는 임대 브루어리를 이용해 대단히 실험적인 맥주를 다양하게 만드는, 집시 브루잉의 상업적인 선구자라 할만 하다.

---

1 뻐꾸기가 남의 새 둥지에 알을 낳고 다른 새가 자기 새끼를 키우게 하는 탁란성 조류라는 특징을 땄다.

다시 대강 페일 에일의 이야기로 돌아가 보자. 라벨에 표시되어 있는 세 개의 브루어리 중 더부스 브루어리와 미켈러 브루어리가 서로 협업하여 맥주 레시피를 만들어 냈고 프루프브라우레이에서 실제로 맥주를 양조한 것이다. 프루프브라우레이 양조장은 미켈러가 가장 많이 임대하는 브루어리 중의 하나이다. 더부스 브루어리는 현재 국내에서 가장 큰 크래프트 브루어리인데 아시아에서는 처음으로 미국 크래프트 시장에 진출한 것으로 유명세를 떨쳤다. 다니엘 튜더는 더부스 브루어리의 창립자 세 명 중 한 명이다. 다니엘 튜더와 더부스가 맥주를 설계할 때 미켈러의 실험 정신이 어느 정도 가미되지 않았을까.

미켈러 외에도 세계에는 성공한 집시 브루어리가 제법 존재하는데, 그중 가장 유명한 것은 이블 트윈일 것이다. 신기하게도 미켈러와 이블 트윈, 두 회사의 설립자는 쌍둥이 형제이다.

🍺── 미켈러 Mikkeller

미켈러는 2006년에 덴마크 코펜하겐에 설립된 마이크로 브루어리이다. 설립자는 고등학교 선생이었던 미켈과 저널리스트로 활동하던 켈러이다. 그들은 처음에는 기존에 존재하는 레시피와 비슷하게 맥주를 만들어 맥주 대회에 출품했는데 블라인딩 테스트에서 큰 점수를 거두었다. 이러한 성공을 바탕으로 홈 브루잉으로 점점 실험적인 맥주를 만들어 맥주 대회에 참가해 봤는데 대부분 좋은 호응을 얻어 본격적으로 맥주 양조를 시작하였다. 코펜하겐에 회사를 차리고 양조 시설과 비용을 렌트하여 8개의 맥주를 만들기 시작했고, 현재에는 수백 개의 맥주를 만들고 40개국 이상의 나라에 수출하는 정도에 이르렀다. 설립자 중의 한 명인 켈러는 너무 많은 맥주 생산에 흥미를 잃어 회사를 떠나 2007년에 저널리스트로 돌아갔다. 미켈러는 세계 여러 나라의 임대 브루어리에서 맥주를 생산하는데 그중 가장 메인이 되는 곳이 앞서 대강 페일 에일에서 등장했던 벨기에의 프루프브라우레이이다. 또한 미켈러는 세계 여러 나라의 다른 브루어리와 협업하여 맥주를 생산하는데, 대표적인 것이 영국의 브루독(BrewDog)이다. 한국에서는 앞서 소개한 더부스 브루어리와 협업하여 맥주를 생산하고 있다. 미켈러는 자신의 맥주를 소비자에게 직접 판매할 목적으로 2010년부터 전 세계에 미켈러 바를 오픈하여 운영하고 있다. 현재는 코펜하겐을 비롯하여 LA, 샌프란시스코, 방콕 등 여러 곳에 미켈러 바가 있으며 한국은 세계 6번째로 오픈한 바 있다. 하지만 미켈러 바의 탄생은 미켈러 맥주 판매를 전담하기로 했던 쌍둥이 형과의 사이를 악화시켜 둘을 갈라서게 한 결정적인 역할을 했다.

미켈러의 다양한 맥주　　　　　　Photocredit ⓒ 🅞 @mikkellerwebshop

🦷 —— 이블 트윈 Evil Twin

이블 트윈 브루어리는 미켈러의 설립자인 미켈의 쌍둥이 형 예페가 2010년에 설립한 집시 브루어리로, 코펜하겐에서 시작했지만 현재는 뉴욕에 본사를 두고 있다. 예페는 원래 미켈러에서 맥주를 판매하는 역할이었다. 그러니까 동생인 미켈은 맥주를 양조하고 형인 예페는 맥주를 판매하는 역할이 암묵적으로 형성되어 있었던 것이다. 이런 관계에 금이 가기 시작한 것은 동생 미켈이 미켈러 바를 오픈하면서부터이다. 하지만 이전부터 둘의 성향은 매우 달랐던 것 같다. 미켈은 내성적이고 예페는 외향적이었는데, 좋아하는 맥주 취향도 달라 미켈은 실험적이고 상상력을 가미한 맥주를 좋아한 반면 예페는 소비자가 마시기 편한 맥주를 중시했다고 한다. 아마도 맥주를 직접 소비자에게 판매해야 하는 예페의 입장에서는 소비자의 반응이 중요했을 것이다. 미켈러의 일부 맥주는 너무 엽기적이어서 소비자의 취향을 무시하고 만든 맥주라는 혹평도 듣는데, 예페의 입장에서는 이러한 평가가 매우 불편하지 않았을까. 반면 새로운 맥주를 시도하는 걸 좋아하고 몇백 개의 맥주를 만들어 냈던 미켈의 입장에서는 자신이 만든 맥주에 자부심이 대단했을 것으로 생각한다. 아무튼 둘의 사이는 점점 틀어지더니 2010년 미켈러 바 오픈 사건과 소비자에게 조금 더 친숙한 맥주를 만들어 보고 싶었던 예페가 미켈러를 박차고 나와 이블 트윈을 세우게 되었다. 이블 트윈의 역사는 길지 않지만 기발한 아이디어를 기반으로 완성도 높은 맥주를 만들고 있다. 6개 나라의 10개의 브루어리를 임대하여 맥주를 생산하고 있는데 그 종류만 해도 120개가 넘는다. 또한 이블 트윈의 라벨은 매우 감각적이고 스타일리시한 것이 특징인데 맥주를 마시고 싶은 욕구뿐만 아니라 사고 싶은 욕구가 생겨나게 한다.

한때 주먹다짐을 할 만큼 틀어졌던 미켈과 예페의 불편한 관계는 여전한 듯하다. 코펜하겐과 뉴욕에 서로 떨어져 만나기도 쉽지 않고, 미켈이 여러 차례 이메일을 보내 화해를 시도했지만 둘의 관계가 회복되지는 않고 있다고 한다.

이블 트윈의 다양한 맥주. 사진 출처: 이블 트윈 홈페이지(eviltwin.dk)

조선에도
맥주가 있었을까?

우리나라에 정식으로 맥주가 수
입된 것은 1876년 강화도 조약으로
알려져 있다. 외세에 의해 무력으로
개항하면서 여러 가지 새로운 문물
이 들어왔고 그중에는 맥주도 있었
다. 일본으로부터 최초로 수입된 맥
주는 삿포로이고, 이후 에비스 맥주
와 기린 맥주가 연달아 들어왔다. 그
보다 전인 1871년 신미양요 때, 미군
함에 오른 조선의 마을 이장이 미군
이 준 맥주병을 들고 찍은 사진이 한
장 남아 있지만 정식으로 수입된 맥
주는 아니었다. 더욱이 맥주를 마신
것인지 맥주병만 찍은 것인지는 알
수가 없다.

신미양요 당시 미군함을 방문한 월미도
촌장. 사진 출처: 인천광역시 홈페이지
(incheon.go.kr)

결국, 한국 최초의 맥주는 최근 유행하는 것과 같은 수입 맥주인 셈이다. 그러면 조선에는 맥주가 없었을까? 놀랍게도 조선 시대에도 맥주라는 기록이 있었다. 조선왕조실록 홈페이지에서 '麥酒(맥주)'로 검색하면 2건의 결과가 나오는데, 둘 다 금주령에 관한 것이다. 참고로 금주에 대한 기록은 국역 기준으로 224건인데, 성종이 49건, 영조가 39건, 태종이 38건 순으로 많았다.

조선왕조실록에서 '麥酒(맥주)'로 검색한 결과

조선왕조실록에서 '禁酒(금주)'로 검색한 결과

첫 번째는 영조 31년인 1755년 9월 8일의 기록이다. 예전에는 형평성의 문제도 있고, 일괄적으로 시행되지 않아 혼란스러운 점이 있어서 금주령을 내리지 않았다가 술의 독성을 본 임금이 술이 위험하다 하여 금주령을 내리되 탁주와 맥주는 제외하라는 내용이다. 이때 처음으로 맥주라는 표현이 나온다.

군문(軍門)의 호궤(犒饋)에는 단지 탁주(濁酒)만을 쓰고, 농민들의 보리술(맥주)과 탁주 역시 금하지 말아야 한다.

"옛날 하우(夏禹)가 비록 의적(儀狄)을 소원하게 대하였으나 그가 만든 술은 없애지 못했기 때문에 비록 술을 달게 먹고 즐겨 마시는 경계가 있었지만 하(夏)나라 말기에는 걸(桀)이 있게 되었다. 아! 성품(性品)을 해치고 몸을 상하게 하는 물건임은 단지 전철(前轍)이 밝을 뿐만 아니라 경외에서 곡식을 소모하고 싸우다 살인(殺人)을 하는 것도 모두 이 술에 말미암은 것이다. 전후로 금주(禁酒)하자는 청을 매양 오활하다 하여 듣지 않았다. 왜냐하면 모든 일에는 본말(本末)이 있게 마련인데, 나라에서는 쓰고 민간에만 금하다면 어찌 근본이 먼저하고 말단이 나중에 하는 뜻이겠는가? 봄·여름에 영(令)을 하지 않다가 가을·겨울의 영(令)을 갑자기 행한다면 가난한 백성들이 법을 두려워하여 술동이와 술항아리를 반드시 개울에 쏟아버리고 말 것이다. 술이 비록 좋지 않은 것이나 이 역시 하늘이 낸 물건이 아니겠으며, 우리 백성들이 고생해서 생산한 곡식이 아니겠는가? 비단 이뿐만이 아니다. 세력이 있는 자는 요행히 면하고 세력이 없는 자만 붙잡히게 되니 어찌 내 뜻이겠는가? 비록 그러나 술의 폐단을 익히 알면서 어찌 금하고자 하지 않으랴만 태상(太常)에서 현주(玄酒)를 쓰기 전에는 참으로 금하기가 어렵기 때문에 문단(紋緞)은 비록 금했으나 술은 금하지 않았던 것인데, 지금에 금하지 않는다면 어느 때를 기다려서 금하랴. 시험삼아 내주방(內酒房)의 술독을 보니, 색이 칠흑(漆黑)과 같아 까마귀나 까치 역시 앉지 않고 있었다. 아! 질그릇이 오히려 이러한데 연한 피부와 창자이겠는가? 갑자기 좋은 계책이 생각났으니 바로 예주(醴酒)가 그것인데, 아! 예주가 어찌 현주보다 낫지 않겠는가? 먼저 이런 뜻을 태묘(太廟)에 고하고, 세초(歲初)부터는 위에서는 왕공(王公)에서부터 아래로 서민에 이르기까지 제사와 연례(宴禮)에는 예주만 쓰고 홍로(紅露)·백로(白露)와 기타 술이라 이름한 것도 모두 엄히 금하고 범한 자는 중히 다스리겠다. 내주방(內酒房)과 내자시(內

資寺)·종묘(宗廟)에 봉진(封進)하는 것은 예주로 진헌하고, 대전(大殿) 이하는 날짜나 명일(名日)을 물론하고 고묘(告廟)한 후부터는 일체 아울러서 봉진하지 말라. 호군(犒軍)과 농민(農民)은 다름이 있어 공자(孔子)가 향인(鄕人)의 사제(蜡祭)에 대해《《예기(禮記)》에서〉말하기를, '한 번 당기고 한 번 늦추는 것이 문무의 도이다. [一張一弛文武之道]'라고 하였다. 군문(軍門)의 호궤(犒饋)에는 단지 탁주(濁酒)만을 쓰고, 농민들의 보리술(맥주)과 탁주 역시 금하지 말아야 한다. 이 윤음(綸音)을 중외(中外)에 반포하라."

두 번째는 영조 31년인 1755년 9월 14일의 기록이다. 임금은 다시 금주령을 하교하며, 제사 이외에는 탁주와 보리술(맥주)도 금지하라는 내용이다.

제사(祭祀)·연례(讌禮)·호궤(犒饋)와 농주(農酒)는 모두 예주(醴酒)로 허락하되 탁주와 맥주는 일체로 엄금하라.
"다시 생각해 보니, 향촌(鄕村)의 탁주(濁酒)는 바로 경중(京中)의 지주(旨酒)이니, 위로 고묘(告廟)하고 아래로 반포한 후에는 한결같이 해야 마땅하다. 경외의 군문(軍門)을 논하지 말고 제사(祭祀)·연례(讌禮)·호궤(犒饋)와 농주(農酒)는 모두 예주(醴酒)로 허락하되 탁주와 보리술(맥주)은 일체로 엄금하라."

당시의 맥주라 칭한 보리술은 맛이 어땠을까? 지금의 맥주처럼 맥아에 홉을 첨가한 모습은 아니었을 것이다. 보리에 싹을 틔운 맥아를 굽는 몰팅 기술도 없었을 뿐더러 홉 또한 없었기 때문이다. 홉이 안 들어간 맥주라니, 현대의 맥주처럼 쌉쌀한 맛을 기대하기는 힘들어 보이지만 우리 조상님들도 보리술을 마셨다는 것만은 분명하다.

맥주를 마시는 것이
건강에 도움이 될지 모른다

나는 새벽 다섯 시에 일어나는 새벽형 인간이다. 일어나면 한두 시간쯤 아침 운동을 하고, 두 시간쯤 글을 쓰거나 책을 읽는다. 이런 생활 습관을 가지게 된 것은 비교적 최근의 일이다. 작년 어느날 밤 맥주를 마시다가, '하루 만 보쯤 걸어볼까'라는 치기가 올라(어쩌면 취기였을지도 모른다), 다음 날 새벽에 바로 시작했고 하루도 거르지 않고 있다. 지금은 하루 만 오천 보쯤 걷고 있는데, 앞으로 매달 천 보씩 올려보자고 다짐하고 있으니 나중에는 하루 삼만 보가 될지도 모를 일이다.

내가 새벽에 운동을 하는 이유는 두 가지이다. 첫 번째는 가족을 위해서이다. 삼십 대 끝자락에 결혼행 급행열차에 겨우 탑승해, 사십 대에 육아행 만행열차로 갈아탔다. 지금은 토끼와 다람쥐를 닮은 딸이 둘 있다(두 딸은 이 별명을 무척이나 좋아한다). 곰과 같은 아내까지 하면 딸이 셋이다. 어느날 문득, 점점 늙어가고 총기를 잃는 내 모습과 그와 반대로 어리기만 한 딸들의 모습이 교차했다. 언제까지 이 아이들과 함께할 수 있을지 모르겠지만 앞으로 더 건강해져야 한다는 생각이 들었다. 그런데 나는 맥주를 좋아한다. 한때는 건강상의 이유로 이 좋아하는 맥주를 끊어야 한다고 생각한 적이 있었다. 바로 췌장 속의 인슐린이 제대로 분비되지 않는 문제가 생겼는데, 췌장 속의 인슐

린과 맥주는 대단히 상극으로 알고 있었기 때문이다(과거형이다). 다만 맥주 없이 살아갈 수 없기에 차선책으로 운동을 하고 있다. 맥주 한 병을 마시면 천 보를 더 걷는다는 생각으로 말이다. 그래서인지 요즘엔 맥주를 마시고도 건강은 더 좋아졌다.

그런데, 최근 한 사이언스지에서 발표한 '맥주를 마시는 것이 건강에 도움이 될지도 모른다'는 연구 결과가 흥미를 끈다. 이 제목은 너무 달콤했다. 이 연구에 따르면 음주를 절제하는 사람보다 매일 1/2에서 2잔의 맥주를 마시는 사람들이 심장병의 위험성이 25%가 낮다고 한다. 여기서 잔은 330ml 정도의 용량이고, 알코올 도수 4% 정도의 맥주라고 한다. 그뿐만 아니다. 적당히 맥주를 마시는 것은 강한 뼈를 만들고, 더 오래 살 수 있으며, 치아를 청소해 주기도 하고, 치매를 예방하며, 신장에도 좋다고 한다. 이렇게 보면 만병통치약이 따로 없는데 이런 연구 결과는 반대 연구도 많아 도무지 믿을 수는 없다. 그런데도 이중에서 나를 홀린 소식이 하나 있었으니, '맥주가 제2형 당뇨병의 위

오늘도 맥주를 즐기는 당신을 위해 건배

험을 줄일 수 있다'라는 것이다. 그동안 당뇨병과 맥주는 불과 물처럼 같이 살
수 없는 존재로 알고 있었는데 말이다.

이제, 모든 걱정은 붙들어 매고 맥주를 즐기고 있다. 인생의 모든 것처럼 적
당히 하고 있다. 오늘도 건강한 음주 인생을 사는 모든 이를 위해 건배를 외친
다. 그리고 방바닥 맥주 여행은 이제 맥주병의 바닥까지 내려가 보려고 한다.

Photocredit ⓒ yiranding

·PART 2·

맥주와 스타일

바야흐로,
라거 전성시대

　논란의 여지는 있겠지만 맥주의 기원은 지금으로부터 9000년 전이라 한다. 이것이 사실이든 아니든 분명한 점은 맥주가 그만큼 오래된 술이라는 것이다. 하지만 라거¹가 본격적으로 생산된 건 19세기 중반의 일이니, 이제 겨우 200년 정도 되었다. 맥주의 역사는 길지만 라거의 역사는 짧다. 그런데 현재 전 세계 맥주의 8할이 라거라고 한다. 유럽에서 처음 만들어진 라거는 유럽 대륙을 제패하고 대서양을 건너 옅어지더니 아시아에서는 자극적인 음식과 어우러지면서 세계적인 맥주가 되었다. 비교적 짧은 역사에도 불구하고 라거는 전 세계의 맥주 시장을 점령하게 된 것이다. 라거의 나라로 알려진 독일도 12세기부터 15세기까지는 영국식의 상면발효 맥주를 주로 만들었다. 영국에서는 18세기 들어 산업혁명의 성공으로 맥주의 대량 생산이 가능해졌다. 이 시기 유럽 대륙의 맥주 제조 기술자들이 영국에 가서 선진 기술을 배워오면서 라거가 유럽에 퍼져나간 것이다. 사실 하면발효 효모를 이용한 양조 기술은 19세기에 처음 발견된 건 아니었고, 15세기에 이미 얼추 라거 맥주 제조 기술이 있었다. 독일 남부의 바이에른 지방에서는 추운 겨울에 저온에서 장기간 숙성,

---

1 라거의 종류는 다양하다. 하지만 이 장에서 말하는 라거는 현대에 유행하는 페일 라거나 필스너로 한정해서 말한 것이다.

발효시켜 맥주를 만들었는데, 이렇게 만들어진 맥주는 깨끗하고 맛의 깊이가 있고 잡내가 나지 않았다고 한다. 하지만 당시에는 하면발효 효모가 만들어 내는 발효 과학을 이해하지 못했고, 냉장 기술도 없어 겨울철이 아니면 만들기가 힘들었다. 그렇다면 라거의 효모는 어떻게 해서 유럽에서 태어난 것일까? 그 이유를 최근 미국의 한 연구 결과에서 발견할 수 있었다. 미국립과학원회보에 의하면, 15세기 대항해 시대 유럽인들이 대서양을 건너고 각 세계로 퍼지면서 남미의 효모가 덩달아 전 세계로 퍼졌다고 한다. 이중 일부가 독일의 바이에른 지방까지 오게 되었고, 수도원의 저장고에서 에일 맥주를 만드는 발효 효모와 결합하면서 라거 효모라는 변종이 생겨났다는 것이다. 남미 파타고니아의 너도밤나무 숲에서 발견된 야생 효모가 하면발효의 라거 효모와 99.5% 일치한다는 게 이 주장의 근거이다.

독일과 오스트리아의 라거 재발견

본격적으로 하면발효 효모를 분리해 라거 스타일의 맥주를 만든 것은 19세기 독일의 가브리엘 제들마이어와 오스트리아의 안톤 드레허였다. 제들마이어는 슈파텐 양조장을 소유한 제들마이어 1세의 아들이다. 뮌헨의 슈파텐 양조장은 1397년에 설립된 유서 깊은 작은 양조장으로, 1807년 왕실의 건축가였던 제들마이어가 인수하여 오늘날까지 운영되고 있다. 드레허는 오스트리아 비엔나 근처의 클라인-슈바이차 양조장을 소유한 프란츠 안톤 드레허의

라거를 (재)발견한 주역, 가브리엘 제들마이어(왼쪽)와 안톤 드레허(가운데)

아들이다. 클라인-슈바이차 양조장은 1632년에 설립된 비엔나 지역의 양조장으로, 1796년 아버지 드레허가 구입했다. 아버지 드레허가 1820년에 일찍 사망하게 되자, 당시 고작 열 살이었던 드레허는 견습생부터 시작하여 맥주 양조를 배우기 시작하였다.

1830년대 초, 학생 신분이었던 젊은 제들마이어는 졸업장을 따기 위해 유럽의 양조장을 순회하기 시작했다. 이 여행 중에 안톤 드레허를 만났다. 둘은 다른 도시에서 온 사람들임에도 불구하고 곧 친한 친구가 되었다. 그리고 더 많은 양조 지식을 얻기 위해 영국의 버밍엄, 버튼온트렌트, 뉴캐슬, 스코틀랜드 등 유럽을 6년 동안 돌아다니며 양조 지식과 비결을 배워 나갔다. 1837년 둘은 발효에 관해 더 알아보기 위해 영국을 다시 방문했다. 여기서 그들은 라거 혁명에 한 획을 그은 스파이 활동을 하게 된다. 그들은 색이 밝은 페일 에일을 생산하는 영국의 맥아 제조 기술과 발효 온도를 효과적으로 제어하는 냉각 코일 기술, 그리고 양조 온도계와 비중계 같은 선진 양조 기술에 감탄했다. 특히 맥아를 직접 가열하여 탄내가 나는 맥주를 만드는 대신 맥아를 뜨거운 공기로 말리는 간접적인 방식으로 만든다는 사실을 알아냈다. 그 당시 유럽 대륙 대부분의 양조장은 직접적인 가마 기술을 사용해 맥아를 건조했다. 그 결과 일부는 불에 탔고 일부는 갈색이었으며, 일부는 창백했다. 하지만 영국은 달랐다. 산업화와 함께 발전한 이곳에서는 회전하는 금속 드럼에 맥아를 태우면서 간접적으로 열을 이용하여 더 균일하게 건조할 수 있었다. 영국은 이 기술을 이용하여 포터보다 더 창백한 맥주인 페일 에일을 생산하여 대중적으로 인기를 끌었다. 제들마이어와 드레허는 여러 양조장을 돌아다니면서 특별히 개조된 속이 빈 지팡이에 맥아 샘플을 모았다. 그리고 호텔로 돌아와 그것들을 분석했다. 풍부한 양조 지식을 가득 채운 그들은 각각 자신들의 고향 독일과 오스트리아로 돌아갔다. 그들의 목표는 페일 몰트를 중부 유럽에 도입하고, 상업적으로 라거 맥주를 판매하는 것이었다.

드레허는 영국의 페일 몰트 기술을 이용하여 비엔나 맥아를 개발하였다. 이 맥아는 약간 높은 온도에서 구워 구운 빵과 같은 맛을 내면서 맥아의 기본적인 맛을 유지하였다. 비엔나 맥아는 눈에 띄게 어두웠고 좀 더 아로마가 있었으며, 풍부한 바디감이 있었다. 1841년, 드레허는 비엔나 맥아를 사용해 비엔나 레드라고 하는 앰버 라거를 생산했다. 비엔나 라거는 즉시 오스트리아-헝가리 제국에서 인기를 끌었고 빠르게 퍼져 나갔다. 하지만 어찌된 일인지 비엔나 라거는 현재 거의 자취를 감추었다. 현대에서 비엔나 라거의 자취를 찾을 수 있는 곳은 특이하게도 멕시코인데, 1864년부터 1867년까지 오스트리아의 페르디난드 막시밀리안 대주교가 황제 막시밀리안 1세로서 통치했기 때문이다. 이때 많은 게르만족 이민자들이 중앙아메리카로 이주해 오면서 멕시코에 라거 스타일을 들여온 것이다. 코로나 맥주로 유명한 멕시코의 그루포 모델로 사는 네그라 모델로라는 맥주를 판매하고 있는데 이 맥주가 비엔나 라거의 명맥을 유지하고 있다. 크래프트 맥주 양조장 중에서는 브루클린 브루어리의 브루클린 라거나 보스턴 비어 컴퍼니의 사무엘 아담스가 비엔나 라거 스타일의 계보를 잇고 있다.

한편, 제들마이어는 1839년 독일로 돌아왔다. 그는 아버지가 죽자 형 요셉과 함께 슈파텐 양조장을 이어받았다. 그리고 1841년, 비엔나 라거로부터 영감을 받아 메르첸 스타일이라는 맥주를 만들어 냈다. 제들마이어는 더 높은 온도에서 더 오랫동안 맥아를 건조했다. 이 맥아를 사용한 뮌헨 맥주는 더 독했고, 향이 더 깊었으며 빵과 캐러멜 풍미가 가득했다. 제들마이어의 맥주는 옥토버페스트에 처음 소개된 뮌헨 맥주가 되었으며 짧은 시간에 성공을 거두었다. 비엔나 라거가 역사에서 거의 자취를 감춘 반면 메르첸 라거는 여전히 인기가 좋다. 제들마이어는 1842년 그의 형이 사업을 그만두자 혼자 양조장을 운영하다가 건강상의 이유로 세 아들에게 넘겨주고 1891년 숨을 거두었다.

드레허와 제들마이어가 들여온 맥아 로스팅 기술을 접목시킨 이 하면발효의 양조 기술을 전수받은 사람이 몇 명 더 있었다. 그중 대표적인 한 명은 체코의 플젠(보헤이마) 지역으로 가서 황금색 맥주를 만들었고, 또 다른 한 명은 뮌헨 효모를 얻어 고국에 돌아가 덴마크 최초의 라거 맥주를 만들었다. 바이에른 지방에는 널리 알려진 양조가들이 많았고, 제들마이어를 따르는 제자들이 몇 명 있었다. 바이에른 양조장 주인의 아들인 요제프 그롤은 체코의 보헤미아에 초빙되어 필스너 스타일을 발명했다. 제들마이어의 제자 중 한 명인 야콥센은 우호적인 관계의 양조장에서 라거 효모를 얻어 덴마크로 돌아가 칼스버그를 설립했다. 그리고 수십 년 후 또 하나의 경쟁자 네덜란드의 하이네켄은 자신의 이름을 딴 라거를 만들었다. 라거는 이렇게 유럽 대륙으로 미국으로 세계로 뻗어나갔다.

체코 필스너의 탄생

체코 필스너의 고향인 플젠 지역의 맥주가 원래부터 맛이 좋았던 건 아니었다. 1840년 이전에 이 지역에서 생산된 맥주는 따뜻한 온도에서 발효된 에일이었고, 어두운 색깔로 탁했으며, 품질도 일정하게 나오지 않았다. 얼마나 맛이 없었는지 플젠 시의회는 시민들에게 36개의 맥주통을 버리라고 명령했고, 이에 시민들은 맥주를 길바닥에 뿌리는 퍼포먼스를 벌이기까지 했다. 플젠 지방의 시민들은 좋은 맥주를 만들기 위해 협력하기로 하고, 시민 양조장을 만들고 독일 바이에른에서 하면발효 맥주 기술자를 초빙했다. 그가 바로 필스너의 아버지라 불리는 요제프 그롤이다.

그롤은 독일 바이에른 지방의 양조업자로 당시 제들마이어가 고안한 라거 맥주의 양조 기술을 알고 있었다. 하면발효를 위해서는 발효 탱크를 섭씨 4~9도에서 식히는 것이 필요한데 그롤은 플젠의 기후가 바이에른의 기후와 유사하여 겨울철 얼음을 저장하면 일 년 내내 하면발효를 지속할 수 있을 것이라 생각했다. 1842년 그롤은 보헤미아산 맥아와 홉, 물, 뮌헨에서 가져온 효모를 사용해 지금과 같은 필스너 타입의 맥주를 만들었다. 당시의 사람들은 처음 보는 이 황금빛 맥주에 의구심을 품었지만 한 번 마셔보고는 곧 기존에 없던 청량함에 열광했다. 필스너는 시대의 유행과 맞아떨어져 점점 유럽 대륙으로 퍼져 나갔다. 사람들은 이러한 하면발효 맥주를 통틀어 라거라고 부르기 시작했다. 하면발효 맥주는 저온에서 장기간 저장하기 때문에 독일어로 저장한다는 뜻인 Lagern, 라거라고 부른 것이다.

Pilsner Urquell. 영어로 읽으면 필스너 우르켈이지만, 독일어로 읽으면 우어크벨에 가깝게 들린다. 체코에서는 플젠스키 프라이즈로이라고 한다. 필스너란 체코의 플젠 지방에서 제조한 맥주라는 말인데, 플젠을 독일어로 읽으면 필스너가 된다. 필스너는 원래 플젠 지방에서 생산된 맥주만을 의미하는 고유명사였는데, 점점 홉을 강조한 황금색 라거 맥주를 모두 일컫는 보통명사가 되어버렸다. 이에 플젠 지방의 양조가들은 플젠 이외의 지역에서는 필스너를 맥주 이름에 사용할 수 없다며 독일 법원에 소송을 냈다. 그러나 판결의 결과는 필스너를 하면발효 맥주의 일종으로 일컫는 보통명사로 사용할 수 있다는 것과 대신 플젠의 필스너에는 오리지널을 붙여 고유명사처럼 사용하라는 것이었다. 그래서 독일로 수출할 때는 독일어로 Original이라는 뜻의 'Urquell'을 붙여 필스너 우르켈이라 하였고, 체코 내에서는 플젠스키 프라이즈로이라고 부르게 된 것이다.

필스너 스타일을 만든 요제프 그롤

🍺 ── 덴마크 라거의 탄생

칼스버그를 만든 야콥센도 제들마이어의 제자 중 한 명이었다. 그가 어떻게 효모를 얻었는지는 분명하지 않지만 제들마이어와의 우호적인 관계에서 효모를 얻은 것 같다. 1845년 뮌헨 효모를 얻은 그는 마차를 타고 고국으로 돌아가 덴마크 최초의 라거 맥주를 생산하는 데 성공했다. 야콥센은 이를 위해 발효 효모가 담긴 작은 병 두 개를 일주일 동안 쉬지도 않고 달려 옮겨야 했다. 또한 효모가 정상적으로 활동하기 위해서는 섭씨 0도씨가 유지되어야 하기 때문에 빠르게 이동하는 와중에 온도를 낮추는 일도 해야 했다. 야콥센이 선택한 방법은 중간중간 마을에 마차를 세우고 우물물을 퍼다가 효모 병을 식히는 것이었다. 이렇게 안전하게 코펜하겐에 도착한 효모는 신선한 맥아즙을 만나, 이듬해인 1846년에 덴마크 최초의 라거 맥주로 탄생하게 되었다. 야콥센은 라거 맥주를 대량으로 생산하기를 원했고, 공장을 짓기 위해 코펜하겐에서 수질이 좋고 수자원이 풍부한 곳을 찾아 헤맸다. 그 결과 1847년, 코펜하겐의 교외의 작은 언덕에 맥주 공장을 짓고 맥주 회사 이름을 칼스버그라고 지었다. 칼스버그란 야콥센의 아들인 '칼'에 산을 의미하는 '버그'를 붙인 말이다. 버그는 덴마크어로 산이라는 뜻인데, 덴마크에는 산이 별로 없기 때문에 작은 언덕도 산이라 불렸다고 한다.

칼스버그는 부자간의 맥주 전쟁으로도 유명하다. 1867년 아들 칼 야콥센이 외국에서 양조 공부를 마치고 돌아와 자신만의 브루어리 뉴 칼스버그를 만들었다. 아버지 야콥센은 상면발효 맥주와 하면발효 맥주 두 가지를 함께 생산하고자 했다. 하지만 칼은 모든 생산라인을 필젠 라거로 전환해야 한다고 주장했다. 결국 칼은 자신만의 맥주를 만들기로 했다. 아버지 양조장의 양조 과정을 절반으로 줄이고 생산량을 늘리자 뉴 칼스버그는 10년 만에 칼스버그의 판매실적을 능가했다. 야콥센은 아들에게 법적으로 생산량을 제한하고 맥주 브랜드를 바꿀 것을 요구하고, 변호사를 고용해 양조장 이름을 바꾸도록 강요했다. 이런 부자간의 싸움은 6년여를 끌다가 가족의 중재로 끝나 1886년 화해하고 1906년 칼스버그와 뉴 칼스버그는 칼스버그로 합병했다.

칼스버그는 덴마크 왕실이 인정한 맥주이다. 1840년대 덴마크 왕은 덴마크 왕실을 대표할 수 있는 세계적인 양조장을 만들고 싶어 했다. 야콥센은 '최고의 맥주를 만들려면 당장의 이익을 좇는 것이 아니라 완벽에 가까운 제조과정 개발을 궁극의 목적으로 여겨야 한다'라는 경영 철학으로 칼스버그를 만들어 왕실에 헌정했다. 이에 덴마크 왕실은 1904년 칼스버그를 덴마크 왕실의 공식 맥주로 선정했다. 칼스버그 라벨에 있는 왕관은 이를 증명하는 것이다.

칼스버그를 설립한 야콥센

또한 칼스버그는 양조를 과학적으로 다루기 위해 칼스버그 연구소를 설립했다. 이 연구소에서 근무한 직원이 맥주 역사를 논할 때 빠짐없이 이야기되는 에밀 크리스티안 한센이다. 한센은 효모의 단세포 분해에 성공하고 효모 순수배양법을 확립한 인물로 기억된다. 칼스버그는 이 라거 효모를 어느 누구나 자유롭게 사용할 수 있도록 무상으로 제공하였다. 현재 우리가 마시는 라거 맥주가 이처럼 대중화된 이유 중 하나는 이런 칼스버그의 노력과 헌신이 녹아 있기 때문이다.

Photocredit ⓒ tookapic

🍺── 네덜란드 라거의 탄생

칼스버그와 시작은 다르지만, 유럽 라거를 이야기하면서 하이네켄을 빼놓을 수가 없다. 하이네켄은 1864년에 제라드 아드리안 하이네켄이 설립한 맥주 회사이며 동명의 맥주이다. 하이네켄 맥주는 회사 설립 9년 후인 1873년에 탄생하였다. 창업자 하이네켄은 22세의 나이에 부유한 어머니를 설득하여 후원받은 돈으로 네덜란드 암스테르담의 버려진 양조장을 사들여 하이네켄 맥주 양조 회사를 설립하고 본격적으로 맥주 시장에 뛰어들었다. 당시 네덜란드와 벨기에 일대에서는 진(gin)의 일종인 제네버(jenever, 네덜란드어 예네베르)의 남용이 심각한 사회 문제였다. 제네버는 싸고, 어디서든 구하기가 쉬워 많은 사람들이 알코올에 의지하고 급기야 중독에 이르렀기 때문이다. 정부는 독주의 오남용을 막기 위해 맥주를 장려했는데 이런 분위기 속에서 하이네켄이 생겨난 것이다.

하이네켄은 원래 상면발효의 에일 맥주를 생산했으나 당시 독일식 맥주가 유행하자 빠르게 새로운 생산 설비를 도입하여 라거 맥주를 생산하였다. 1873년에는 루이스 파스퇴르의 제자였던 엘리온(Ellion) 박사를 고용해 HB-M(Heineken's Bierbrouwerij Maatschappij)을 설립하고 바이에른 하면발효의 효모를 개발하는 데 성공하였다. 1875년에는 파리 국제 해양 박람회에서 맥주 부분 금메달 수상을 계기로 프랑스로 수출하게 되었다. 이후 여러 차례 국제 대회에서 상을 수상하였는데, 현재 라벨에 표시되어 있는 메달 두 개가 1875년의 금메달과 1900년 파리 세계 박람회에서 수상한 심사위원 상이다. 하이네켄은 여러 수상 실적을 적극적으로 홍보하여 더욱 유명해지게 되었다.

1873년 하이네켄은 암스테르담이 아닌 로테르담으로 공장을 이전하여 현재까지 맥주를 생산하고 있다. 암스테르담에 있는 최초의 양조장은 박물관으로 활용하고 있다. 하이네켄은 이후 아들 헨리 피에르와 손자 프레디가 대를 이어 경영하였다. 특히 네덜란드가 동남아시아를 지배했던 시절, 인도네시아나 말레이시아 등에서 아시아 맥주 개발에 큰 영향을 끼쳤다. 현재 동남아시아에서 즐겨 마

하이네켄의 창립자

시는 타이거 맥주, 빈땅 맥주 등이 모두 하이네켄의 소유이다.

2018년도 유로모니터의 전 세계 맥주 회사 시장점유율 조사에 의하면 하이네켄과 칼스버그가 각각 10%로 2위, 6%로 4위를 차지하였다. 참고로 1위

는 다국적 기업 AB-InBev로 22%, 3위는 중국의 설화맥주로 6%이다. 이 모든 결과는 온전히 라거로 이루어 낸 것이다. 칼스버그와 하이네켄은 여전히 전 세계 라거 시장을 지배하고 있다. 또한 라거는 대서양을 건너가 옥수수가 첨가된 미국식 부가물 라거를 낳았고, 아시아에서는 중국과 일본의 식탁 위에 올랐다. 그러는 과정에서 유럽에서 전통적으로 인기가 있었던 맥주, 예를 들자면 포터, 페일 에일, IPA, 밀맥주 등은 모두 넉다운되었다. 바야흐로 라거의 전성시대라 할 만하다.

Photocredit ⓒ Alee Catagatan

페일 에일이
묻고 더블로 간 사연

요즘같이 더운 날(이 글을 썼던 시기는 지독히도 더운 여름이었다)에는 청량감 가득한 라거를 즐겨 마시는 편이지만, 간혹 온종일 몸이 고되었던 날에는 소주를 마시듯이 고도수 맥주가 당기는 날도 있다. 물론 이런 날에는 맥주보다 삼겹살에 소주가 제격이지만. 그래도 맥주를 마시자 했을 때 주위에서 쉽게 구할 수 있는 고도수의 맥주가 있으니 바로 만자니타라는 맥주다. 만자니타는 마실 때부터 '이거 센데'라는 느낌이 확 든다. 만자니타의 풀 네임은 'Twisted Manzanita Chaotic Double IPA'로 그야말로 혼돈과 더블의 강력한 맛이다. 고도수 맥주를 좋아하지 않는 분들은 IPA에 실망할지도 모르고, IPA를 좋아하는 분들도 더블 IPA라면 다시 한번 생각해 볼지도 모르겠다. 캐스케이드(Casecade), 센테니얼(Centenial), 콜럼버스(Columbus) 등 미국이 자랑하는 3C 홉이 모두 들어가 있고 그것도 두 번씩이나 드라이 호핑[1]을 했다고 한다. 맥주를 처음 양조한 양조가가 이러지 않았을까 상상해 본다. '좋은 재료를 썼으니 분명 좋은 맛이 날 거야. 어라! 이거 생각보다도 센데. 완전히 혼돈의 맛이군. 에라 모르겠다. 그냥 이름을 혼돈이라고 해야겠다'라고. 이 맥주 알코올 도수가 무려 9.7%다. 그런데 이번에 이야기하고 싶은 맥주 스타일은 더

---

1 발효 과정에서 한 번 더 홉을 넣고 홉의 향을 입히는 과정

블 IPA 뿐만 아니다. 더블 IPA의 모태가 되는 IPA, 그리고 페일 에일이다. 이 스타일만큼이나 맥주 역사에서 파란만장한 역경을 담고 있는 맥주가 또 있을까. 이름만 봐도 알 수 있는 것이 IPA는 India Pale Ale의 약자이다. 이름에 인도가 들어가 있지만, 이 맥주는 영국에서 만들어졌고, 현재는 미국에서 유행하고 있다. 그리고 IPA는 페일 에일에서 나왔다. 페일 에일이 IPA를 거쳐 묻고 더블로 간 사연은 무엇일까?

페일 에일

페일 에일은 페일 맥아의 역사와 함께한다. 페일 맥아가 나오기 전의 영국 맥주의 색은 브라운 맥아에서 나온 짙은 갈색이나 검정색이었다. 옅은 색의 맥아를 만들려면 낮은 열에서 천천히 볶아야 하는데, 당시에는 나무를 태워 맥아를 볶았으므로 미세하게 온도를 조절하기가 힘들었고 고열에서 볶다 보니 짙은 색이 될 수밖에 없었다. 뿐만 아니라 나무를 오랜 시간 태우면서 발생한 연기가 맥주의 풍미에 영향을 주는 문제도 있었다. 하지만 산업혁명의 시기 코크가 발명되면서 많은 것이 바뀌었다. 석탄에서 추출한 화석 연료로 영국의 철강 산업에서 선호하는 연료가 되었던 코크는 그을음이나 연기 없이 많은 열을 내는데, 덕분에 균일한 온도에서 맥아를 태우지 않고 볶을 수 있었다. 이렇게 볶은 맥아는 기존의 맥아보다 색이 옅어 페일 맥아라고 불렀고, 페일 맥아를 이용하여 만든 에일을 페일 에일이라 하였다. 페일 에일은 기존의 어둡고 마일드한 맥주에 비해 쓴맛이 났는데, 덕분에 펍에서 생맥주를 주문하면서 '쓴 맥주 주세요'라는 의미로 비터라고 부르다가 그대로 정착되었다. 페일 에일과 비터는 거의 차이가 없지만 굳이 구분하자면 병맥주는 페일 에일, 비터는 생맥주 정도일 것이다. 그런데 페일 에일의 색은 이름만큼 창백하고 옅은 색깔은 아니다. 오히려 호박색에 가까운데, 기존의 브라운이나 그보다 더 어두운 맥주에 비해 상대적으로 '페일'하다는 것이다. 코크로 맥아를 볶았다는 최초의 기록은 1642년이지만, 페일 에일에 대한 최초의 기록은 한참 뒤인 1703년이다. 당시에는 페일 맥아의 값이 비싸 주로 상류층에서만 마셨고 대신 서민들과 노동자들은 값이 싼 포터를 즐겨 마셨다. 페일 에일을 대중적으로 마시기 시작한 건 1780년대부터이다. 영국에서 페일 에일로 유명한 지역은 바스 양조장이 있는 버튼온트렌트 지역인데, 황산염이 포함된 경수가 나와서 페일 에일을 만들기 좋은 지역이었다. 그런데 처음에 페일 에일은 포터에 밀려 많은 인기를 끌지는 못했다. 페일 에일이 인기가 있어진 건 IPA가 나온 이후이다.

Photocredit ⓒ Klaus Heller

🍺 —— 인디아 페일 에일

IPA의 I-INDIA는 지금의 인도를 말한다. 영국은 1611년부터 동인도 회사를 세워 인도를 식민지화하였다. 동인도 회사는 인도를 지배하면서 전쟁을 통해 영토를 확장하기도 하고, 원활한 수송을 위해 철도를 건설하여 인도의 차나 향신료 등을 영국으로 보냈다. 인도로 돌아가는 배에는 면제품이나 소고기, 돼지고기 등을 실어 수출하였는데, 이 수출 품목에는 현지의 영국인들을 위한 페일 에일과 영국 본토에서 인기를 끌던 포터 등 맥주도 있었다. 영국을 출발한 배는 대서양을 지나 적도를 넘고, 아프리카의 희망봉을 돌아 다시 인도양의 적도를 넘어 인도에 도착했다. 적도를 두 번이나 건너는 오랜 항해는 장장 6개월까지 걸렸다고 한다. 영국인들은 이 오랜 시간 동안 맥주를 상하지 않게 운송할 수 있는 방법을 이미 알고 있었다. 러시아에서 인기를 끌었던 영국의 포터에 홉과 몰트를 두 배쯤 넣어 만든 임페리얼 스타우트를 수출해 본 경험이 있기 때문이다. 인도로 가는 사람들을 위해, 영국인은 마찬가지로 더 많은 홉을 사용한 페일 에일을 만들었다.

홉을 더 넣어 만든 페일 에일을 인도로 수출한 시기는 대략 1750년대로 거슬러 올라간다. 이런 페일 에일을 나중에 IPA(India Pale Ale)라고 불렀다. 보통 IPA를 만든 인물로 조지 호지슨을 꼽지만, 이는 나중에 이루어진 많은 연구에서 사실이 아니라는 것이 밝혀졌다. 조지 호지슨의 보우 양조장은 IPA를 최초로 만든 것도, 독점적으로 만든 것도 아니었다. 당시에 홉을 더 넣어 만든 페일 에일은 여러 양조장에서 만들고 있었지만, 호지슨의 보우 양조장이 인도로 페일 에일을 수출한 곳 중에서 가장 유명하고 인기가 있는 양조장이었던 것이다. 영국의 미들섹스와 에섹스 사이에 있는 보우 양조장의 조지 호지슨은 인도에서 돌아온 배들이 인도로 돌아갈 때 마땅히 실을 만한 것이 없다는 것을 알았다. 인도는 그 자체로 물자가 충분했기 때문에 굳이 영국에서 무언가를 가져갈 필요가 없었던 것이다. 이에 착안한 호지슨은 당시 영국에서 유행했던 포터와 페일 에일 등을 인도로 돌아가는 배에 실어 보내면서 옥토버 비어라는 이름을 달았는데, 이것은 영국 최초의 맥주 상표였다. 당시에는 대부분의 맥주가 상표 없이, 예를 들자면 '비터 주세요'라는 식으로 불리는 시기였다. 호지슨의 페일 에일은 1800년대 초반까지 인도에서 엄청난 인기를 끌었다. 영국에서 인도로 항해하는 수개월 동안 배에서 적당히 숙성되었기 때문에 자국 내에서의 페일 에일보다 맛이 좋아졌기 때문이다. 사람들은 페일 에일을, 특히 상표가 들어간 호지슨의 맥주를 찾기 시작했다. 하지만 호지슨은 이러한 인기를 거의 독점적으로 누리고 싶었다. 동인도 회사를 거치지 않고 바로 인도로 떠나는 선박과 직접 거래를 한다면 더 높은 수익을 낼 수 있을 거라고 생각했다. 하지만 이러한 선택은 과도한 욕심이었다.

이즈음 러시아에 포터를 주로 수출해왔던 버튼온트렌트 지역의 양조장들은 러시아 황제가 맥주에 세금을 과하게 부과하자 수출은 줄고 수익도 감소하여 새로운 활로가 필요한 상황이었다. 호지슨과의 밀월 관계에서 배신을 당

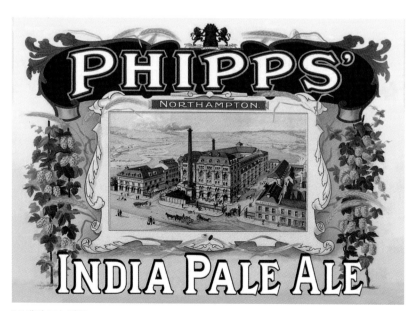

19세기 IPA 광고

한 동인도 회사는 이런 버튼의 양조장에 주목했다. 결국 동인도 회사는 버튼의 양조장들에게 인도에 수출할 새로운 페일 에일을 만들 것을 요청했다. 이에 버튼의 올숍 양조장이 빠르게 페일 에일을 연구하기 시작했고 호지슨과 다른 자신만의 양조법으로 만든 페일 에일을 동인도 회사의 배에 실을 수 있었다. 이러한 페일 에일은 버튼의 다른 양조장에도 전파되어 바스 양조장이나 토마스 솔트 양조장도 페일 에일을 생산하기 시작하였다. 버튼의 페일 에일은 기존의 페일 에일과 다른 두 가지 특징이 있었다. 하나는 매우 많은 양의 홉을 사용하여 맥주의 보존성을 높였다는 것이다. 이것은 맥주의 쓴맛을 더 강조해 주었다. 다른 하나는 맥주의 당분 비중을 낮추어 부패 미생물을 생겨나게 하는 잔류 당을 감소시켰다는 것이다. 그리고 이러한 맥주는 곧 인디아 페일 에일(India Pale Ale, IPA)이라는 이름으로 불렸다. 현재의 IPA는 아주 높은 도수의 쓴맛이 나는 맥주이지만, 당시의 IPA는 페일 에일에 비해 알코올 도수가 월등히 높은 것은 아니었다.

인도로 수출되었던 IPA는 점차 영국 본토에서도 인기를 끌게 되었다. 호지슨과 버튼의 경쟁이 심화되면서 IPA의 시장을 인도에서 영국 본토로 확장하게 된 까닭이었다. 특히 위기감을 느낀 호지슨은 빠르게 본토 시장으로 돌아섰다. 호지슨은 인도에서 돌아온 자들이 그곳에서 마시던 맥주를 그리워하고 있다는 점을 공략했다. 이러한 인기는 차츰 영국뿐만 아니라 전 세계로 확대되었다. 호주와 뉴질랜드와 같은 영국의 다른 식민지나 미국과 캐나다에도 수출되는 등 엄청난 인기를 끌면서 하나의 스타일로 자리 잡았다. 하지만 영원히 지속될 것 같던 IPA의 인기는 필스너의 출현과 도수에 비례하여 책정되도록 바뀐 세금 정책으로 인해 차차 저물게 되었다. 독일의 제들마이어와 오스트리아의 드레허가 영국의 선진 양조 지식을 배워 만들기 시작한 라거가 오히려 영국의 페일 에일과 IPA의 시대를 저물게 했다는 점이 아이러니하다.

🥽 ── APA와 더블 IPA

한동안 자취를 감추었던 IPA에 다시 생명을 불어넣은 것은 미국의 크래프트 맥주 양조장이었다. 1965년 프리츠 메이텍이 앵커 브루잉을 인수하면서 시작된 크래프트 맥주 정신은 1980년 시에라 네바다 브루잉의 성공으로 크게 성장하였다. 크래프트 맥주의 정신은 작고 독립적인 양조장에서 전통적인 레시피를 재해석하여 맥주를 만드는 것. 그들이 처음으로 주목한 맥주는 소문으로만 듣던 영국의 페일 에일과 IPA였다. 그들은 미국에서 생산된 신종 홉을 사용하여 과일의 향긋함과 쌉쌀한 맛을 내는 미국식 IPA, 즉 APA(American Pale Ale)를 만들었다. 크래프트 맥주 양조장에서 가장 먼저 성공을 거둔 시에라 네바다 브루잉의 시그니처 맥주도 바로 이 미국식 페일 에일과 IPA이다. IPA는 이후 미국 크래프트 맥주의 상징과도 같은 것으로 자리매김했고, 미국의 대부분의 크래프트 맥주 양조장에서 생산하는 맥주 스타일이 되었다. 그리고 지난 수십 년간 크래프트 맥주 열풍을 전 세계에 불게 하는 데 일조했다.

IPA의 알코올 도수가 어느 정도 되어야 하는지에 대한 규정은 없으나, '맥

Photocredit ⓒ Four Brewers

주상식사전'을 쓴 저자 멜리사 콜은 모름지기 IPA라면 알코올 도수가 6% 이상은 되어야 한다고 개인적인 생각을 밝혔다. 일반적인 페일 에일이 4~5.5% 수준이니 명성에 비해 그리 높은 도수는 아니라는 생각이 든다. 그런데 더블 IPA라면 다르지 않을까? 이름에 더블이 붙었으니 이 스타일이 어떨지 상상이 갈테고, 트라피스트 에일처럼 트리플 IPA, 쿼드러플 IPA도 있다. 이쯤 되면 맥주에 과부하가 걸릴 지경이다. 심지어 더블 IPA는 임페리얼 IPA라고 불리기도 한다. 더블 IPA에서 유명한 맥주는 미국 크래프트 맥주 양조장 중 하나인 러시안 리버 브루잉의 플리니 디 엘더라는 맥주이다. 역시 콜의 설명에 의하면, '가볍게 덤벼서는 안 되는 맥주이며, 다른 맥주부터 마셔서 입맛을 기른 후 차근차근 도전해야 한다'는 맥주이다.

러시안 리버 브루잉에서 플리니 디 엘더를 만든 양조사는 비니 실루조라는 인물인데 그는 매우 독특한 이력을 가지고 있다. 그는 코벨이라고 하는 양조장에 고용된 브루마스터였다가 코벨이 사업을 중단하자 양조장을 사들였는데, 이 양조장이 바로 러시안 리버 브루잉이 되었다. 양조장 인수의 좋은 예라 할 수 있다. 브루마스터에서 양조장의 사장이 된 실루조는 마음껏 자신의 레시피대로 맥주를 만들었는데, 그중 하나가 바로 더블 IPA이다. 그런데 비니 실루조가 더블 IPA를 만든 것은 이때가 처음이 아니었고 그의 전 직장이었던 블라인드 피그 브루잉에서부터 시작되었다.

1990년대 애리조나의 한 양조장의 양조사가 마리화나 소지 혐의로 체포되면서, 그의 모든 양조 시설을 블라인드 피그 브루잉에 팔았다. 당시 블라인드 피그 브루잉에서 브루마스터로 근무하던 실루조는 이 양조 시설을 이용하여 맥주를 만들었는데, 하필이면 발효조가 오래된 플라스틱 장비였다. 이걸 그대로 사용하면 맥주에 원하지 않는 풍미가 배일 것 같던 그는 나쁜 풍미를 막기 위해 홉을 두 배로 늘리고, 몰트를 30% 정도 더 사용하여 맥주를 만들었다. 이렇게 만들어진 맥주를 양조장 설립 1주년 행사에 내놓았는데 이것이 꽤 인기를 끌었다. 러시안 리버 브루잉으로 직장을 옮기면서 홉과 몰트를 더 넣고 실험을 거듭하여 만든 맥주가 바로 플리니 디 엘더로, 홉을 식용 가능한 야생 식물로 처음으로 소개한 1세기 로마의 철학자 대(大) 플리니우스에서 따온 이름이다.

홉을 처음으로 언급한 로마의 철학자 대 (大) 플리니우스

Photocredit © Fred Rockwood

러시안 리버 브루잉의 플리니 디 엘더

흑맥주여,
어둠의 터널을 달려라

　우리가 흔히 흑맥주라 부르는 맥주 스타일은 생각보다 다양하다. 흑맥주를 단순히 검은 맥주라고 치부할 때, 어둡고 검은색에 가까운 라거 계열의 흑맥주에는 둥켈과 슈바르츠비어, 에일 계열에서는 스타우트나 포터가 있다. 어두운 범위를 조금 더 확장하면 다크 브라운 에일이나 아이리쉬 레드 에일도 흑맥주라 생각할 수 있다. 라거와 에일을 넘나드는 이처럼 다양한 맥주를 흑맥주라는 하나의 장르로 묶을 수 있는 이유는 그 개념이 단순하고 명확하기 때문이다. 어두운 맥주는 모두 흑맥주라는 공식. 그런데 맥주를 조금이라도 아는 사람들은 흑맥주라는 표현을 잘 사용하지 않는다. 대신 조금 더 맥주 스타일 가이드에 가까운 표현을 사용할 것이다. 한국에서 스타우트라는 이름으로 쉽게 떠올릴 수 있는 맥주를 꼽아 보면 기네스와 오비맥주의 스타우트일 것이다. 그런데 두 맥주를 모두 마셔 본 사람이 두 맥주를 같은 스타일이라고 말할 수 있을까? 아마 그렇지 못할 것이다. 왜냐하면 오비맥주의 스타우트는 사실 스타우트가 아니고 색깔만 어두운 라거이기 때문이다. 이번 글에서는 이중에서 스타우트와 스타우트의 조상, 포터에 대해서 이야기해 보려고 한다.

　맥주라는 술은 어떤 술과도 쉽게 어울리는 녀석이다. 8~90년대 맥주는 폭탄주라는 어마어마한 작명으로 위스키과 섞여 특권층의 밤 문화를 이끌었다.

밀레니엄 시대에 들어서면서 동네 친구 격인 소주를 만나 폭 넓은 대중의 술이 되었다. 맥주는 소주와 섞이면 소맥이기도 하고, 막걸리와 섞이면 막맥인 것처럼 무엇을 붙여 놔도 이름이 척척 달라붙었다. 최근에는 카스와 테라라는 동종 결합으로 '카스테라'라는 센스 넘치는 작명을 이끌어내기도 했다. 그런데 이렇게 술을 섞어 마시는 것, 조금 유식하게 표현하면 술을 블렌딩하는 것은 현대에만 있는 것은 아니었다. 18세기 초반 영국에서는 세 가지 맥주를 블렌딩하여 판매하는 펍들이 유행하였는데 이것이 바로 포터의 기원으로 여겨진다.

🍺 —— 포터

과거 영국에서 맥주를 양조하고 판매하는 과정은 지금과는 많이 달랐다. 지금이야 전문 양조장이 있고, 양조장에서 제조된 맥주를 유통하여 전문 판매점에서 판매하는 방식이지만, 18세기 초반까지의 영국에서는 펍에서 양조된 맥주를 바로 캐스크라는 통에 담아 판매하는 것이 일반적이었다. 그런데 당시 펍에서 가장 유행했던 맥주는 세 가지 맥주통에서 나온 맥주를 섞어서 만든 것이었다. 세 개의 맥주 탭에서 실처럼 흘러나오는 맥주를 섞었다 하여 이를 쓰리 쓰레즈(Three Threads)라고 불렀다. 대체로 오래된 맥주와 신선한 맥주를 섞었으며, 상한 맥주와 상하지 않은 맥주를 섞을 때도 있었다. 이렇게 맥주를 섞으면 펍의 입장에서는 오래되어 유통되지 않는 맥주를 판매할 수 있어 좋고, 드링커의 입장에서도 신선하지는 않지만 싼 값에 맥주를 마실 수 있으니 나쁘지 않았다. 이런 맥주는 특히 노동자들에게 인기가 있었다. 그들에게는 이 저렴한 맥주가 하루의 피로를 가시게 해주는 피로회복제였고 부족한 칼로리와 에너지원을 공급해 주는 영양보충제였다.

맥주를 블렌딩하는 일은 아무래도 번거로운 일이다. 추측컨대, 이 블렌딩의 기술에 따라 펍의 입소문은 달라졌을 것이고, 노동자들은 블렌딩 기술이 좋은 펍으로 달려갔을 것이다. 펍은 블렌딩에 상당한 노력을 기울였을 것이 분명하다. 그런데 이런 점을 눈여겨본 양조가가 있었다. 1722년 런던의 랄프 하우드는 쓰리 쓰레드 대신, 미리 세 가지 맥주를 블렌딩한 맥주를 내놓았다. 정확히 말하자면 기성품의 맥주를 섞은 것이 아니라 세 가지 맥즙을 섞어 맥주를 만든 것이었다. 이렇게 섞인 맥주의 종류는 에일과 홉을 사용한 비어 그리고 투페니라고 불리는 일종의 스트롱 페일 에일이었다. 그는 이렇게 만든 맥주를 하나의 캐스크에서 서빙한다고 하여 인타이어 버트(Entire-butt), 줄여서 인타이어라고 불렀다. 이 맥주는 싸고 영양이 풍부해서 당시의 짐꾼들과 노동자들에게 인기가 좋았다.

포터의 어원을 정확히 말하기는 힘들지만 여러 가지 설은 있다. 그중 하나는 이 맥주를 자주 마시던 노동자들이 항구에서 일하는 짐꾼(포터)들이었기 때문에 붙여졌다는 설이다. 우리나라에서도 하루의 일과를 마친 노동자들이 '이모, 소주 한 병 주세요'라고 외치면서 소주로 피로를 푸는 것처럼, 당시 런던의 노동자들은 일을 마치고 맥주를 찾았다. 그리고 펍에 도착한 그들은 아마 이렇게 불렀을 것이다. '여기 포터(들이 마시는) 맥주 주세요'라고. 두 번째 설은 포터 맥주를 짐꾼들이 운반하기 때문에 나왔다는 설이다. 템즈 강 근처에 있는 바클레이 퍼킨스 앵커 양조장에서는 140명의 짐꾼을 한꺼번에 고용했다는 기록이 있다. 이 짐꾼들은 맥아 자루를 양조장에 옮기거나 양조된 맥주를 펍에 배달하는 일을 했다. 펍에 도착한 짐꾼들은 '여기 맥주 왔어요'라는 의미로 '포터!'라고 크게 외쳤다. 이것이 곧 맥주 이름이 되었다는 것이다.

Photocredit ⓒ Steve Buissinne

🍺── 스타우트

포터는 18세기 초반부터 19세기 초반까지 대략 150년 간 경쟁자가 없는 절대적인 위치에 있다가 서서히 역사속으로 사라졌다. 그 이유 중 하나는 영국이 프랑스와 벌인 전쟁 때문이었다. 영국이 워털루 전투에서 나폴레옹을 격파하고 전쟁을 끝내기는 했지만, 1815년까지 전쟁으로 인해 막대한 경제적 피해가 발생하였고, 이를 충당하기 위해 영국 정부는 맥아에 세금을 징수하였다. 세금을 적게 내기 위해서는 아무래도 맥아의 양을 낮추어 양조하는 수밖에 없었다. 당시의 포터는 브라운 맥아를 사용했는데 품질이 일정하지 않았을 뿐더러 고열에서 볶았기 때문에 맥즙의 수율, 즉 맥아에서 당분이 뽑히는 비율이 낮아 훨씬 많은 양이 필요했다. 그런데 마침 이 시기 산업혁명으로 인해 온도 제어 장치나 비중계가 발명된 것이다. 특히 비중계는 물과 대비하여 얼마나 밀도가 높은지를 측정하는 도구로 맥아즙의 초기 비중을 측정할 수 있었다. 이러한 도구 덕분에 페일 맥아가 브라운 맥아보다 맥주의 수율이 높다는 것을 알아냈고, 맥주 양조자는 점점 브라운 맥아보다는 페일 맥아를 사용하여 맥주를 양조하게 되었다.

포터는 변화할 수밖에 없었다. 스타우트는 이런 포터의 진화된 모습이다. 스타우트는 스타우트 포터를 말하는데, 맥주에서 스타우트란 '강하다(strong)'는 의미로 사용된다. 이런 스타우트 포터는 1817년에 다니엘 휠러가 발명한 '블랙 특허 맥아' 덕택으로 본격화되었다. 휠러는 커피 로스터와 유사한 철제 실린더를 사용하여 맥아를 간접적으로 볶아 과도하게 태우지 않고 맥주에 어두운 색을 입히도록 로스팅하였는데, 이 맥아를 영국 특허청에 등록하였다. 포터 양조업자들은 빠르게 이 특허 맥아를 사용하기 시작하였다. 양조업자들은 이제 브라운 에일의 사용을 줄이고 페일 에일을 더 많이 사용했으며, 어두운 색을 내기 위해 소량의 블랙 특허 맥아를 사용하였다. 이 새로운 공정은 맛도 좋았을 뿐만 아니라 기존의 포터보다 진해서, 점차 입지를 굳혀갔다. 한 시대를 풍미했던 포터의 시대가 지고 스타우트가 역사의 새로운 페이지를 열기 시작한 것이다.

포터에 대한 새로운 시도는 아일랜드로 건너가 기네스의 스타우트를 탄생시켰다. 스타우트의 역사를 논하면서 기네스를 빼 놓는 건 한국의 아이돌을 말하면서 서태지와 아이들을 빼 놓는 것과 비슷하다. 포터의 시초라고 여겨지는 랄프 하우드의 맥주가 양조된 것은 아서 기네스가 태어나기 2년 전의 일이었다. 기네스의 창업자 아서 기네스는 1759년에 아버지가 물려준 재산과 맥주 레시피를 가지고 더블린 리피 강 근처의 세인트 제임스 게이트에 양조장을 열었다. 처음에는 에일 맥주만을 만들었는데, 1778년부터 포터를 판매하기 시작하여 1799년에는 에일 맥주 생산을 전면적으로 중단하고 포터 맥주로 완전히 돌아섰다. 리피 강의 물은 석회질을 포함한 약한 경수였는데, 이러한 물은 홉에 불쾌한 떫은 맛을 줄 수 있다. 대신 홉의 비중을 낮추고 다크한 몰트를 첨가하면 대단히 좋은 맥주가 나오는데 이러한 것이 바로 기네스 흑맥주의 원천이라 할 수 있다. 작은 양조장에 불과했던 기네스를 세계적인 기업으로 성장시켰으니 지금 생각하면 당연한 결정으로 받아들이겠지만 당시로는 쉽게 결정할 수 있는 일은 아니었을 것이다. 역사의 시작은 위대한 결정에서 시작된다. 기네스의 가업은 그의 아들인 아서 기네스 2세가 이어받았다. 기네스 2세는 기네스 스타우트를 영국 포터에 밀리지 않을 정도로 성장시켰고, 아버지가 염원했으나 완수하지 못한 해외 수출 사업을 실현시켰다. 기네스는 중앙 아메리카와 서아프리카 등 영국의 식민지 국가에 먼저 수출되었으며 인도와 호주 등의 국가로 수출 범위를 늘려 나갔다. 1815년 최고 전성기를 이룩한 기네스는 영국과 유럽 대륙간의 전쟁의 여파로 잠시 내리막길을 걸은 적도 있지만, 그 이후에는 점점 성장하여 1870년대에 기존의 공장을 버리고 큰 공장을 새로 지었다.

현대 기네스 캔에는 위젯이라 불리는 둥근 공이 들어가 있다. 혹자는 처음 기네스를 마실 때 맥주에 왠지 모를 이물질이 빠졌다고 생각했다는 이야기가 있다. 맥주를 제법 좋아하는 사람이라면 캔을 찢어 이것이 무엇인가 탐구도 해봤을 것이다(나 자신이 그랬다). 이런 아이디어는 1950년대에 처음 구상된 것으로, 당시 기네스를 펍에서 판매할 때 탄산가스가 일정하게 나오지 않거나 맥주 통에 잔고장이 잦아서 맥주의 맛이 달라지곤 했다. 이런 문제를 해결하기 위해 금속통의 내부를 둘로 나누어 한쪽에는 스타우트 맥주를 담고, 한쪽에는 이산화탄소와 질소 혼합물을 담아, 스타우트 맥주에 이산화탄소와 질소를 주입하는 아이디어가 등장한 것이다. 이 아이디어는 1985년에 500ml 캔에 위젯을 적용하면서 실현되었다. 캔을 열면 위젯이 질소를 방출하여 맥주 표면에 기네스 특유의 거품을 만들게 한 것이다. 이렇게 발생한 크리미한 거품은 기네스가 많은 사랑을 받게 해주는 요소이기도 하다.

Photocredit © Phillip Glickman

⬡── 러시안 임페리얼 스타우트

앞서 맥주에서 스타우트라는 단어는 '강하다'는 의미로 사용된다고 말했는데 임페리얼도 비슷하다. 임페리얼은 황제, 특히 러시아 황제를 의미하는데, '황제가 마셨을 맥주라니 도수가 높고 맥아와 홉을 아낌없이 쓰지 않았을까?' 하는 생각이 든다. 그런데 사실 이렇게 과도하게 맥주의 재료를 쓴 이유는 황제가 아니라 맥주의 배송 문제 때문이었다(이 얘기는 잠시 뒤로). 이 스타우트는 러시아의 표트르 대제가 받아들인 여러 가지 서유럽의 문화 중 하나였고, 이후 예카테리나 여제의 사랑을 받아 발전했다.

표트르 대제는 중세 수준에 머물러 있던 러시아를 매우 급진적인 방법으로 단번에 근대화시킨 인물이다. 표트르는 어릴 때부터 다양한 사람들을 사귀면서 견문을 넓혔는데, 그중에는 선원, 용병, 조선공, 법학자, 예술가, 건축가 등 귀족이 아닌 다양한 서민들이 있었다. 이런 유년기의 경험은 장차 성인이 되어 정치를 펼칠 때도 유연하게 사용되었는데 그중 가장 특이한 이력은 황제가 직접 오른 서유럽 견문 여행이다. 1698년 표트르는 250명의 사절단을 구성해 선진화된 서유럽의 기술과 정치를 배워오게 하였는데, 이 사절단에 젊은 귀족들뿐만 아니라 자기 자신을 위장하여 포함시켰다. 황제는 '표트르 미하일로프'라는 가명을 쓰고 직접 선진 기술을 경험하고 싶었던 것이다. 하지만 아무리 가명을 쓰고 신분을 숨겨도 2m가 넘는 황제를 못 알아보는 사람은 없었다. 여하튼 이 여행은 발트 연안의 국가, 프로이센, 독일 지역의 국가, 네덜란드, 영국 등을 돌며 1년 반 동안 계속되었는데, 네덜란드에서는 조선소에서 목수일을 직접 해볼 정도였다. 여기서 그는 해군의 필요성을 자각하게 되었고, 이 경험은 훗날 스웨덴과 전쟁에서 승리해 발트해에 진출하게 되는 귀중한 초석이 되었다.

한편 표트르는 엄청난 술고래로 유명하다. 그는 러시안인답게 보드카를 좋아했지만, 유럽의 맥주를 맛보고서는 귀족들에게 맥주를 권장했다. 당시 러시아는 보드카가 사회적인 문제로 대두되고 있던 시기였는데, 맥주는 보드카와 달리 많이 마셔도 일상의 지장이 적었기 때문이었다. 이때부터 유럽의 맥주 문화가 러시아의 귀족들 사이로 침투했다. 서유럽 여행에 동행한 일부 러시아 귀족들은 영국에서 마셨던 맥주를 잊지 못해 영국으로부터 직접 맥주를 수입해서 마셨다. 하지만 표트르가 생전에 랄프 하우드가 만든 포터의 맛을 알았을지는 모르겠다. 많은 자료에서 표트르가 도수가

표트르 1세(Peter I the Great), Paul Delaroche, 1838

높은 영국식 스타우트를 즐겨 마셨다고 하지만 시기적으로 맞지가 않다. 포터가 막 만들어지기 시작하고 얼마 후, 지독한 요로결석으로 고생했던 표트르는 요로결석으로 인한 합병증으로 생을 마감했다. 이때가 1725년이다.

표트르가 러시아 맥주 문화의 발판이었다면, 영국의 포터를 가장 사랑한 황제는 여제라 불렸던 예카테리나 2세였다. 표트르가 사망한 후 러시아의 황제는 여러 여황제를 거치다가 표트르의 외손자인 표트르 3세에게 돌아갔다. 이로서 로마노프 왕조의 직계 혈통이 끊긴데다가, 표트르 3세는 러시아보다 프로이센을 사랑한 독일인이었다. 예카테리나는 16살의 어린 나이에 표트르 3세와 결혼하여 무능한 남편을 지켜보다가 그가 황제가 되자 바로 쿠데타를 일으켜 황위를 찬탈했다. 예카테리나는 표트르 1세에 이어 러시아를 무력으로나 문화적으로나 부흥시킨 황제이다. 그리고 무엇보다 영국의 포터를 사랑했다. 예카테리나는 포터를 직접 마시기도 하고 러시아 귀족들에게 나눠 주기도 하였는데, 러시아 내에 양조장이 없어서 맥주를 모두 영국에서 수입해 와

야 했다. 그런데 영국의 배가 러시아로 오기 위해서는 유럽의 북해와 발트해를 지나는 기나긴 여정을 견뎌내야 했기에, 맥주가 쉽게 상하거나 북유럽의 악독한 추위에 얼음덩이로 변하기도 하였다. 이런 점을 해결하기 위해 맥아를 충분히 사용하여 도수를 높이고 홉을 많이 넣어서 맥주의 보존력을 높인 맥주를 만들었는데 이것이 러시아 임페리얼 스타우트의 기원이다. 러시아 임페리얼 스타우트는

러시아 예카테리나2세의 초상(Portrait of Catherine II of Russia), 1780년대

대부분 러시아로 수출되어 한동안 전성기를 누렸다. 하지만 나폴레옹이 영국과 대륙 간의 무역을 금지하는 대륙봉쇄령을 내리고, 이후에는 러시아가 영국산 맥주에 세금을 과도하게 책정하는 바람에 서서히 내리막길을 걸었다. 영국의 맥주 양조가들은 급하게 수출용 맥주를 내수용으로 전환했지만, 아무래도 '큰 손' 러시아가 빠져 버린 상황에서는 이전만큼의 매출을 내지는 못했고 점점 역사속으로 사라졌다. 요즘 시중에서 마실 수 있는 러시아 임페리얼 스타우트는 대부분 미국 크래프트 양조가들이 옛날의 레시피를 발굴하여 새롭게 만든 것이다.

스타우트와 포터는 어떤 차이가 있을까? 결론부터 말하자면 별로 차이가 없다. 이것은 비단 내 의견뿐만 아니라, 주위의 많은 맥주 전문가들의 의견을 종합한 결과이다. 굳이 차이를 찾는다면 전 세계에서 맥주를 양조, 평가할 때 사용하는 맥주 스타일 가이드 BJCP(Beer Judge Certification Program)에서 세 가지 힌트를 얻을 수 있다. 첫 번째로 포터와 스타우트는 역사적으로 다른 길을 걸었다는 점이다. 일반적으로 포터를 '잉글리시 포터'라고 하고, 스타우

트는 '아이리쉬 스타우트'라고 한다. 포터는 지금으로부터 약 300년 전에 런던에서 시작되었다. 1차 세계 대전 즈음부터는 급격하게 감소하기 시작하여, 1950년대에는 완전히 자취를 감추었다. 현대에 볼 수 있는 포터는 1970년대 중반 미국의 크래프트 업계에서 부활한 것이다. 반면 스타우트는 거의 절대적으로 더블린의 기네스가 만들었다고 해도 과언이 아니다. 1799년 포터에만 집중하기로 한 기네스는 블랙 특허 맥아를 사용한 스타우트 포터를 개발하여 1800년대 후반까지 홀로 스타우트의 시대를 이끌었다. 1·2차 세계 대전으로 위기는 있었지만, 현재까지 끊임없이 명맥을 유지하여 전 세계적으로 가장 사랑받는 맥주 스타일이 되었다. 두 번째는 맛의 차이에 있다. 예전의 포터를 직접 맛볼 수는 없겠지만 포터가 스위트 브라운 맥주에서 진화된 걸로 보아서 대략 짐작할 수 있다. 포터가 스타우트보다 더 달콤하고, 더 음용성이 있으며 바디감은 덜했을 것이라 추정된다. 반면 스타우트는 더 바디감이 있고, 더 크리미하고, 더 드라이하다. 세 번째의 차이는 재료의 차이다. 포터는 볶은 맥아를

Photocredit © LeeKeoma

Photocredit © Aneil Lutchman

계속해서 사용한 반면, 스타우트는 어느 순간 볶은 맥아 대신 볶은 보리를 사용하였다. 맥아와 보리의 차이는 곧 맛의 차이로 나타나게 되었다. 그런데 이 차이는 현실 너머에 있는 상상의 이미지나 마찬가지라서, 현실에서 눈을 감고 포터와 스타우트를 구분한다고 하면 거짓말에 가깝다. 왜냐하면 현대에 와서 포터와 스타우트라는 이름은 양조가가 임의로 붙이기 때문이다. 즉 양조가가 포터라고 하면 포터인 것이요, 스타우트라고 하면 스타우트인 것이다.

독일 밀맥주와 벨기에 밀맥주

어떤 분야에서 쓰이는 단어를 보면 사회 구성원들이 그 분야를 대하는 깊이가 느껴질 때가 있다. 맥주라는 분야도 마찬가지일 듯하다. 가령 맥주의 선진국 유럽에서는 맥주에 대한 용어가 차고 넘친다. 우리나라에서 흔히 하나의 범주로 묶여 쉽게 부르는 맥주 스타일이 있다. 바로 밀맥주이다. 밀맥주는 밀(Wheat)을 사용해 만든 화이트(White) 맥주라는 장르이지만 조금만 내려가면 흑맥주처럼 다양하게 구분할 수 있다. 밀맥주는 모두 에일 맥주이므로 에일과 라거의 구분은 없지만 대신 벨기에식과 독일식의 구분이 있다. 벨기에선 밀맥주를 위트 비어(Witbier), 독일에선 바이스(바이쎄) 혹은 바이젠이라고 부른다. 이렇게 구분하는 이유는 맥주가 성장한 역사가 다르고, 사용하는 재료와 맛도 다르기 때문이다.

독일 밀맥주

독일 밀맥주는 바이스(바이쎄) 비어 혹은 바이젠이라고 부른다. 바이스(Weiß)는 독일어로 희다(White)라는 뜻으로 남부 독일의 바이에른이나 오스트리아에서 주로 사용하는 용어이고, 바이젠(Weizen)은 독일어로 밀

(Wheat)이라는 뜻으로 서부 독일이나 북부 독일에서 주로 사용하는 용어이다. 헤페바이스비어(Hefeweißbier) 혹은 헤페바이젠(Hefeweizen)이라고 불리는 맥주는 효모(독일어로 헤페) 침전물이 병 안에 남아 있는 맥주를 말한다. 독일 밀맥주의 특징은 부재료를 전혀 첨가하지 않고 맥주의 4대 재료와 밀만 사용하여 만든다는 것이다. 특히 다른 재료보다 밀과 효모의 역할이 두드러진다. 밀은 맥주를 하얗고 부드럽게 만들고, 효모는 바나나와 풍선껌, 클로브와 같은 밀맥주 특유의 향을 낸다.

밀맥주의 기원을 추적해 보면 상당히 오래되었음을 알 수 있다. 지금으로부터 수천 년 전, 우리의 조상들이 먹다 남긴 빵이 공교롭게 물에 젖었다. 물에 젖은 빵은 눈에 보이지 않는 세균이 우연히 발효를 일으켰고, 달콤새콤한 액체 빵의 기적을 일으켰다. 이 질척한 음료가 맥주의 원형이고, 빵은 보리와 함께 주로 밀로 만들어 졌으니, 자연스럽게 밀맥주의 역사도 인류가 빵을 먹기 시작한 역사와 같다.

독일의 밀맥주는 함부르크와 같은 독일 북부에서도 있었고, 복 맥주로 유명한 아인베크에도 있었으며, 저 멀리 오스트리아나 네덜란드에도 있었다. 그런데 이런 밀맥주의 역사를 다시 쓴 건 아이러니하게 맥주에 밀을 금지한 맥주순수령 때문이었다. 16세기 이전의 독일 남부의 맥주는 점점 형편없어지고 있었다. 맥주를 쓰게 만든다는 이유로 온갖 약초와 정체 모를 재료를 사용했다. 쌉쌀하고 맛좋은 맥주를 만들 수만 있다면 사람이 죽든 말든 상관없었다. 어느 누구는 심각한 독초를 넣은 맥주를 마시고 죽기도 하였고, 어느 양조업자는 죽은 자의 손가락을 넣으면 맥주 맛이 좋아진다는 미신 때문에 갓 파묻은 무덤을 파헤치고 다녔다. 이를 막기 위해 1516년, 바바리아(지금의 바이에른) 공국의 공작인 빌헬름 4세는 라인하이츠게봇(Reinheitsgebot)이라고 하는 맥주순수령을 반포하였다. 이 법은 여러 가지 맥주에 관한 법령이 있지만 그중 가장 핵심은 맥주를 제조하는 데 있어 물, 보리, 홉 이외에는 어떤 것도 사용할 수 없다는 것이다. 당시에는 효모의 마법을 알 수 없었기 때문에 이렇게 세 가지 재료로만 제한하였고, 효모는 나중에 개정된 법에 추가되었다. 물론 이 법이 '맥주를 순수하게 만들라'는 순수한 마음만 있었던 건 아니다. 밀의 역할을 맥주의 제조에서 빵의 제조에 돌려주고, 당시 귀족들이 가지고 있던 밀 독점권을 유지하기 위해서이기도 하였다. 하지만 어찌되었건 덕분에 일부 부도덕한 맥주 제조업자들이 행한 비도덕적이고 안전하지 못한 제조법을 근절시킬 수 있었던 것은 사실이다. 그런데 문제(?)가 있었으니, 맥주의 곡물로 보리만 사용하게 하자 밀 또한 맥주에서 빠지게 된 것이다.

맥주순수령에 의해 밀맥주의 제조가 금지되었지만 독일의 슈바르자흐 지역에선 밀맥주 양조장이 버젓이 성행했다. 슈바르자흐는 지금으로 보면 독일 뮌헨과 체코 플젠의 가운데 정도에 위치했는데, 이 양조장은 데겐베르크라는 명문 귀족인 한스 6세가 설립한 곳이다. 1548년, 바바리아의 공작인 비텔스바흐 가문은 데겐베르크 귀족에게 바바리아 지역에서 밀맥주를 독점적으로 양조할 수 있는 권한을 부여했고, 덕분에 데겐베르크의 밀맥주는 크게 성장할 수 있었다. 대신 비텔스바흐 가문은 데겐베르크로부터 막대한 세금을 거둬들이는 반대급부를 얻었다. 바바리아 군주인 빌헬름 4세가 맥주순수령을 내린 후 32년 만에 자신들이 세운 법령을 자신들이 스스로 어긴 셈이다. 아무튼 그 덕분에 역사속에 사라질 뻔 했던 밀맥주를 현대에서도 마시고 있으니 아이러니가 아닐 수 없다. 참고로 데겐베르크 양조장은 '세계 최초의 밀맥주 양조장'이라는 타이틀로 아직도 존재하고 있다. 500년 전의 전통과 레시피를 따라 밀맥주를 만들고 있다고 하니 역사의 맛을 느껴볼 수도 있다.

1602년 데겐베르크 가문은 후계자가 없이 대가 끊겨 버렸다. 이에 데겐베르크 가문은 모든 재산을 바바리아의 막시밀리안 1세에게 양도했다. 물론 이 재산에는 밀맥주 양조장도 포함되어 있었다. 막시밀리안은 밀맥주의 양조 전매권을 그의 공국 전체로 확대하여 막대한 돈을 벌었다. 나중에는 양조 전매권을 바바리아 뿐만 아니라 남부 독일까지 확대하였고, 가문이 직접 밀맥주를 양조하기 위해 '호프브로이하우스'라는 양조장을 만들었다. 호프브로이하우스는 세계에서 가장 크고 가장 오래된 비어홀로 유명한 곳이다. 아무튼 이 가문은 밀맥주 하나로 엄청난 부를 쌓았는데 밀맥주로 팔아 만든 자금으로 유럽의 30년 전쟁[1]을 무사히 치를 정도였다고 한다.

이렇게 잘나갔던 독일의 밀맥주는 19세기에 들어서면서 서서히 몰락하기 시작했다. 보헤미아에서 시작된 필스너 스타일이 전 세계를 점령하고 있었기 때문이었다. 바바리아에는 오로지 두 개의 밀맥주 양조장만 남아 있었는데 바바리아 공작은 힘이 빠질대로 빠져 버린 밀맥주 양조권을 게오르그 슈나이더라는 사람에게 판매했다. 게오르크 슈나이더는 그의 아들과 함께 1872년 독일 뮌헨에서 가장 오래된 밀맥주 양조장을 설립했는데, 이것이 바로 현대식 밀맥주를 처음으로 만든 슈나이더 양조장이다. 슈나이더에 의해 일부 귀족만이 독점적으로 판매했던 밀맥주가 서민들의 품에 돌아왔다. 그리고 슈나이더 가문은 밀맥주를 부흥시키기 위해 '피땀눈물' 나는 노력을 기울였다. 그것도 한 세기가 넘게 말이다. 그로부터 100년 쯤 지나 1960년대에 무슨 연유인지 모르겠지만 밀맥주가 갑자기 인기를 끌기 시작했고, 지금도 밀맥주는 맥주 애호가들이 사랑하는 맥주가 되었다. 밀맥주의 팬이라면 슈나이더에게 절이라도 해야 할지 모르겠다.

---

1 유럽에서 로마 가톨릭교회를 지지하는 국가들과 개신교를 지지하는 국가들 사이에서 벌어진 전쟁. 종교 전쟁으로 시작했으나 점점 경제, 정치적인 전쟁으로 확장되어 전 유럽을 초토화시켰다. 막시밀리안 1세는 전쟁에 직접적으로 참가하기도 하였고 막후에서 막대한 전쟁 비용을 지원하였다.

Photocredit ⓒ Gerhard Gellinger

🍺── 벨기에 밀맥주

벨기에에서는 밀맥주를 위트비어(Witbier)라고 부른다. Wit는 영어의 밀 (Wheat)과 하얗다(White)를 모두 의미하는 단어이다. 영어에서 Wheat와 White는 어원이 같기 때문에 밀맥주를 곧 흰 맥주라고 불렀고 이것이 네덜란드 발음으로 위트비어가 된 것이다. 벨기에 밀맥주의 특징은 같은 부재료를 첨가한다는 것이다. 대표적인 것이 오렌지 껍질, 코리앤더 씨앗(고수의 잎과 줄기는 비누 향이 나지만 씨앗은 오렌지처럼 향긋하다), 카리브 큐라소 섬에서 자라는 식물 등이다. 대표적이자 전형적인 벨기에 밀맥주인 호가든을 마셔봤다면 오렌지 같은 과일 향과 들꽃 향을 한 번쯤은 느껴봤을 것이다. 이러한 벨기에 밀맥주의 인기는 완전히 사라질 뻔 했던 호가든을 부활시킨 피에르 셀리스 덕분이다.

호가든은 현재의 벨기에 밀맥주의 탄생지로 맥주 양조의 역사는 1445년부터 시작되었다고 전해진다. 하지만 그로부터 500년이 지난 1950년대에는 거의 모든 밀맥주 양조장이 사라졌다. 기록에 따르면 1709년에는 호가든에만 12개의 양조장이 있었고, 1745년에는 30개로 늘어났다고 한다. 당시의 호가든 인구가 2,000명 쯤이라고 하니 인구수에 비해 얼마나 많은 양조장이 있었는지 알 수 있다. 50년이 흐른 후에는 호가든의 주민은 3,000명이 되었고, 양조장 수는 35개로 늘어났다. 주민 100명당 1개의 양조장이 있었던 셈이었다. 1880년에도 여전히 13개의 양조장이 있었지만 1914년에는 절반 이상이 사라지고 6개의 양조장만 남게 되었다. 호가든의 밀맥주 양조장도 필스너와 다른 라거 스타일의 맥주에 밀려 점점 자취를 감출 수밖에 없는 상황이었다. 이때 등장한 인물이 호가든의 아버지라 불리는 피에르 셀리스다.

셀리스는 1925년에 호가든 도시의 외곽 지역에서 태어났다. 셀리스의 아버지는 농장을 소유하고 있었고 소고기와 유제품 사업에 종사하고 있었다. 셀리스는 어렸을 적 아버지의 목장에서 일을 하면서 가끔씩 집 건너편에 있었던 톰신의 양조장에서 양조 일을 돕고는 했는데, 이곳이 1957년에 문을 닫으면서 호가든 지방에서의 밀맥주 양조는 자취를 감추게 되었다. 셀리스는 지역의 친구들과 맥주를 나누면서 더 이상 지역의 밀맥주를 마실 수 없는 사실을 안타까워했다. 셀리스는 농담으로 '내가 만들면 되지'라고 말하곤 했는데, 생각해 보니 '안 될게 뭐지'라는 생각이 강하게 들었단다. 셀리스는 결국 1966년에 허름한 양조장의 장비를 사들여 호가든의 밀맥주를 부활시키기로 하였다.

셀리스는 결혼한 이후 아버지의 유제품 사업을 이어 받아 우유 배달원으로 일하면서 맥주 양조를 배우기 시작하였다. 양조를 시작한 첫 해인 1965년에는 제대로 된 설비없이 아버지의 헛간에 있는 욕조를 사용하여 맥주를 만들었다. 그러던 중 주변의 양조장이 망하자 아버지로부터 돈을 빌려 버려진 양조장에서 나온 양조 설비를 모두 사들였다. 1966년 셀리스는 자신의 이름을 딴 셀리스 양조장을 설립하고 그해 3월 밀맥주를 다시 생산했다. 그는 호가든을 만들

때 전통적인 맥주 재료를 그대로 사용하면서 가장 좋은 맛을 내기 위해 실험을 거듭했고, 전통적인 재료인 물, 효모, 밀, 홉은 물론이고 코리앤더라고 하는 고수의 씨앗과 말린 큐라소의 껍질을 사용하였다. 셀리스는 품질이 우선되어야 한다고 생각하였고, 품질이 없다면 멋진 라벨이나 마케팅은 의미가 없다고 생각하였다. 1980년대에 밀맥주에 대한 수요가 증가하자 주변의 레모네이드 공장까지 사들여 사업을 크게 확장하고 양조장 이름을 드 클루이스라 하였다. 셀리스의 밀맥주는 크게 성장하여 호가든 뿐만 아니라 벨기에의 모든 양조장에서 밀맥주를 양조하기 시작하였다.

하지만 1985년 호가든 양조장에 난 큰 불은 셀리스로부터 모든 것을 빼앗아 갔다. 양조장은 부분적으로 탄 것이라 재건할 수 있었지만 건물에 보험이 들어 있지 않았기 때문에 큰돈이 필요했던 것이다. 이때 손을 내민 기업이 스텔라 아르투아를 생산하고 있었던 벨기에의 인터브루(Interbrew) 현재의 AB InBev(앤하이저-부쉬 인베브)이다. 인터브루는 양조장을 재건하기 위해 주변의 큰 건물을 살 수 있도록 큰돈을 빌려주었는데, 셀리스는 그 대가로 양조장 지분의 45%를 내주어야 했다. 이 대출의 후폭풍은 혹독했다. 셀리스가 호가든 맥주 제조 방식에 대한 회사의 압박을 받기 시작한 것이다. 인터브루는 원가 절감을 지시하고, 대량 생산을 할 수 있도록 시설에 변화를 주라는 등 그를 압박했다. 셀리스는 이러한 횡포에 환멸을 느꼈다. 그는 자식 같은 양조장을 완전히 팔기로 하고, 그 수익을 모두 가지고 미국으로 건너가 또 다른 양조장을 만들었다. 이제 밀맥주의 무대가 벨기에에서 미국으로 옮겨 간 것이다.

셀리스는 텍사스 주 오스틴에 그의 이름을 딴 셀리스 양조장을 설립하고 호가든의 원조 레시피를 그대로 따라 맥주를 만들었다. 오히려 벨기에에 있을 때보다 더 좋은 맥주를 만들었고, 텍사스는 셀리스가 처음으로 미국과 인연을 맺은 곳으로 호가든을 미국으로 처음으로 수출한 지역이었기 때문에 잘 될 법도 했다. 하지만 이번 양조장도 그의 뜻대로는 되지 않았다. 이번에는 셀리스 양조장의 지분 45%를 밀러에 매각했는데, 밀러 또한 인터브루처럼 맥주 제조에 간섭하기 시작한 것이다. 결국 셀리스는 자신의 지분을 모두 매각하고 75세의 나이에 은퇴하였다. 밀러는 결국 양조장을 닫아 버렸으며 시설과 브랜드명을 미시간 양조 회사에 매각하였다. 은퇴한 셀리스는 2011년 4월 암으로 사망하기 전까지 전 세계를 떠돌면서 밀맥주 양조법을 전수하였다. 그렇게 탄생한 맥주 중 하나가 밀맥주에서 가장 인기가 있는 세인트 버나두스 위트비어이다. 그의 노력이 있었기에 현재의 우리는 벨기에 밀맥주의 전통을 마실 수 있는 것이다.

Photocredit ⓒ Pesce Huang

수도원으로 간
맥주

우리는 맥주를 자주 마시는 사람에게 농담삼아 '맥주를 물처럼 마신다'는 표현을 쓴다. 그런데 정말 맥주를 물처럼 마신 사람들이 있었으니 바로, 중세 수도원의 수도사들이다. 경건하게 신을 섬기는 수도사들에게 알싸하게 취하기 쉬운 맥주라니 대단한 모순처럼 보이지만, 중세 수도원의 맥주가 아니었다면 현대 맥주는 이렇게 발전하지 못했을 것이다. 많은 맥주 팬들은 중세 수도원의 전통에 따른 맥주, 그중에서도 트라피스트 맥주가 맥주의 '끝판왕'이라고 한다. 수도원 맥주? 트라피스트 맥주? 이것은 같은 것일까? 다른 것일까? 조금 헷갈릴 수 있다. 트라피스트 맥주를 조금이라도 깊숙이 파고 들면 베네딕트회도 나오고 시토회도 나오고, 가톨릭 신자가 아니라면 수도원 학파에 대한 이야기로 조금 어지러워진다(사실 가톨릭 신자도 잘 모를 수 있다). 물론 이러한 수도원 역사를 모른다고 트라피스트 맥주를 맛있게 마실 수 없는 것은 아니지만, 조금이라도 스토리텔링을 이해하고 맥주를 마셔보자는 것이 이 책의 취지이니 약간의 지면을 할애하여 수도원의 역사에 대해서 이야기해 보려고 한다.

Cellar scene with happy monks, Simony Jensen, 1904

　수도원의 시작을 정확히 기술하기는 어렵지만 신의 뜻대로 살고자 했던 사람들은 아주 오래전부터 있었다. 그들에게 도시는 너무 복잡하고 신과의 만남에 방해가 되는 것이 너무 많은 곳이었다. 그래서 그들은 신과 은밀하게 소통하고 은둔하기 좋은 광야로 나갔고 그곳에서 금욕적인 삶을 살기 시작했다. 이러한 삶의 방향을 제도화하고 발전한 것이 수도원의 시작이라고 볼 수 있다. 은둔과 금욕의 삶을 산 그들의 하루 일과는 기도와 명상뿐이었다. 그리고 또 하나는 육체 노동. 그들은 육체 노동을 통해서 삶에 필요한 최소한의 것을 얻었다. 주로 밧줄이나 광주리, 담요 같은 것이었다. 그리고 이번 장의 주제인 맥주를 빚는 것도 그들의 일이었다. 그들은 '일하지 않는 자 먹지도 말라'는 성서의 가르침에 충실했다.

　금욕적이고 은둔의 삶을 산 공동체는 이전에도 있었지만 하나의 구체적인 형태를 갖추게 된 기록은 2~3세기 경이다. 수도사의 삶을 산 최초의 인물로 이집트인인 안토니우스를 기록한 책이 전해 내려오기 때문이다. 그밖의 팔레스타인이나 시리아 등의 동방에서도 수도원이 시작되었다. 이때의 수도사들은 잠 안 자기, 먹지 않기, 성욕 억제하기 등 극단적으로 자신의 욕망을 억제시켰다. 포도주와 고기를 금지한 채 물과 소금만으로 90년을 산 전설적인 이야기도 전해진다. 이렇듯 처음에는 혼자 기도하고 명상하고 스스로 고행하는 것이 수도사들의 참된 모습이었다. 그러나 점차 그들을 찾는 방문객들이 늘어나면서 그들에게 봉사하는 것이 수도사의 일과가 되었다. 수도사들은 방문객을 대접하고 그들의 고민을 상담해주는 경우가 늘어났다. 그러다보니 인격적으로 좀 더 성숙해야 했고 상담을 할 수 있는 지식을 갖추어야 했다. 이에 동방의 수도원인 가이사랴의 바실리우스는 공동체의 생활과 규범을 정리한 책을 냈는데, 이때부터 개인적인 금욕보다는 공동 생활을 더 중요하게 여기게 되었다. 여기서 중요하게 여겨지는 수도원의 규칙은 육체 노동과 수도원장의 권위에 대한 복종이었다.

동방에서 시작한 수도원은 점차 서유럽으로 전파되었다. 서유럽 수도원의 역사는 곧 베네딕트 수도회의 역사라 해도 과언이 아니다. 성 베네딕트는 전해져 오던 수도원 규칙들을 참조하여 총 73장의 새로운 규칙을 만들고 중세 수도원의 표준으로 삼았다. 이 규칙에는 수도원의 조직을 수도원장 중심으로 하는 것과 엄격하게 규율을 준수해야 하는 것, 가난과 독신을 위해 사는 것, 기도와 명상 이외에 육체 노동을 할 것 등이 포함되어 있었다. 베네딕트의 규칙에서 가장 특징적인 것은 그동안 가혹한 고행을 미덕으로 삼았던 것을 합리적이고 현실적으로 바꾸었다는 것이다. 그 일환으로 수도원에서 포도주와 맥주의 섭취가 허용되었다. 이것은 마치 굶는 다이어트를 하던 사람들에게 잘 조절된 식단이라면 먹으면서 살을 뺄 수 있다고 말하는 것과 비슷한 것이었다.

서유럽에서는 점차 베네딕트의 규칙을 따르는 수도원들이 늘어났지만, 시간이 지나면서 초기의 수도 정신을 잃고 타락해 가는 수도원이 늘어났다. 이러한 시기인 1098년에 베네딕트의 규칙을 회복하자는 목적으로 시토 수도원이 설립되었다. 시토 수도원은 무엇보다 자급자족을 원칙으로 하고 있다. 그래서 시토 수도원은 중세 농경 기술을 발전시켰다는 평을 받는다. 수도원에서 생산되는 빵과 치즈, 비누, 발효 제품, 무엇보다도 포도주와 맥주 같은 제품들이 이 시기에 발전하였다. 하지만 시토 수도회도 시간이 지나면서 초기의 베네딕트 정신을 잃어 갔다. 시토회에서 잃어버린 베네딕트의 정신을 더 엄격하게 지키고자 프랑스의 노르망디에서 또 하나의 분파가 생겨났다. 1664년 라 트라프 수도원의 한 무리가 수도원의 개혁을 주도하면서 자신들을 엄률시토회(O.C.S.O., Order of Cistercians of the Strict Observance)라 하였다.

이 엄률시토회가 수도원 맥주 역사에서 중요한 이유가 바로 트라피스트회이기 때문이다. 트라피스트는 바로 이 라 트라프를 따르는 수사들이란 뜻이고 수녀들은 트라피스틴이라 하였다. 트라피스트 회는 프랑스 대혁명과 나폴레옹의 시기에 혼란과 쇠퇴기를 맞는다. 수도원의 땅과 재산은 압수되고 수도사들을 뿔뿔이 흩어졌다. 일부는 벨기에에 정착했고, 일부는 바다 건너 미국으로 이주하기도 하였다. 1815년 나폴레옹이 패배하여 일부 수도사들은 프랑스로 돌아 왔지만, 벨기에의 수도사들은 그대로 머물러 그곳에서 트라피스트회를 유지했다. 오늘날 벨기에에 트라피스트 맥주가 집중되어 있는 이유이다.

이렇듯 수도원은 맥주와 깊은 관계를 맺고 있다. 그런데 수도원에서 왜 맥주를 선택했을까? 그리고 왜 다른 곳보다 수도원에서 양조 기술이 발전할 수 있었을까? 중세 수도 시설의 식수는 질이 썩 좋지 않았고, 그나마도 상수도 시설이 부족하기 일쑤였기 때문에 오염된 물을 마시고 전염병이 돌기도 했다. 그에 비해 식수로 물보다 맥주를 마시는 사람들은 더 건강하고 면역력도 강했다. 게다가 맥주는 중요한 영양소를 공급하기도 했다. 중세의 수도원은 공동체 생활이었으므로 전염병에도 아주 민감했을 것이다. 중세의 수도사들은 꽤 똑똑한 사람들이었다. 그들은 글을 읽을 줄 알았고 호기심도 왕성했다. 이런 수도사들이 물보다 맥주를 선택한 것은 아주 당연하고 필사적인 것이었다. 그리고 그들의 맥주 기술은 기록으로 전달되있다. 수도사들은 오래된 기록에서 맥주의 양조 기술을 찾아 새로운 맥주를 개발했다. 평상시에는 주로 3~4%의 저도수 맥주를 물처럼 마셨지만, 사순절과 같은 금식 기간에는 복비어와 같은 고도수의 '액체 빵'을 마시며 배고픔을 견뎌냈다. 이렇게 탄생한 대표적인 맥주가 파울라너의 살바토르이다. 수도원 맥주는 처음엔 수도사들이 마시기 위해 양조되었지만 점점 주변으로 확대되었다. 수도원은 많은 방문객들이 기도와 명상을 위해 찾아오기도 하였고, 수도사들을 주변의 가난한 사람들에게 봉사하는 것이 임무였다. 이때 그들에게 대접한 것도 맥주였다. 이렇다 보니 수도원 맥주를 찾는 사람들이 늘어났고, 맥주를 팔아 수도원의 운영 자금을 확보하기도 하였다.

Bread Time, Eduard von Grützner, 1908

파울라너 살바토르

수도원이 맥주의 역사에 깊이 관여했음을 알 수 있는 몇 가지 역사적인 장면이 있는데, 그중 하나인 수녀원으로 가 보자. 12세기 독일 빙겐의 가톨릭 수녀원장인 힐데가르트는 신학뿐만 아니라 자연과학, 언어학, 약초학, 철학 등 다방면에서 뛰어난 소질을 가졌던 인물이다. 그런데 이 수녀원장이 맥주 역사에서 유명한 건 이전부터 사용하던 홉의 효과에 대해 정확히 기술하고 맥주를 높이 평가했기 때문이다. 그녀는 홉이 음료를 오래 보관할 수 있게 도와주고 내장을 깨끗하게 해준다고 하였다. 더불어 맥주는 곡물의 힘과 영양으로 사람의 몸을 깨끗하게 하고 육체를 살찌우게 한다고 하였다. 반면 물은 사람을 악화시킬 수 있으니 특별히 조심해서 마실 것을 권고하였다.

16세기, 가톨릭의 전통적인 면죄부 판매에 반기를 들고 95개 조의 반박문을 작성하여 종교 개혁을 이끈 마르틴 루터도 맥주를 사랑한 수도사였다. 독일의 왕이자 신성로마제국의 황제인 카를 5세는 루터에게 보름스 제국 의회에 참석해 종교 개혁의 주장을 펼쳐보라고 하였다. 하지만 대부분 루터의 지인들은 회의에 참석하는 것은 호랑이 굴에 스스로 들어가는 꼴이고 화형을 당할 것이라고 만류하였다. 하지만 루터는 모두의 만류를 뿌리치고 제국 회의에 참석해 95개조의 반박문을 조목조목 설명하였다. 이때 그에게 힘을 실어 준 것도 맥주였다. 그는 제국 회의에 들어가기 전 1리터의 맥주를 단박에 들이키고 용기를 얻었다고 한다. 루터가 그의 신념대로 살 수 있도록 용기를 주고, 그의 삶에 위안이 되었던 건 어쩌면 수도원 맥주일지 모르겠다. 그리고 4년 후 결혼한 그의 부인은 시토회 수도원에서 맥주를 빚는 임무를 맡은 소문난 브루마스터이자 수녀였다. 그녀의 이름은 카타리나 폰 보라, 즉 보라 출신의 카타리나였다. 수도사와 수녀의 결혼이라니, 당시에는 종교 개혁만큼이나 대단히 파격적인 일이었다. 개신교의 탄생과 함께 목사님과 사모님이 함께 탄생한 것이다. 그들의 결혼식은 비텐베르크의 많은 시민들이 모인 가운데 벌어졌는데 이때 축하주로 마신 술이 아인베크의 맥주였다. 오늘날 복 맥주의 원형으로 알려진 맥주이지만 당시에는 이것이 수도원 맥주였다. 루터의 삶에 맥주는 빠지지 않았다. 거기다 아내는 술을 빚는 장인이었으니. 요즘엔 오히려 가톨릭에서는 술을 마셔도 개신교에서는 술을 금지하고 있는데, 개신교의 탄생과 맥주가 함께했다는 사실을 생각하면 아이러니한 일이다. 그간의 사정이 있었을 것이다.

마틴 루터와 카타리나 폰 보라의 초상, Lucas Cranach the Elder, 1529

열두 개의
트라피스트 에일이 있습니다

트라피스트 에일을 말하기 전에 한 가지 알아둬야 할 것이 있다. 모든 수도원 맥주가 트라피스트 에일은 아니라는 사실이다. 이외로 이 점을 모르는 사람들이 많기 때문에 미리 밝혀 두고 시작한다. 가령 트라피스트 회 수도원은 벨기에와 프랑스, 네덜란드, 스페인 등에 집중되어 있지만 수도원은 독일에도 있고 그곳에서 생산되는 맥주도 있다. 대표적인 것이 독일의 안덱스 수도원 맥주와 벨텐부르크 수도원 맥주인데, 이 수도원은 베네딕트 회 수도원이지 트라피스트 회 수도원은 아니기 때문에 수도원 맥주라고는 불러도 트라피스트 맥주라고는 하지 않는다. 참고로 독일에서 생산되는 트라피스트 맥주는 현재까진 없다.

그밖에 우리말로 수도원 맥주라고 번역되는 맥주가 있다. 한국에서도 꽤나 인기가 있는 벨기에 맥주 레페는 수도원에서 시작하였지만 레시피를 그대로 전수받아 민간 기업에서 생산되고 있다. 지금은 세계 최대의 맥주 기업인 AB InBev가 소유하고 있어 전 세계에 가장 흔한 수도원 맥주가 되었다. 이처럼 그 기원은 수도원이지만 민간 기업에 양조 권한을 넘겨 생산되는 맥주는 수도원 맥주라고 부르지 않는다. 대신 이를 애비 에일이라 하는데, 애비(Abbey)를 우리말로 번역하면 '수도원'이니 이것 또한 직역하면 수도원 맥주로 인식될 수 있다. 수도원 맥주가 아닌 수도원에 뿌리를 둔 맥주, 수도원 출신 맥주 정도로 생각하면 된다. 이렇게 수도원에서 출발하여 민간 기업에 전수된 맥주로 파울라너나 바이헨슈테파너, 세인트 버나두스 등이 있다. 물론 애비 에일이라고 트라피스트 에일에 비해 맛이나 품질이 떨어진다고 볼 수는 없다. 개인적으로 트라피스트 쿼드루펠인 시메 블루와 그와 비슷한 애비 에일 세인트 버나두스 압트를 마셔봤을 때 세인트 버나두스 압트가 더 나았다.

또 이런 맥주도 트라피스트 맥주라고 하지 않는다. 고양이와 전혀 상관없는 수도원인 프랑스의 몽 데 꺄(Mont des Cats) 수도원은 트라피스트 회 수도원이지만 그들이 만든 맥주를 트라피스트 맥주라고 하지 않는다. 몽 데 꺄는 지나친 상업화로 트라피스트 맥주의 조건을 따르지 않는다 하여 국제 트라피스트 협회가 인정하지 않았기 때문이다. 조금 후에 자세히 설명하겠지만 트라피스트 맥주는 국제 트라피스트 협회의 엄격한 조건을 만족해야만 트라피스트 맥주라고 할 수 있는 것이다. 트라피스트 회는 무엇이길래 맥주에 이렇게 소속감을 강조하는 것일까?

트라피스트 회는 공식적으로는 OCSO(Order of Cistercians of the Strict Observance)라고 하며, 한국에서는 엄률시토회라고 말한다. 1098년에 설립된 성 베네딕트의 정신을 철저히 지키자는 수도원 개혁 운동인 시토회가 변질되면서 프랑스 노르망디에서 '수도원 규칙을 엄격하게 준수하라는 시토의 명령'을 따르기 위해 개혁 운동을 펼치며 설립된 곳이다. 글을 쓰고 있는 현재, 수도원과 수녀원을 포함하여 전 세계 162개의 트라피스트 수도원이 있으며, 한국에도 창원 마산에 단 하나의 수도원이 있다. 그럼 베네딕트의 규칙이 무엇이길래 서유럽 가톨릭은 자꾸만 베네딕토의 초기 정신으로 돌아가자는 개혁 운동을 하는 것일까? 성 베네딕트가 만든 73개 장의 수도원 규칙을 모두 읽어 보면서 살펴보고 싶지만 양이 많으니 그중에서 맥주와 노동과 관련된 몇 가지만 발췌해 본다.

5장, 상급 수도사에 대해 절대적인 순종을 할 것.

33장, 개인 소유를 금지하고 수도원에 필요한 물품을 직접 공급할 것.

48장, 수도사의 능력에 맞는 적합한 일을 할 것.

기본적으로 베네딕트의 규칙은 기도와 명상뿐만 아니라 수도원 공동체에서 공동생활에 필요한 규칙을 담고 있다. 그리고 무엇보다 육체노동을 통한 자급자족을 강조하고 있다. 중세 수도원이 타락하게 된 이유 중의 하나가 수도원을 따르는 사람들의 기부금이 쌓이게 되면서 욕심이 생겨났기 때문이다. 그렇기 때문에 수도원 개혁에서는 외부의 자본을 완전히 차단하고 자급자족의 정신으로 돌아가는 것이 아주 중요한 항목이 되었다. 수도원 생활에 필요한 물품은 빵과 치즈 등 상당히 다양하지만, 무엇보다 중요한 것은 물을 대신할 맥주였다. 맥주를 직접 양조해 마시는 것이 수도원 생활의 덕목이자 수도원 삶의 기본 중의 기본이었다.

수도원 양조장은 중세시대부터 있었다. 특히 트라피스트의 문을 연 라 트라프 수도원이 자체 양조장을 운영하면서 맥주를 엄격하게 관리하고 생산했으니, 유럽 곳곳에 전파된 트라피스트 수도원도 이를 따라 수도원 내에 양조장을 세우는 게 전통이 되었다. 수도원 맥주는 오래되었지만 지금과 같은 대중의 막대한 인기를 끈 것은 고작 100년 정도 밖에 되지 않는다. 이전 수도원 맥주는 프랑스 혁명과 세계 대전 중에 막대한 피해를 입었다. 프랑스 혁명 기간 분노한 대중들의 첫 번째 공격 대상은 성직자였다. 대중은 수도원의 재산을 몰수하고 수도원의 시설을 파괴했다. 세계 대전 중에는 양조장 시설을 뜯어 전쟁 무기를 만드는 데 사용하기도 하였다. 전쟁 중에 살아남은 트라피스트 수도원은 겨우 열 개 남짓에 불과했다. 그런데 양차 세계대전이 끝나고 수도원 맥주가 뜻밖의 조명을 받기 시작하였다. 고생 끝에 낙이 온다고 했던가? 사람들이 수도원 맥주에 매료되기 시작된 것이다. 영리한 수도사들이 엄격하

Trappist monks welcoming a stranger, Jules-Joseph Dauban, 1864

게 관리하는 맥주의 품질과 수도원에 전해 내려오는 스토리텔링, 그리고 몇 안 되는 수도원 맥주의 희소성, 이런 것들이 수도원 맥주를 더욱 고급화한 것이다. 그러다 보니 많은 양조장들이 트라피스트 수도원 맥주를 모방하기 시작했다. 개중에는 정말로 수도원 맥주의 레시피를 이어받아 양조한 곳도 있었지만, 수도원과 전혀 관련이 없어도 트라피스트 맥주로 둔갑하는 사례도 생겨났다. 가짜 트라피스트 맥주가 활개를 치자 8개의 트라피스트 수도원이 모여 국제 트라피스트 협회를 만들었다. 진짜가 나타난 것이다. 국제 트라피스트 협회는 ITA(International Trappist Association)라고 하는데, ITA의 목적은 트라피스트의 이름을 오용, 남용, 도용하는 것을 막고, 트라피스트 수도원에서 생산되는 제품에 신뢰성을 부여하는 것이다. 이렇게 ITA가 인증한 제품에는 정품 로고가 붙는데, 이런 제품을 ATP(Authentic Trappist Product)라 한다.

여기서 제품이라고 한 것은 수도원에서 만든 것이 맥주만은 아니기 때문이다. 트라피스트 협회가 인증하는 제품을 모두 열거하면 다음과 같다.

맥주, 빵, 맥주 효모, 비누 등 스킨케어 제품, 치즈, 초콜릿, 청소 제품, 쿠키 및 비스킷, 벌꿀, 잼, 리큐어, 버섯, 올리브 오일, 캔들 제품, 와인 등

그런데 ITA의 수도원이 만든 제품이라고 모두 ATP일까? 반드시 그렇지는 않다. 2020년 2월 현재 ITA의 회원은 전 세계 21개의 수도원이며, 이중 맥주를 판매하는 수도원은 14개, 맥주를 판매하는 수도원 중 ATP 로고를 붙일 수 있는 곳은 12개이다. 14개의 수도원 중 두 곳은 ITA이면서도 ATP를 쓸 수 없다. 이처럼 수도원 맥주에 대한 자격은 엄격하다. ATP 라벨을 얻기 위해서는 다음 세 가지 조건을 반드시 만족해야 한다.

모든 제품은 수도원 내에서 만들어져야 한다.
제품은 수도사들이나 수녀들의 감독 하에 만들어져야 한다.
이익은 수도사들의 생활비나 수도원의 유비 보수 비용에만 사용하고,
그 외의 수익은 자선을 위해 기부해야 한다.

트라피스트 수도원 양조장은 현재 벨기에가 6개, 네덜란드가 2개로 두 나라가 반 이상을 차지하고 그밖의 유럽에서는 프랑스, 오스트리아, 이탈리아, 스페인, 영국에 각각 1개씩 있다. 유럽 외에서는 미국에 1개가 있다. 트라피스트 양조장 중 가장 오래된 곳은 벨기에의 베스트말레로 1836년이며, 가장 최근에 ATP 인증을 받은 곳은 영국의 마운트 성 버나드로 2018년이다. ATP 인증을 받지 못한 2곳은 프랑스의 몽 데 까와 스페인의 세르베사 카르데냐다. 시토 회를 시작한 프랑스 수도원이 ATP 인증을 받지 못했다니 다소 의아하면

Photocredit ⓒ Adam Barhan

서 서운할지 모르겠지만, 그만큼 트라피스트 맥주의 조건은 엄격한 것이다.

　트라피스트 에일은 여러 수도원에서 각각의 스타일로 양조되기 때문에 이 것을 하나의 스타일로 묶는 것은 어렵다. 트라피스트 에일은 맥주 스타일이 아닌 최대한 비슷한 개념끼리 묶어서 만든 엥켈, 두벨, 트리펠, 쿼드루펠이라 는 카테고리가 있다. 그러므로 같은 카테고리에 있는 에일이라고 같은 스타일 이라고 볼 수 없고 같은 맛을 낸다고는 더더욱 할 수도 없다. 수도원의 맥주는 인간계의 맥주와 다르니, 인간계의 스타일과 다른 신계의 카테고리가 있는 것 이다. 나는 이렇게 생각하기로 했다.

🍺── 두벨 Dubbel

　두벨은 더블(Double)과 같은 라틴어에서 나온 말이다. 전통적으로 수도원 맥주는 수도원 내에서 소비하기 위해 만든 저도수의 라이트한 맥주였다. 1856 년 벨기에 베스트말레의 수도사들이 기존의 수도원 맥주를 탈피해 진득한 브라운 에일을 만들기 전까지는 말이다. 처음부터 외부에 공급하기 위해 만든 것은 아니었다. 그러다가 1921년 지역의 몇몇 업체에 이 맥주를 팔기 시작했는데, 맥주가 인기를 끌자 알코올 도수를 높이고 조금 더 강화해서 만든 것이 지금의 두벨이다. 두벨은 알코올 도수가 6~8%에 이른다. 바디감이 묵직하고 검붉은 과일의 진득한 맛이 난다. 대표적인 트라피스트 두벨은 베스트말레 두벨, 시메 레드, 라 트라프 두벨, 아헬 8 브륀, 로슈포르 6 등이 있다.

🍺 —— 트리펠 Tripel

트리펠 역시 트리플(Tripple)이라는 의미의 라틴어에서 나온 말이다. 두벨 스타일로 재미(?) 좀 본 베스트말레 수도원 양조장에서 1934년, 이번에는 맥아를 세 배쯤 넣어 황금색의 고도수 에일을 만들었다. 이후 1956년에 레시피를 한 차례 수정하고 홉을 추가하여 알코올 도수 9.4%의 스트롱 에일을 만들었는데 이름을 '베스트말레 트리펠'이라고 하였다. 트리펠은 알코올 도수가 8~10%에 달한다. 두벨보다 알코올 도수가 높아 맥주의 색상이 더 어두울 것 같지만 그렇지 않다. 대부분의 트리펠은 블론드나 짙은 황금색이다. 수도원 맥주는 외관상으로는 엥켈과 트리펠이 비슷하고, 두벨과 쿼드루펠이 비슷한 경향이 있다. 대표적인 트라피스트 트리펠은 베스트말레 트리펠, 아헬 8 블론드, 라 트라프 트리펠, 시메 화이트 등이 있다.

🍺 —— 쿼드루펠 Quadrupel

매우 호기심이 강한 수도사 양조가 한 명이 있었다. '당신, 수도원 맥주로 어디까지 만들 수 있어?'라고 물었을 때, '나 여기까지 만들 수 있어'라고 작정하고 만든 것이 쿼드루펠이다. 그러니까 쿼드루펠 이상은 없다. 일정 수준/트리펠 이상은 모두 쿼드루펠인 것이다. 쿼드루펠이란 이름은 네덜란드의 라 트라프 수도원 양조장이 추운 겨울철에 마실 만한 맥주를 만들었다가 1년 내내 양조하면서 생겨났지만, 이미 그전에 베스트블레테렌이나 시메이에 비슷한 스타일이 있었다. 쿼드루펠의 색상은 두벨보다 어둡고, 알코올 도수는 트리펠보다 높다. 두 배, 세 배라는 라임을 지키기 위해 네 배라는 이름을 지었지만 색상과 알코올 도수 면에서 두벨과 트리펠의 바로 상위 개념인 맥주이다. 쿼드루펠은 줄여서 쿼드라고도 하고, 대수도원장이라는 뜻의 압트(Abt)라는 별명으로 부르기도 한다. 쿼드루펠은 수도원 맥주의 수도원장, 그 이상은 신뿐이다. 대표적인 트라피스트 쿼드루펠은 라 트라프 쿼드루펠, 로슈포르 10, 베스트블레테렌 12, 시메이 블루 등이 있다.

⬚── 엥켈 Enkel

엥켈은 싱글(Single)이라는 뜻이다. 이 맥주를 가장 마지막에 소개하는 것은 수도원 내에서는 가장 일반적이지만 시중에서는 가장 구하기 어렵기 때문이다. 엥켈은 수도원 내에서 수도사들이 마시고, 수도원 방문객들에게 대접하거나 가난한 사람들에게 나눠 주기 위해 양조하는 가장 일상적인 맥주였다. 수도사들이 맥주를 물처럼 마시면 문제가 없었을까? 술에 취해 기도 중에 잠이 드는 수도사는 없었을까? 수도원 맥주는 이런 의문을 계속해서 품게 한다. 그런데 진짜 그런 일이 적지 않게 있었던 것 같다. 왜냐하면 수도원 내에서 술에 취한 수도사들에게 내리는 형벌이 기록으로 전해지기 때문이다. 성가를 부를 때 혀가 풀린 자는 12일, 구토를 할 만큼 술을 많이 마신 자는 30일간 속죄해야 한다는 기록이 있다. 속죄 기간에는 맥주도 마실 수 없었으니 물을 '물처럼' 마시는 게 더 곤욕이었을 것이다. 엥켈은 3~4%의 저도수 맥주이다. 줄곧 라거만 마셨을 세대들에겐 이마저도 낮은 도수는 아니지만. 엥켈은 일반인에게 판매하기 위해 점점 도수를 높이는 경향이 있다. 예를 들어 아헬 5는 2017년부터 아헬 7이 되었다. 엥켈 맥주의 별명은 파테르비어이다. 신부님을 파파라고 부르지 않는가? 바로 '신부님 맥주'라는 의미이다. 대표적인 트라피스트 엥켈은 아헬 7, 시메 골드, 베스트블레테렌 블론드 등이 있다.

시메 트라피스트 에일

발포주인듯, 발포주 아닌, 발포주 같은

최근 OB맥주가 새로 발매한 '필굿'이라는 맥주를 마시면서 발포주에 대해 다시 생각해 보게 되었다. 2017년에 출시되어 꽤 인기를 끌었던 국내 최초의 발포주인 필라이트는 발포주임을 굳이 밝히지 않고 '저렴한 맥주'로 시장을 공략한 반면, 이번에 출시된 국내 두 번째 발포주인 필굿은 제품 패키지 상단에 'HAPPOSHU'라고 쓰여 있어 발포주임을 당당히 밝히고 있다. 필라이트가 출시될 당시에는 국내에서 발포주라는 개념의 맥주가 생소했기 때문에 광고에 발포주라는 말을 쓰지 않았을 것이다. 여기에 발포주는 맥주에 비해 심심하고 맛이 없다는 저변이 깔려 있기 때문에 발포주임을 밝히는 것이 도움될 까닭이 없어 보인다. 그런데 왜 필굿은 발포주임을 당당히 밝히고 있는 것일까? 그러면서 발포주라고 쓰지 않고 굳이 왜 일본어인 핫포슈 (はっぽうしゅ)를 영어로 표기해 넣

오비맥주 발포주 필굿
사진 출처: 오비맥주 홈페이지(ob.co.kr)

은 것일까? 그 이유는 아마 우리나라와 일본의 발포주에 대한 차이때문일지 모르겠다. 일본의 발포주 스토리를 따라 가면 왜 발포주가 아닌 HAPPOSHU 로 표기했는지에 대한 궁금증을 풀 수 있을 것이다.

발포주란 무엇인가?

지금은 인기가 조금 줄어들었지만 일본에서 발포주는 맥주류[1] 시장의 15% 정도를 차지할 정도로 인기가 있다. 일본에서 핫포슈(はっぽうしゅ)라 부르는 발포주(発泡酒)는 오래전부터 있어 왔다. 비교적 최근인 2018년 4월 1일 일본은 주세법을 개정하면서 맥주와 발포주를 다시 정의하였는데 그 기준은 맥아의 사용 비율과 원료에 따른 것이다. 현재 일본 주세법에서는 맥주를 아래와 같이 정의한다.

맥주는 물을 제외한 원료 중에서 맥아의 비율이 50% 이상이어야 한다.
맥주는 부원료의 총무게가 맥아 무게의 5% 이내이어야 한다.

개정되기 이전에는 맥아의 비율이 66.6%(2/3) 이상이어야 했는데 조금 완화되었다. 반면, 발포주는 아래와 같이 정의한다.

맥아 비율이 50% 미만인 것
맥아 비율이 50% 이상이어도, 맥주에 사용되어야 할 원료 이외의 원료를 사용한 것
맥아 비율이 50% 이상이어도, 규정량을 초과하여 부원료를 사용한 것

---

1 맥주를 포함하여 발포주, 신장르(또는 제3의 맥주)를 모두 포함하여 이르는 말

맥주에 사용되어야 할 원료는 보리, 쌀, 옥수수, 수수, 감자 등의 전분 또는 과일 과즙이 있다. 개정되기 이전에는 과일 과즙을 원료를 보지 않아 일부 과일 맥주가 일본에서는 맥주의 분류에 놓이지 않았었다.

개인적으로 부끄러운 일이지만 일본에서 크래프트 양조장으로 유명한 얏호 브루잉의 쓰이요비노네코(수요일의 고양이)라는 밀맥주를 처음 마시고 이건 발포주라며 평가절하한 적이 있다. 하지만 일본의 주세법에 의하면 밀맥주는 대부분 맥주가 아니라 발포주에 속한다. 그러므로 한국에서 인기가 좋은 밀맥주인 호가든이나 블루문은 일본에서 발포주가 되는 것이다. 일본 얏호브루잉의 쓰이요비노네코는 벨기에 스타일 밀맥주이지만, 맥아 비율이 50%를 넘지 않아 일본의 주세법상 발포주로 분류된다.

상단에 한자로 발포주라고 쓰여 있다.

🍺 —— 맥주에는 세금을 어떻게 매기는가?

일본에서 발포주가 인기있는 이유는 아무래도 맥주와 맛이 비슷하면서도 맥주보다 저렴한 가격 때문일 것이다. 발포주 가격의 비밀은 바로 맥주보다 낮은 세금에 있다. 그럼 발포주의 세금은 어떻게 책정되는 것일까? 그보다 앞서 술에 세금을 매기는 방법에 대해 알아보자. 주세법에서 술에 세금을 매기는 기준에는 크게 종가세와 종량세가 있다. 종가세란 술의 원가에 일정한 비율의 세금을 붙이는 방법이고, 종량세란 술의 양에 비례하여 지정된 세금을 매기는 방법이다. 예를 들어 제조원가가 1,000원인 500ml 맥주가 있다고 하자. 이 1,000원이라는 제조원가에 종가세로 70%의 세금이 붙을 수 있고, 500ml라는 양에 종량세로 700원의 세금이 붙을 수 있다. 이렇게 보면 종가세나 종량세나 세금 포함 1,700원에 유통 마진이 800원이라고 하면 비슷하게 2,500원 정도의 맥주 가격이 형성됨을 알 수 있다. 하지만 소규모 크래프트 양조장에서 질 좋은 원료를 사용하고 높은 기술력을 사용하여 원가가 2,000원인 500ml 맥주를 만들었다고 하면 종가세와 종량세에 따른 최종 가격은 많이 달라진다. 종가세의 경우에는 70%의 세금으로 3,400원에 800원의 유통 마진이 붙어 최종 출하 가격이 4,200원이 되는 반면, 종량세의 경우에는 세금 700원에 800원의 유통 마진이 붙어 최종 출하 가격이 3,500원이 된다. 그렇다면 일부러 제조원가를 낮게 신고하여 세금을 낮추고 맥주의 가격을 낮추면 되지 않을까 하는 생각이 든다. 하지만 한국의 경우 국세청의 강도 높은 세무 조사가 있고 원가가 투명하게 관리되기 때문에 거짓 신고를 하는 것은 쉽지 않다. 이러한 이유 때문에 종가세를 채택하고 있는 우리나라에서는 수입 맥주의 값이 싸고 국내 크래프트 맥주의 가격이 높을 수밖에 없다. 수입 맥주는 제조원가를 들여다볼 수 없기 때문에 수입업체가 신고한 수입가에 세금을 매기고 있으며, 크래프트 맥주는 아무래도 대량으로 생산하는 대기업 맥주에 비해 원료의 값이 높고 소량으로 생산되기 때문에 제조원가가 높아 최종 가격도 높아지게 되는 것이다.

일본에서 발포주의 세금은 2006년 개정된 주세법의 세율이 계속되고 있다. 일본은 종량세를 채택하고 있기 때문에 제조원가와 상관없이 술의 양에 따라 세금을 부여한다. 앞서 발포주는 맥아의 사용 비율과 원료에 따라 맥주와 구분한다고 했는데, 그중에서도 맥아 배율에 따라 세금이 다르게 매겨진다. 맥아 비율 50% 이상의 발포주는 맥주와 동일하게 1리터 당 220엔, 50% 미만 25% 이상의 발포주는 178엔, 25% 미만의 발포주는 134엔이 부과된다. 1리터 당 기준이기 때문에 350ml 캔 하나에 매겨지는 세금은 다음과 같다.

맥주 - 77엔

발포주 맥아비율 50% 이상 - 77엔

발포주 맥아비율 25% 이상 50% 미만 - 62엔

발포주 맥아비율 25% 미만 - 47엔

발포주가 맥주보다 쌀 수밖에 없는 이유는 맥아 비율이 낮아 원료의 값이 적게 들 뿐만 아니라 이에 따라 세금도 적게 들어가기 때문이다. 이러한 이유 때문인지 최근 일본에서는 발포주보다도 맥아 비율이 낮은 신장르의 맥주가 사랑받고 있다.

국내에서도 국산 맥주와 수입 맥주의 불균형적인 세금 차이 등으로 인해 주세를 개정해야 한다는 논의가 한창인데, 일본에서는 2026년까지 단계적으로 맥주, 발포주, 신장르의 세금을 350ml 캔 하나당 54엔으로 동일화한다고 한다. 그럼 맥주의 가격은 내려가고 발포주와 신장르의 가격은 올라갈 것이다. 한국은 2020년 종가세에서 종량세로 변환하였다.

일본 발포주의 역사

일본의 발포주의 역사는 1930년대까지 거슬러 올라간다. 제국주의가 한창이던 1932년, 잉여 쌀을 가지고 무엇을 할까 고민했던 일본은 쌀 맥주에 대한 연구를 하게 되었는데 상용화는 되지 않았지만 최초의 발포주에 대한 연구가 아닐까 한다. 태평양 전쟁이 발발하자 맥주는 군인들의 전의를 고양시키기 위한 보급품이 되었다. 하지만 전황이 악화되고 식량이 부족해지자 맥주를 제조하는 데 사용하는 보리의 양을 줄일 수밖에 없었다. 따라서 대학이나 연구기관에서는 보리 대신 다른 원료를 사용하는 연구를 했는데 지금으로 보면 신장르 맥주에 해당하는 셈이다. 이때 주로 연구된 원료는 고구마와 홉이었다.

전쟁이 끝난 후에도 식량 사정은 나아지지 않고 한동안 맥주에 대한 통제는 계속되어 맥아를 사용할 수 없었다. 맥아를 사용하지 않는 맥주를 당시에는 합성맥주라고 불렸는데, 1950년에 발매된 고구마 맥주가 최초의 합성맥주이다. 이 맥주는 발포주 1호인 셈인데 그다지 인기는 끌지 못하고 1년 만에 사라졌다. 이후 보리의 통제는 완화되었지만 일부 기업에서는 계속하여 합성맥주를 만들어 냈다. 당시에는 아직 발포주라는 용어가 없어서 합성맥주 또는 모의맥주, 모조맥주라고 불렸다. 아니면 원재료의 이름을 따서 고구마 맥주라고 불렸다. 고구마 이외에도 과실주에 홉과 탄산가스를 주입한 과일 맥주도 등장하였다. 맥주의 인기가 늘어나고 발포주의 세금이 낮아지자 진입 장벽이 높은 맥주 시장보다 발포주의 시장에 뛰어드는 기업들이 늘어났다. 발포주는 한때 호조이기도 하였지만 결국은 맥주의 인기에 밀려 많은 발포주 제조 기업들이 고전을 면치 못했다. 그러던 중 1964년 산토리가 발포주 사업이 아닌 맥주 사업으로 전환하면서 발포주 붐은 더 수그러들었고 1990년대 중반까지 잊힌 장르가 되었다.

1989년 일본 정부가 대형 할인점에서 맥주를 사고팔 수 있게 허용하자, 소비자들은 대형 매장 간의 저가 경쟁으로 일반 소매가격보다 저렴하게 맥주를 구입할 수 있을 거라고 기대했다. 하지만 맥주의 가격은 일반 소매가격보다 조금 저렴해진 상태에서 더 이상 내려가지 않았다. 맥주의 가격 중 세금이 약 46%을 차지하고 있어 더 이상의 가격 인하가 어려웠기 때문이다. 그러던 중 수입 맥주가 싼 가격에 유통되기 시작하자, 대기업 맥주 회사들의 위기감은 점점 고조되었다. 이러한 위기를 타개하기 위해 맥주 시장에 가장 늦게 뛰어든 산토리가 가장 먼저 발포주를 재점화하였다.

당시의 주세법에 의하면 맥아 비율 66.6%의 술은 발포주로 분류되고 적용되는 세율도 낮았다. 이러한 점을 주목한 산토리는 1994년 맥아 비율을 65%로 낮추고 부족한 원료를 쌀, 옥수수, 전분 등으로 대체한 발포주인 'HOP'S 生'을 발매하였다. 기존의 맥주가 350ml 캔 하나에 대략 220엔 전후의 가격이었다면 HOP'S는 180엔 정도로 저렴했다. HOP'S는 기존의 맥주보다 풍미는 떨어지지만 마시기 쉽고 청량감이 있어 크게 인기를 끌었고, 산토리의 성공을 목격한 다른 맥주 회사들도 연이어 발포주 시장에 뛰어 들기 시작하였다. 1995년에는 삿포로 맥주가 맥아 비율이 25% 미만인 'Drafty 生'을 출시하였다. 1998년에는 기린 맥주가 '기린 탄레이 麒麟淡麗〈生〉'을 출시해 발포주 시장의 50%를 넘을 정도로 히트시켰다. 발포주 시장에 뛰어들지 않겠다던 아사히는 2001년에 가장 늦게 발포주 '혼나마(本生)'를 내놓았다.

2000년대 후반 이후 발포주는 점점 감소하고 있는 추세다. 그 원인은 발포주보다 더 저렴한 상품인 신장르가 나왔기 때문이다. 신장르란 일명 제3의 맥주라고도 하는데 맥아를 전혀 사용하지 않고 대두나 완두를 발효시켜 만든 것이나 맥아 비율이 50% 미만의 발포주에 주정을 첨가하여 만든 맥주를 말한다. 맥아 비율이 가장 낮은 25% 미만의 발포주가 세금이 47엔(350ml 기준)인 반면 신장르의 세금은 28엔이다. 현재 발포주는 맥주와 신장르 맥주에 밀려 맥주류 중에서 가장 낮은 점유율을 차지하고 있으나 여전히 15% 정도는 유지하고 있다. 신장르라는 분류는 2023년부터 사라지고 발포주에 포함될 계획이라고 하니, 그 인기가 완전히 사라지지는 않을 것이다.

산토리의 발포주 HOP'S

삿포로의 발포주 Drafty

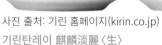

사진 출처: 기린 홈페이지(kirin.co.jp)

기린탄레이 麒麟淡麗〈生〉

아사히 홈페이지(asahibeer.co.jp)

아사히의 발포주 혼나마

🍺── 국산 발포주

결론부터 말하자면 국내에는 발포주라는 말이 없다. 주세법에 의해 그렇다는 말이다. 국내 주세법에 정의되어 있는 주류의 종류는 다음과 같은데, 맥주는 있지만 발포주는 찾아볼 수 없다. 따라서 필라이트나 필굿은 맥주가 아니므로 기타 주류로 분류된다.

1. 주정

2. 발효주류

가. 탁주

나. 약주

다. 청주

라. 맥주

마. 과실주

3. 증류주류

가. 소주

나. 위스키

다. 브랜디

라. 일반 증류주

바. 리큐르

4. 기타 주류

그럼, 국내 주세법에서 맥주는 어떻게 정의하고 있는 걸까? 그건 주세법 시행령 제3조 4항에 나와 있다.

제3조(주류원료의 사용량·여과방법등)

4. 법 별표 제2호라목에 따른 맥주의 제조에 있어서 그 원료곡류 중 발아된 맥류의 사용중량은 녹말이 포함된 재료, 당분 또는 캐러멜의 중량과 발아된 맥류의 합계중량을 기준으로 하여 100분의 10이상이어야 하고, 맥주의 발효·제성과정에 과실(과실즙과 건조시킨 과실을 포함한다. 이하 같다)을 첨가하는 경우에는 과실의 중량은 발아된 맥류와 녹말이 포함된 재료의 합계중량을 기준으로 하여 100분의 20을 초과하지 아니하여야 한다.

한마디로 맥주의 원료를 맥아로 한정하지 않고 맥류라고 폭넓게 정의하고 있으며, 그 원료도 10% 이상이면 맥주라고 할 수 있는 것이다. 그럼 처음의 질문으로 돌아가, 필굿은 왜 발포주라 하지 않고 HAPPOSHU라고 한 것일까? 지금부터는 어디까지나 나의 추측이지만, 위에서 보듯이 국내의 주세법에는 발포주라는 개념이 아예 없다. 맥주가 아니라면 기타 주류에 해당된다. 엄밀히 따지자면 발포주는 일본 주류의 한 종류이다. 그러므로 이에 대한 표기를 하려면 はっぽうしゅ 혹은 発泡酒라고 해야 한다. 한글로 발포주라고 하면 국적 불명의 단어가 되고 만다. 초등학교가 국민학교였던 시절, 일본이나 중국 사람의 이름을 읽을 때 한자 음을 차용해서 읽었던 것을 기억하는 분이 계실지 모르겠다. 도요토미 히데요시는 풍신수길(豊臣秀吉), 마오쩌둥은 모택동(毛澤東)이라고 읽었듯이 말이다. 하지만 지금은 아무도 이렇게 읽지 않는다. 필굿이 한글로 발포주라고 썼다면 '한국에 발포주가 어디 있어?'라는 많은 항의를 받았을지도 모른다. 대단히 영리한 표기가 아닌가 싶다.

·PART 3·

맥주와 나라

필스너를 탄생시킨
체코의 맥주

　'동유럽 국가 체코'라고 말하면 체코인들이 발끈할지 모르겠다. 유럽인들에게 동서의 구분은 어쩌면 열등감의 원인일 수 있는데, 서유럽은 역사를 만들고 문화를 이끈 반면, 동유럽은 유럽의 변방으로 이민족의 나라, 문화적으로 열등한 나라로 인식되고 있기 때문이다. 그래서 체코인들은 자기들의 나라가 동유럽이 아니라 중부유럽으로 불리기를 원한다. 실제 지도를 살펴봐도 러시아를 포함하면 서쪽에 가깝고 러시아를 제외하고도 중부에 가깝다. 그런데 체코인들에게 발끈할 일이 하나 더 있다. '맥주하면 독일이지'라고 하면 체코인들은 이렇게 말할지 모르겠다. '무슨 소리, 맥주는 우리가 독일보다 많이 마신다고.' 실제로 그렇다. 어느 조사에 의하면, 독일의 1인당 연간 맥주 소비량이 110리터인 반면 체코의 맥주 소비량은 143리터이다. 술을 마실 수 없는 어린이나 무음주가를 제외하고 단순 계산하면, 대략 성인 한 명이 하루도 거르지 않고 매일같이 맥주 1리터 정도를 마시는 양이다. 이쯤 되면 전 세계에서 맥주를 가장 사랑하는 나라로 체코를 지목해도 뭐라 할 사람이 없을 것이다.

　체코는 유럽에서 독일과 폴란드 사이에 위치해 있으며, 남쪽으로는 오스트리아와 슬로바키아가 인접해 있다. 체코는 남한보다 약간 작은 정도의 면적에서 약 천만 명이 살고 있다. 체코의 지형은 크게 보헤미아, 모라비아, 실레시아, 세 지역으로 나뉘는데 이중 맥주로 유명한 지역은 보헤미아이다. 보헤미아는 퀸의 노래 '보헤미안 랩소디'가 떠오르고, 유럽 일대를 떠돌아다니며 춤과 노래를 즐기던 집시의 고향으로 유명하지만, 중세에 강력한 왕국을 일구었던 지역이기도 하다. 체코는 고대 그리스 문헌에 처음으로 등장하는데, 이 기록에 의하면 이곳에 살던 켈트인 중 가장 강력했던 종족이 보이(Boii)족이었는데 이들이 사는 땅이라고 해서 보헤미아(Bohemia)가 되었다고 한다. 이후에는 슬라브족의 후예인 체흐인들이 살게 되었고, 체흐가 사는 땅이라고 해서 체코가 되었다. 이곳에 살던 주민들은 주변의 유목민의 침략을 받기도 했으나 대체로 정착하여 살면서 농업을 발전시켰다. 그래서 이곳은 오래전부터 부유한 곡창 지대가 되었고 품질 좋은 보리가 재배되었다. 유럽 여러 나라에 비싼 가격으로 수출되는 일명 귀족 홉, 사츠 홉의 재배 지역이기도 하다. 보리와 홉뿐만 아니라 플젠 지방을 위시한 보헤미아의 물은 맑고 부드러워 목 넘김이 좋은 청량한 맥주를 만들기에 적당했다. 품질 좋은 보리, 홉, 물을 다 갖추었으니 이런 곳에서 맥주를 맛없게 만드는 것이 더 이상한 일일지도 모르겠다.

🍺 ─ 프라하의 브제브노프(Břevnov) 수도원 맥주

체코는 한때 강력한 왕국이었지만 이 전성시대는 그리 오래 존속되지는 않았다. 체코 왕조의 시작은 9세기 후반의 프제미슬 왕조로 보고 있다. 이 프제미슬 왕조는 동프랑크와 신성로마제국의 견제를 이겨내고 9세기부터 10세기에 걸쳐 보헤미아 동부 일부와 슬로바키아, 헝가리 영토를 지배했던 모라비아 왕국을 통합하여 체코 왕국을 건설하였다. 이 왕조를 계승하고 보헤미아 왕국의 독립을 지켰던 걸출한 왕이 있었으니 바로 바츨라프 1세이다. 그는 결혼 정책이나 황무지 개척으로 적극적으로 영토를 확장하였고 수공업과 농업으로 도시를 발전시켰다. 또한 그는 어머니를 따라 기독교로 개종하고 평생 기독교

전파에 힘쓴 공으로 사후 성인으로 추대받기도 했다. 체코 프라하에 위치한 바츨라프 광장은 도로 사이에 광장이 기다랗게 놓여 있는데 그 모습이 우리의 광화문 광장과 비슷하다(사실 시기상 광화문 광장이 바츨라프 광장과 비슷하다). 이 광장의 이름도 성 바츨라프에서 따왔다. 이렇게 프제미슬 왕조가 체코의 기반을 다지던 시기, 체코의 맥주도 함께 시작되었다. 사실 맥주는 이전부터 가정에서 마셨고 당시 체코의 맥주가 처음으로 기록되었다고 하는 게 맞을 것이다. 993년 프라하의 브제브노프 지역에 베네딕토 회 수도원이 설립되었는데, 수도원을 경제적으로 지원하기 위해 브제브노프 수도원 양조장이 함께 설립되었다. 이곳이 바로 체코에서 가장 오래된 양조장으로 기록되어 있다. 하지만 안타깝게도 15세기 얀 후스의 종교 개혁으로 시작된 보헤미아 종교 전쟁으로 인해 대부분의 시설이 파괴되었다. 1720년, 거의 새로 짓다시피 한 양조장이 문을 열어 한때 연간 5천 헥터리터 이상을 생산하기도 했으나, 1889년 지하실의 맥주 저장 용량 부족으로 문을 닫은 후 1953년에는 건물 자체도 철거되었다. 한동안 자취를 감추었던 이 양조장은 비교적 최근인 2011년에 성 아달베르트 브제브노프 수도원 양조장이라는 이름으로 다시 태어났다. 그런데 체코의 가장 오래된 맥주라니 그 맛이 궁금하지 않은가? 다행히 그 맛을 느끼려고 굳이 체코까지 가지 않아도 되겠다. 부산 망미동에 수제 맥주 전문점인 '프라하 993'이 있기 때문이다. 이름에서 느껴지듯 이곳은 브제브노프 수도원 양조장의 감독 하에 그들의 레시피에 따라 만든 맥주를 판매하는 곳이다.

🍺 ── 황실의 전용 양조장
오타카르 2세와 체스케 부데요비체

역대 체코 국왕 중에서 가장 강력한 왕권을 수립한 왕 중의 하나는 13세기 중반의 왕이자 바츨라프 1세의 차남, 오타카르 2세이다. 형의 사망 후 왕의 계승자가 되어 기다리면 자연히 왕의 자리를 이어받을 수 있었지만, 오타카르는 사사건건 아버지와 반목했고 심지어 전쟁을 일으켜 아버지를 추방하고 체코의 국왕으로 올라섰다. 오타카르는 아버지를 끌어내고 왕이 되었으면서도 아버지의 영토 확장 정책은 그대로 답습했는데, 오히려 아버지보다 가시적인 성과가 많았다. 헝가리와는 결혼 정책으로 친선 관계를 유지하였고, 보헤미아에 인접한 잃어버린 영토를 모두 되찾았으며, 황무지를 개척하여 새로운 도시를 건설하였다. 오타카르 시대의 체코는 보헤미아, 모라비아, 오스트리아, 슬로바키아, 알프스와 폴란드 일부 그리고 아드리아 해까지를 지배하는 대제국이 되었다. 중부유럽과 신성로마제국에서 가장 강력한 군주였던 오타카르가 신성로마제국의 황제가 되는 것은 시간문제로 보였다. 하지만 제국 내의 제후들은 강력한 황제를 원하지 않았고, 황제를 선출할 수 있는 권한을 가진 선제후들은 오타카르가 아닌 합스부르크 가문 출신의 루돌프를 황제로 추대했다. 이후의 오타카르의 일생은 신성로마제국 황제와의 싸움으로 점철된다. 하지만 대부분의 귀족들이 황제의 편에 협조하면서 오타카르의 입지는 점점 좁아졌다. 결국에는 보헤미아와 모라비아만을 남기고 대부분의 영토를 황제에게 넘겨주었고, 신성로마제국과 헝가리 연합과의 전투에서 오티카르가 사망하면서 체코 대제국은 붕괴하고 말았다. 오타카르를 이렇게 길게 설명하는 이유는, 그가 건설한 도시 중에 맥주로 유명한 곳이 있기 때문이다. 바로 원조 버드와이저로 유명한 도시 체스케 부데요비체이다. 체스케 부데요비체는 프라하에서 남쪽으로 150km 정도 떨어져 있는 보헤미아 남부에서 가장 큰 도시이다. 앞에 체스케라고 붙인 이유는 모라비아 지역에 있는 또 다른 부데요비체와 구분하기 위해서이다. 오타카르의 2세의 명령에 의해 1265년에 건설되었다. 이 도시는 보헤미아 남부에 강력한 왕의 기반을 만들기 위해 오타카르가 직접 이 도시를 선정하고 설계했으며, 유능한 기사를 보내어 주변의 보헤미안 숲과 오스트리아 원주민들을 이주시켰다. 그리고 오타카르는 이곳에 맥주팬이 열광

할 수 있는 정책을 폈는데, 바로 이곳에 맥주를 양조할 수 있는 권한을 부여하고 신성로마제국의 양조장으로 삼은 것이다.

카렐 4세와 체스케 부데요비체

그런데 오타카르보다 체스케 부데요비체를 사랑한 국왕이 있었으니 오타카르와 함께 체코에서 가장 유능한 국왕으로 칭송받는 카렐 4세이다. 이해하기 쉽게 설명하면 카렐 4세는 우리나라 왕 중에서 세종대왕과 비슷한데, 보헤미아를 정치뿐만 아니라 경제, 문화의 중심으로 만든, 체코 국민이 가장 존경하는 왕이다. 프라하에 있는 카렐교, 카렐 대학이 모두 그의 이름에서 따온 것이다. 카렐 4세 이후 보헤미아는 신성로마제국의 중심으로 여겨졌고 독일 왕도 줄곧 배출했다. 이런 카렐 4세는 체스케 부데요비체의 맥주와도 인연이 있는 인물이다. 이 도시를 방문하여 맥주를 마셔본 카렐 4세는 이 도시와 맥주가 무척이나 마음에 들었던 모양이다. 1351년 이 도시의 맥주를 보호하기 위해 체스케 부데요비체를 신성로마제국의 황실 양조장으로 삼고, 이 도시의 6마일 이내에서는 다른 이방인들이 맥주 양조장을 설립할 수 없다는 독점 권한인 '마일 라이트'를 부여하였다. 카렐은 체스케 부데요비체의 맥주를 다른 도시에서 생산된 맥주와 더욱 차별화하고 싶었다. 그래서 이 지역에서 생산된 맥주만을 '부데요비체에서 생산된 맥주(Beer from Budweis)'라는 뜻으로 독일어 '부드바이저(Budweiser. 미국식 발음이 버드와이저이다.)'라는 이름으로 부르도록 했다. 이때까지만 해도 부드바이저는 특정 브랜드, 상표가 아닌 그저 이 지역에서 생산된 맥주를 일컫는 말이었다. 시간이 지나면서 이 법령은 더욱 강화되었다. 1410년 보헤미아의 왕이자 독일의 왕인 바츨라프 4세는 이 도시에서는 이방인들이 맥주 양조장뿐만 아니라 몰트 하우스, 펍 등도 짓지 못하도록 하였고, 1464년에는 군대까지 동원하여 이 법령을 강력하게 지켰다. 그런데 이 법령으로 맥주가 보호되었을까? 그렇지는 않은 것 같다. 경쟁자가 없는 맥주는 오히려 품질이 떨어지기 마련이다. 그러다 보니 시민들의 개인 양조에 대한 욕구는 늘어 갔고, 실제로도 개인 양조까지 막을 수는 없었다. 이런 문제를 해결하기 위해 1495년 체스케 부데요비체의 시의회는 시민들을 만나 기나긴 협상을 벌였다. 그 결과는 단 하나의 거대 양조장을 짓고 이를 시민들이 감독하게 하는 것. 또한 시의 양조장은 밀맥주를 만들고, 개인 양조장에서는 흑맥주를 만들도록 하여 시의 양조 권한과 개인 양조를 모두 허용하는 등 현명한 조치를 시행했다.

Photocredit ⓒ Igor Manachkin

☼── 체코 맥주의 암흑기

앞서 체코의 독립된 왕국의 전성시대는 그리 오래 지속되지 못했다고 했는데, 대략 체코 왕국이 시작한 9세기부터 신성로마제국의 일부가 된 14세기까지일 것이다. 이 전성기 중 기억할 만한 국왕은 앞서 언급한 바츨라프 1세, 오타카르 2세, 카렐 4세 등인데 이 왕들은 어느 정도 맥주와 관련이 있었다는 공통점이 있다. 이 전성기를 지난 체코는 두 차례의 크나큰 전쟁을 치렀고 동시에 맥주 산업도 침체했다. 처음은 후스 전쟁이었다. 보통 유럽에서의 종교 개혁은 마틴 루터로 기억되지만, 체코에서는 그보다 100년 앞서 얀 후스의 종교 개혁이 있었고 이 후스를 추종한 보헤마아의 후스파는 보헤미아에 있었던 체코인 대부분이었으니 실로 어마어마하다. 이를 저지하고 가톨릭의 권위를 강제하기 위해 신성로마제국의 교황은 10만명의 십자군 부대를 보내 보헤미아에서 전쟁을 벌였고 1419년부터 1434년까지 15년간 다섯 차례 큰 전쟁으로 이어졌다. 17세기에는 대부분의 유럽이 30년 전쟁의 소용돌이 속에 있었다. 종교·경제·정치 모두를 다뤘던 전쟁의 결과는 참혹했다. 전염병까지 돌아 당시 신성로마제국의 800만 명 이상의 인구가 사망했고 전쟁에서 급료를 제대로 받지 못한 용병들은 도시를 약탈하고 파괴하여 폐허로 만들었다. 농장은 황폐해져 기근에 시달렸으며 경제 활동은 마비되었다. 이런 시기에 맥주가 제대로 양조될 리 없었다. 양조장도 대부분 파괴되었으며, 보리를 포함한 맥주 원료의 재배도 엉망이 되었다. 그래서인지 이 시기의 맥주에 대한 기록도 거의 남아 있지 않다.

　그래도 전쟁의 상흔은 아물고 폐허가 된 건물은 다시 세워졌다. 18세기 초 맥주 양조장은 본격적으로 다시 가동되었다. 프라하의 브제브노프 수도원 양조장은 1720년에 새롭게 지어졌고, 체스케 부데요비체에는 새로운 시민 양조장이 독일인들에 손에 지어졌다. 19세기에 들어와서는 체코 맥주는 더욱 새롭고 강력해졌다. 1842년 플젠에서는 필스너 우르켈을 만든 플젠스키 프라즈드로이 양조장이 생겼다. 1869년 프라하에서는 체코에서 두 번째로 큰 양조장이 생겼는데 나중의 스타로프라멘이다. 1895년 독일인 양조장의 대안으로 체스케 부데요비체에 있는 작은 양조장들을 규합하여 부데요비츠키 부드바르 양조장이 새롭게 설립되었다. 그런데 이 시기 아무래도 중요한 사건은 전 세계를 강타한 필스너 스타일의 탄생이 아닐까 한다.

🍺 ── 필스너의 탄생

이미 눈치 챘겠지만 체코 맥주의 역사는 대부분 프라하, 체스케 부데요비체, 플젠 이 세 도시에서 이루어졌다. 체스케 부데요비체체 도시가 생겨난 거의 비슷한 시기인 1295년, 프라하로부터 남서쪽으로 약 100km 근방의 독일에서 가까운 곳에 플젠이라는 도시가 생겼다. 이곳도 체스케 부데요비체처럼 국왕에 의해 설계된 왕실 도시로 바츨라프 2세가 건설하였다. 맥주에 대한 최초의 기록으로 카렐 4세가 1375년, 이곳 수도원에 처음으로 맥주를 가져왔다고 전해진다. 플젠은 보헤미아의 서쪽 지방으로 독일 동부의 뉘른베르크나 레겐스부르크에 가까워 이 세 도시간의 삼각 무역이 성했는데, 이로 인해 맥주 문화 교류도 활발했다. 그런데 이 플젠은 19세기, 세계 맥주사에 압도적인 업적을 남겼으니 전 세계를 점령한 필스너 스타일의 맥주를 만든 것이다. 플젠의 맥주가 원래부터 맛이 좋았던 건 아니었다. 꽤 이른 시기부터 맥주가 양조되어 전통은 있었으나 지나친 맥주 보호 정책이 오히려 맥주의 발전을 저해하였다. 19세기 초 이웃 바이에른에서 성공한 라거 맥주를 본 플젠의 양조장은 자신들의 맥주를 돌아보았고, 그들은 읍참마속의 심정으로 저장해 놓은 모든 맥주를 버리고 새로운 맥주를 만들기로 하였다. 그들이 선택한 방법은 맥주 선진국 독일에서 맥주 용병을 수입하는 것이었다. 우리는 이 인물을 기억해야 할 필요가 있겠다. 요제프 그롤. 그는 바이에른의 양조업자로 필스너의 아버지로 불리며 현대 라거 맥주의 원형을 만든 인물이다. 요제프 그롤이 플젠에 와보니 맥주 양조에 있어 이보다 좋은 지역이 없었다. 근처 모라비아에는 질 좋은 보리가 광범위하게 자라고 있었고, 자테츠에서는 귀족 홉이라 불리는 사츠 홉이 있었다. 또한 무기질이 적고 부드러운 플젠의 연수는 라거 맥주를 만들기에 안성맞춤이었다. 그뿐인가? 맥주를 발효시키고 저장하기 좋은 시원한 동굴도 있었다. 딱 한 가지 없는 것이 라거 효모였는데, 요제프가 이미 바이에른에서 효모를 가져왔으니 거리낄 것이 없었다. 1842년 요제프 그롤은 선진 양조 기술과 지역의 재료를 사용하여 기존에 없던 새로운 맥주를 만들었다. 바로 황금빛 찬란한, 이전에 없던 청량감을 선사한, 바로 그 유명한 필스너였다. 검은 둥켈 맥주나 구리빛 맥주만을 마셔왔을 동시대 사람들은 이 창백한 빛깔을 반신반의하는 심정으로 바라봤을 것이다. 하지만 이전에 없던 시원함에 곧 전 세계가 반해버렸다. 라거 맥주의 원조라 자부했던 독일은 플젠의 맥주를 모방하여 독일식 필스(pils)를 만들었다. 필스너는 유럽 대륙과 아메리카 대륙으로 퍼지면서 현대의 맥주 스타일을 지배하고 있다. 맥주를 하수구에 버리는 퍼포먼스까지 하면서 새로운 맥주를 열망했던 플젠의 열정에 감사할 따름이다.

체코에서 맥주를 마시려면 알코올 도수 표기법은 알아둬야 할 것 같다. 알코올 도수는 알코올의 농도 부피를 말하는데, 이를 ABV(Alcohol by volume)이라 하고 ~도 혹은 ~%라고 말한다. 그런데 체코 맥주는 조금 다른 표기법을 쓴다. 만약 체코 맥주에서 12°P라고 쓰여져 있는 걸 본 적이 있다면, 그건 알코올 도수가 아니고 맥즙의 농도를 의미하며 '12 degree plato'라고 읽어야 한다. 전분으로 이루어진 보리에 싹을 틔운 후 물에 불리면 전분에서 바뀐 당분이 물에 흡수되는데 이것을 맥즙이라고 한다. 이 맥즙의 농도가 높을수록 알코올 도수가 올라간다. 12°P는 약 5% 정도에 해당한다.

Photocredit ⓒ Jona Friedri

기네스만 알고 있는 당신께
아일랜드 맥주를 소개합니다

아일랜드 민족은 그야말로 전형적인 술꾼으로 잘 알려져 있다. 한국에서 일부 사람들이 깡소주를 들이켜는 것과는 비교할 수도 없을 만큼 예로부터 아일랜드 사람들은 안주 없이 깡술을 즐기는 민족으로 유명하다. 이들은 오래전부터 위스키를 즐겨 마셨는데 최근 2~300년 동안 기네스를 필두로 맥주 산업이 발전하면서 최근에는 맥주 5, 위스키 2 정도의 비율로 맥주의 비중이 높아졌다. 1인당 맥주 소비량도 체코, 독일 못지않게 높은데 2017년 조사에 의하면 1인당 연간 79리터 정도를 마신다고 한다. 대략 따져봐도 성인이 매일 하루에 500cc 한 잔 정도는 마시는 셈이니 정말 맥주를 사랑하는 나라가 아닐 수 없다.

앞서 잠시 언급했듯이 아일랜드는 맥주가 유행하기 전에 위스키를 즐겨 마시던 나라였다. 아일랜드 위스키의 역사는 기원후 1000년경으로 거슬러 올라간다. 지중해의 나라에서 향수를 만드는 증류 기술을 익히고 돌아온 아일랜드의 수도승들이 증류주를 만든 것이 시초이다. 처음 제품으로 생산된 위스키가 역사에 기록된 것은 1405년이라고 알려져 있고, 1608년에는 북부 아일랜드에서 처음으로 위스키에 라이선스를 부여하였다. 하지만 위스키의 인기가 상승하자 국왕이 아일랜드에서 생산되는 모든 위스키에 세금을 부여하면서 하향세를 겪게 된다. 18세기에 들어오면서 인구가 증가하고 수입산 증류주의 품질이 떨어지자, 세금에도 불구하고 다시 아일랜드 위스키는 인기를 끌기 시작하였다.

아일랜드에서 맥주의 기원은 아주 오래되었을 거라고 추정된다. 위스키도 보리를 발효한 술이 있어야 증류할 수 있으니 위스키의 역사보다도 오래되었을 것이다. 하지만 아일랜드에서 맥주가 공공적인 장소에서 마시는 술로 자리 잡고 상업적으로 생산된 시기는 위스키보다 늦다. 17세기까지만 해도 아일랜드의 히트 수출 상품은 위스키였고 맥주는 대부분 잉글랜드와 스코틀랜드에서 수입되었다. 18세기에 들어서야 아일랜드도 자국 내에서 맥주를 생산하기 시작하였다. 아일랜드는 비옥한 토양과 부드러운 비, 차가운 바람이 불어 보리를 생산하기에는 최적의 장소였지만 맥주의 주요 원료 중의 하나인 홉은 재배하기 어려웠다. 그래서 중세에는 홉 대신 향긋한 허브나 향이 나는 식물을 넣은 에일 맥주를 만들었는데 맥주를 직접 생산하면서부터 본격적으로 잉글랜드로부터 홉을 수입하게 되었다. 18세기 중반 잉글랜드로부터 수입한 홉의 양이 더블린에서만 무려 500톤에 이른다는 기록이 있다.

아일랜드도 중세의 유럽처럼 맥주를 만드는 일은 여성들의 몫이었다. 집에서 맥주를 만드는 여성들을 에일 와이프라고 불렀는데, 이들은 전통적으로 자신의 가정이나 마을에서 마실 수 있는 정도의 에일을 만들었다. 당시의 맥주는 집에서 늘 먹는 빵과 같은 주식이었다. 한마디로 맥주는 액체 빵이었다. 이렇게 가양주의 성격으로 만든 맥주가 18세기 중반에 이르러 대중화되고 맥주를 상업적으로 판매하여 큰 성공을 거두는 시기가 되었다. 당시 지배층들은 위스키가 하층민들이 발생시키는 모든 문제의 근원이라고 생각했다. 위스키를 지나치게 많이 마시면 사람들의 정신이 피폐해지고 게으르고 이기적이고 난폭해진다고 생각했다. 반면에 맥주는 위스키보다 안전하고 건강하며, 사회를 망치는 것이 아니라 오히려 사회에 기여하는 음료라고 생각했다. 이러한 생각을 주도한 단체가 있었으니 로열 더블린 소사이어티(Royal Dublin Society, RDS)라는 단체이다. 로열 더블린 소사이어티는 문화적으로 경제적으로 번성하는 아일랜드를 만들기 위해 1731년에 생겨난 자선 단체이다. 이들에게는 도수만 높은 싸구려 술이 범람하며 국민의 건강과 도덕성을 해치는 현실은 도저히 묵과할 수 없는 것이었다. 그래서 이 단체는 18세기 중반 홉을 가장 많이 사용하여 양조를 하는 양조장(맥주를 가장 많이 생산하는 양조장)에 지원금을 제공하기도 하였고 어떻게 해야 훌륭한 양조장을 만들 수 있는지를 연구하기도 하였다. 이러한 사회적 분위기와 혜택을 가장 많이 받고 성장한 기업이 있었으니 이제는 세계적인 기업이 된 기네스이다.

아일랜드 맥주의 주요 도시, 더블린, 코크, 킬케니, 던독

🍺 —— 기네스 양조장의 탄생

1725년에 태어난 아서 기네스는 25살의 젊은 나이에 기네스 양조장을 설립하였다. 그의 아버지인 리처드 기네스는 아일랜드 킬데어 주의 부유한 개신교 목사의 집에서 집사로 일했다. 리처드는 가축을 돌보고 농작물을 재배하고, 집세를 거두거나 건물을 관리하는 등 모든 일을 도맡아 했는데, 무엇보다 맥주를 양조하는 것도 그의 일이었다. 그가 만든 흑맥주는 품질이 뛰어나 주위에서 평판이 좋았고 그의 맥주를 마시기 위해 일부러 찾아오는 손님도 있었지만, 리처드는 절대로 자신의 양조 비법을 외부에 공개하지 않았고 가문의 전통에 따라 그의 아들인 아서에게만 맥주 양조 기술을 전수하였다. 1759년, 아서 기네스는 이 기술을 무기로 삼아 더블린의 리피 강이 흐르는 성 제임스 게이트가 있는 곳에 기네스 양조장을 설립하였다. 이 양조장은 설비를 제대로 갖추지도 못한 작은 양조장을 계약금 100파운드, 매년 45파운드(현재 시세로 각각 약 15만 원, 6만 7천 원)를 9천 년간 지급하는, 역사상 가장 특이한 임대 조건으로 계약한 곳이었다. 기네스는 처음에는 에일 맥주만을 생산하다가 에일 맥주와 흑맥주를 모두 생산하게 되었는데 흑맥주의 인기가 좋아지자 나중에는 포터라 불리는 흑맥주만을 생산하였다. 기네스의 포터는 잉글랜드의 포터 레시피에 아일랜드 산 재료를 사용하여 만들었는데 포터보다 도수가 높고 조금 더 강하다 하여 '기네스 스타우트 포터'라고 불렸다.

아일랜드가 일시적으로 영국에서 독립했던 시기 아일랜드 의회가 기네스 맥주를 아낌없이 후원하면서 기네스 맥주도 최고의 전성기를 맞을 수 있었다. 기네스가 맥주를 생산하기 전에는 대부분의 맥주는 잉글랜드로부터 수입했었기 때문에, 잉글랜드의 입장에서는 아일랜드산 포터의 인기가 달갑지 않았다. 그들은 잉글랜드 의회를 꼬드겨 아일랜드산 포터의 가격을 통제하기 시작하였다. 잉글랜드에서 생산한 포터를 아일랜드에 팔면 세금을 거의 내지 않는 반면 아일랜드에서 생산한 맥주를 잉글랜드에 팔면 막대한 세금을 물게 한 것이다. 이 때문에 기네스는 한 동안 에일 맥주만 생산하였지만 기네스 스타우트에 대한 사람들의 관심은 점점 높아지기만 했다. 1799년 결국 기네스는 에일 맥주 생산을 중단하고 포터 맥주 생산에만 주력하기로 하였다. 1801년 영국은 합동법을 만들어 아일랜드의 독립을 무효화하고 두 나라를 다시 합병해 버렸지만 이미 시

아서 기네스

작한 기네스 맥주의 인기는 식을 줄을 몰랐다. 잉글랜드에서 수입해 오던 시대를 뛰어넘어 아일랜드의 기네스 포터는 오히려 잉글랜드를 비롯해 세계 각국으로 맥주를 수출하는 지위에 올랐다. 기네스는 19세기 초에 이미 아일랜드 최대의 양조 회사가 되었으며 금세기에는 세계 최대의 맥주 회사가 되었다. 오늘날에는 기네스를 마시는 나라는 150여개 국에 달하며, 기네스를 자체 생산하도록 허가받은 나라만 22곳에 달한다.

🍺── 기네스 스타우트와 경쟁하는 또 다른 양조장들 - 비미쉬와 머피스

아일랜드의 스타우트는 기네스만 있는 것은 아니다. 아일랜드의 코크에서는 기네스와 다른 스타우트를 생산하는 양조장이 생겨났다. 1792년에 설립된 비미쉬 아이리쉬 스타우트를 생산하는 비미쉬 양조장과 1856년에 설립된 머피스 아이리쉬 스타우트를 생산하는 머피스 양조장이 그 주인공이다.

비미쉬 양조장은 윌리엄 비미쉬와 윌리엄 크로포드 형제가 1792년에 아일랜드의 코크 시에 설립한 양조장이다. 이 양조장에서는 비미쉬 스타우트와 비미쉬 레드를 생산하였는데 1792년 12,000배럴을 생산했던 것이 1805년에

는 100,000배럴을 생산할 만큼 커졌다. 이 생산량은 1805년 당시 기네스보다
도 큰 수치였고, 영국 전체와 비교해도 세 번째로 큰 규모였다. 하지만 아일랜
드에서 가장 큰 양조장이라는 타이틀은 1833년에 들어 기네스에 내주고 만다.

Photocredit ⓒ James Cridland

머피스 양조장은 제임스 머피가
1856년에 아일랜드의 코크 시에 설
립한 양조장이다. 머피와 그의 형제
들은 코크 시에 설립된 병원을 사들
여 그 자리에 양조장 건물을 세웠다.
이 병원은 세워졌을 때부터 부지 한
가운데 커다란 꽃 정원을 가지고 있
어 레이디스 웰이라고 불리는 곳이었

다. 머피스 양조장은 처음에는 포터만을 생산했으나 나중에는 크림처럼 부드

러운 머피스 아이리쉬 스타우트를 생산하여 크게 성공하였다. 이 스타우트는 곧 코크를 대표하는 맥주가 되었다. 1861년 머피스 양조장은 연간 4만 배럴 이상 생산하며 아일랜드의 메이저 양조장으로 자리 잡았다.

🦫 ─── 아이리쉬 스타우트의 또 다른 경쟁자, 아이리쉬 레드 에일

기네스가 스타우트를 생산하기 이전부터 아일랜드 남동부에는 스미딕스라는 양조장이 있었다. 스미딕스 양조장은 1710년에 아일랜드 킬케니에서 존 스미딕스라는 인물이 설립하였다. 이 양조장은 본래 13세기부터 이어져온 성 프란시스 수도원의 내수용 맥주를 일반인에게 판매하기 위하여 만들어진 양조장이었다. 성 프란시스 수도원은 1209년에 성 프란시스가 이탈리아에 세운 수도회가 아일랜드로 이주하여 킬케니에 있는 작은 예배당을 기초로 설립한 수도원이다. 스미딕스의 설립자 존 스미딕스는 킬케니에 정착한 고아였는데, 이곳에 도착한 이후 1705년에 리처드 콜이라는 인물과 함께 콜이 지역 공작으로부터 임대한 땅에서 맥주 양조 사업을 시작하였다. 스미딕스는 꽤나 열심히 일해 5년 후인 1710년에는 이 땅의 소유자가 되어 자신의 이름을 딴 양조장을 설립하게 되었다. 스미딕스를 크게 성장시킨 인물은 설립자 존 스미딕스의 증손자 에드먼드 스미딕스였다. 에드먼드는 자손들 중에서 스미딕스의 야망과 피를 가장 많이 이어받았다고 평가받고 있는데 그는 국내의 시장 수요가 줄어들자 새로운 시장을 개척하여 잉글랜드, 스코틀랜드, 웨일스 술꾼들의 입맛을 사로잡았고, 덕분에 매출은 다섯 배 이상 증가하였다. 스미딕스 양조장에서는 기존의 스타우트보다 로스팅된 보리를 적게 사용하고 스위트하고 마일드한 아이리쉬 레드 에일을 생산하여 인기를 끌었다. 스미딕스라는 단어가 다른 나라 사람들이 발음하기에는 어려워 그냥 편하게 킬케니 에일이라 부르기 시작하였는데, 나중에는 이를 킬케니 레드 에일이라는 맥주로 출시하였다.

Photocredit ⓒ Patrick Fore

Photocredit ⓒ chongodog

🍺 ── 아일랜드에도 부는 라거 바람

흔히 아일랜드에서 가장 많이 즐기는 맥주는 스타우트일 것이라 생각하지만 그렇지만은 않다. 아이리쉬 스타우트 외에도 앞서 설명한 아이리쉬 레드 에일도 있고, 무엇보다 다른 나라와 마찬가지로 라거를 가장 많이 마신다. 아일랜드 북동쪽의 북아일랜드와 경계에 있는 던독이라는 도시에는 그레이트 노던 양조장이 있다. 이 양조장은 1846년에 설립되어 한때 기네스를 만드는 성 제임스 게이트 양조장에 이어 아일랜드에서 두 번째로 큰 양조장이었다. 이곳은 다른 양조장과 마찬가지로 1960년대까지는 스타우트와 에일을 주로 생산하였는데 이후 스미딕스에 인수되었고 스미딕스가 다시 기네스에 인수됨에 따라 1960년 이후에는 기네스의 소유가 되었다. 기네스는 그레이트 노던 양조장을 기존의 스타우트가 아닌 라거 맥주를 생산하는 양조장으로 변신시켰다. 당시 아일랜드에서도 국내에서 생산하는 라거에 대한 수요가 크게 올라오기 시작하였고 기네스는 이러한 요구에 부합하기 위해 그레이트 노던 양조장을 라거를 전문으로 생산하는 양조장으로 탈바꿈시킨 것이다. 기네스는 독일의 라거 양조 기술자인 헤르만 뮌더를 데려와 1960년부터 아일랜드 최초의 라거 맥주인 제품명 하프 라거를 생산하기 시작하였다.

🍺 ── 아일랜드 맥주의 현재

19세기 초반에는 아일랜드에 200개의 양조장이 있었고, 그중 더블린에만 55개가 있었다고 한다. 그러나 19세기가 지났을 즈음에는 아일랜드 전역에 50개 정도의 양조장이 남아 있었다. 최근에는 기네스와 하이네켄과 같은 거대 다국적 맥주 기업이 남아 있는 양조장을 대부분 사들여 12개 정도만 남아 있다. 스미딕스는 1965년에 기네스에 인수되었고 킬케니에서의 생산은 2013년도에 중단되었고 지금은 더블린에 있는 성 제임스 게이트 양조장에서 생산되고 있다. 그레이트 노던 양조장 역시 기네스에 인수된 이후 하프 라거를 성 제임스 게이트 양조장으로 이전하여 생산하고 있으며, 던독에 있는 양조장은 증류주를 생산하는 시설로 변경하였다. 기네스는 1997년에 영국의 호텔 레 저 전문 기업인 그랜드 메트로폴리탄과 합병하여 디아지오라는 회사를 설립 하였다. 머피스 양조장은 1983년에 하이네켄에 인수되었다. 비미쉬 양조장은 주인이 여러 번 바뀌다가 2008년 이후 역시 하이네켄이 주인이 되었다. 현재 비미쉬 스타우트는 하이네켄이 소유한 머피스 양조장에서 생산되고 있으며, 비미쉬 레드 에일은 머피스 레드 에일과 스타일이 겹쳐 생산이 중단되었다.

현재 아일랜드에서 소비되는 맥주 스타일의 61%는 라거이다. 아무리 스 타우트의 종주국이라고 해도 전 세계의 라거 열풍은 피해갈 수 없나 보다. 나 머지 39% 중 스타우트가 약 32.3%, 에일이 약 6.7%를 차지한다(2017년 조 사). 아일랜드가 기네스의 나라라고는 하지만 맥주 별로 보면 기네스의 모든 맥주를 합쳐도 약 9.3% 밖에 되지 않는다. 기네스보다 많은 매출을 올린 맥주 는 하이네켄이 14.7%, 밀러가 14.2%, 버드와이저가 9.7%이다. 이 밖에 칼스 버그가 7.2%, 쿠어스가 5.4%로 스타우트의 나라에서도 라거의 강세는 여전 하다. 최근에는 북부 아일랜드를 중심으로 크래프트 맥주 양조가 시작되어 새 롭고 다양한 스타일의 맥주가 탄생하고 있다.

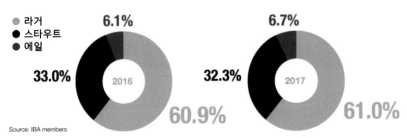

아일랜드 맥주 시장조사 2017, IBA(Irish Brewers Association)

아일랜드 펍

스코틀랜드도
맥주의 나라였어?!

스코틀랜드 하면 어떤 술이 떠오를까? 백이면 백, 스카치 위스키가 떠오를 것이다. 그런데 사실 스코틀랜드에서는 위스키보다 맥주가 더 많이 소비되고, 지금으로부터 5,000년 전부터 맥주가 있었다고 한다. 놀라운 사실이다. 그렇다면 이런 맥주의 나라에서 생산된 맥주는 무엇이 있을까? 우선 생각나는 것은 브루독인데, 비교적 최근에 생겨난 크래프트 맥주 양조장이다. 그 밖에 전통적인 양조장으로 한국의 마트에서 쉽게 접할 수 있는 테넨츠가 있다. 테넨츠는 라거로 유명하지만, 오래전에 마셔 본 테넨츠 라거에 대해서는 좋은 인상이라고는 할 수 없었다. 그렇게 테넨츠는 내 기억 세포에서 죽어가는 셀이었다. 그러다가 최근 마트에서 테넨츠 스카치 에일을 발견했다. 이것이 '위 헤비'라는 스타일을 표방하고 있어 흥미로웠다.

🍺 ─── 실링 맥주와 위 헤비

스코틀랜드의 맥주와 위 헤비에 대해 짚어 볼까 한다. 스코틀랜드의 맥주 양조의 역사는 5,000년 전으로 거슬러 올라간다고 한다. 지금은 희미해졌지만 오래전 영국에서는 에일과 비어를 구분하여 불렀다. 홉을 사용한 지금과 같은 맥주는 비어, 홉을 사용하지 않고 전통적인 방법으로 만든 맥주는 에일이라고 불렀는데 19세기까지 이어져 온 스코틀랜드의 에일은 홉을 대신하여 그루트라 불리는 여러 가지 허브초를 사용하였다.

스코틀랜드의 기후와 토양은 보리가 자라기에 이상적이었지만 홉을 재배하기에는 너무 추웠다. 그루트를 대신해 홉을 사용한 역사도 그리 오래되지 않았지만 스코틀랜드에서 유독 홉의 사용이 늦은 이유도 바로 이러한 기후 때문이었다. 스코틀랜드는 기후 때문에 비교적 따뜻한 온도에서 활동하는 에일 효모도 다른 방식으로 사용되었다. 스코틀랜드의 맥주는 대부분 오래 숙성되었는데, 이 때문에 맛이 부드럽고 몰트의 풍미가 강하며 꽤 드라이하다. 스코틀랜드의 유명한 맥주 중에서는 위스키 배럴에 숙성한 맥주도 있다. 스코틀랜드의 기후뿐만 아니라, 에든버러의 물도 스코틀랜드의 에일을 영국 것과 다르게 만든 요소 중 하나이다. 스코틀랜드의 남동쪽에 위치한 에든버러는 스코틀랜드의 수도로 세계 양조 역사에서도 중요한 지역이다. 에든버러는 지리적 단층에 따라 특정 깊이에서는 연수가 나왔는데, 경수로 만든 영국의 페일 에일과는 다른 스카치 에일을 탄생시킨 주인공이다.

위 헤비라는 이름은 '작고 강하다'라는 의미이다. 왜냐하면 이 스타일의 맥주를 작은 잔에 담아 파는데, 도수가 정말로 높았기 때문이다. 보통 도수가 6.5%에서 10% 정도이다. 과거 스코틀랜드 맥주를 실링[1] 맥주라고 부르던 시절이 있었다. 20세기 초반, 맥주의 배럴에 세금을 부과할 때 알코올 도수와 맥주의 스타일에 따라 다르게 부과하던 시절이 있었다. 그래서 맥주의 도수와 스타일은 곧 맥주의 가격이었다. 예를 들어 가장 낮은 도수의 맥주는 28~36실링, 그보다 살짝 도수가 높으면 42~48실링, 페일 에일은 54실링인 식이었다. 도수가 높은 엑스포트나 임페리얼은 70~80실링, 스트롱 에일은 90~120실링 정도였는데, 160실링의 맥주도 있었다고 한다. 당시 사람들은 맥주를 부를 때

---

1 지금은 사라진 옛 영국의 통화

맥주의 스타일로 부르지 않고 '이봐, 90실링 맥주 좀 줘봐' 하는 식으로 가격을
맥주의 이름처럼 사용했는데 이것이 관습이 되었고 다른 맥주와 차별하기 위
해 전통적으로 사용되었다. 위 헤비는 스트롱 에일 중에서도 도수가 높아 일
반적인 파인트 잔의 1/3 정도로 팔았다. 위 헤비라는 말은 여기서 유래되었다.
마치 가격은 그대로이면서 부피가 작아진 우리나라의 과자와 닮았다. 앞으로
위 헤비는 나에게 '과자 맥주'로 기억될 것 같다.

Photocredit ⓒ David

미국의 크래프트 맥주 양조장인 오델 브루잉에서 실링 맥주에 착안하여 만든 맥주

스코틀랜드의 맥주도 다른 유럽의 맥주처럼 중세의 수도원에서 발달하였다. 그러다가 집에서 여성이 자가 양조하는 에일 와이프의 시대를 거쳐 마을에서 공동으로 양조하는 길드를 만들어 냈고 길드는 점점 상업적인 양조장으로 발전하였다. 스코틀랜드에서 상업 양조가 발달하게 된 계기는 1707년에 발표된 합동법이다. 이때의 합동법은 잉글랜드와 스코틀랜드를 하나의 연방 국가로 만들었는데, 잉글랜드는 스코틀랜드에게 적지 않은 혜택을 제공했다. 그중에는 맥주에 대한 혜택도 있었다. 맥주에 대한 세금을 다른 잉글랜드의 지역보다 낮게 책정했으며, 맥아에 대한 세금은 아예 없었다. 18세기 동안 에든버러와 글래스고 등의 스코틀랜드의 도시에는 여러 양조장이 생겨났는데, 오늘 소개할 테넌츠 맥주도 이러한 분위기에서 탄생했다.

⌂ㅡ 테넌츠 맥주

테넌츠 양조장의 기원은 1556년으로 거슬러 올라간다. 1556년 로버트 테넌트는 글래스고 지역이 맥주 양조에 완벽하다고 생각하고 능력을 끌어모아 양조장을 만들었다. 테넌트 가문이 대대로 전통적인 양조 방식을 이어 오다 상업적인 양조장으로 변모한 것은 1740년, 바로 합동법이 통과된 후였다. 테넌트의 6대손인 두 형제 로버트와 휴가 H&R 테넌트 파트너십을 설립했고, 두 형제가 죽은 후 휴의 아들인 존이 아버지의 발자취를 이어받아 사업을 확장하여 이름을 지금의 웰파크 양조장으로 지었다. 테넌츠는 곧 미국을 포함한 다른 나라에 맥주를 수출하면서 크게 성장하였다.

그런데 스카치 에일은 이상하게도 자국보다 해외에서 인기가 많은 맥주이다. 지난 세기 동안은 벨기에에서 가장 인기가 있었고 현재에는 미국과 일본의 크래프트 씬에서 위 헤비라는 이름으로 스카치 에일을 만들곤 한다. 과거 벨기에와 스카치 에일의 인연은 스코틀랜드 군인이 벨기에에 주둔하면서 시작하였다. 당시 벨기에에 거주하고 있던 영국의 사업가 존 마틴이 도수가 높은 스카치 에일을 수입해 향수병에 걸린 군인들에게 판매하였는데 이것이 점점 지역 주민들에게 퍼져 유행한 것이다.

다시 테넨츠 얘기로 돌아와, 테넨츠의 웰파크 양조장은 현재 아일랜드의 알코올음료 기업인 C&C 그룹이 소유하고 있다. C&C 그룹은 2009년 AB InBev에서 웰파크 양조장과 테넨츠 맥주를 인수하였다. 테넨츠 맥주 중에서 가장 유명

Photocredit ⓒ Thomas Nugent
테넨츠의 웰파크

한 건 라거인데(열심히 에일에 대해서 떠들었는데 라거라니), 스코틀랜드에서 가장 많이 팔리는 라거(약 60%)이기도 하고, 19세기 중반까지만 해도 세계에서 가장 많이 수출하는 병맥주였다.

최근에 마신 테넨츠 스카치 에일에 대한 인상은 이렇다. 이 맥주의 스타일은 위 헤비다. 알코올 도수는 무려 9%. 외관은 앰버 색, 향은 희미하게 느껴진다. 풍미는 몰티하지만 기대만큼은 아니다. 그보다 알코올의 풍미가 오래 지속되는데, 흡사 위스키를 조금 섞은 약한 폭탄주 같다. 이 맥주를 마시기 전에 BJCP의 스타일 가이드를 유심히 읽어 봤다. 풍부한 몰티함에 상당한 캐러멜의 풍미를 지녔을 거라 생각했지만 전혀 그렇지 않았다. 이 맥주로 위 헤비를 이해하기에는 부족할 것 같다. 대신 이 맥주의 장점은 저렴한 가격이다.

테넨츠 스카치 에일

독일의 통일에
기여한 맥주

2016년 4월 23일, 독일 바이에른의 잉골슈타트에서는 맥주순수령 제정 500주년을 기념하는 행사가 열렸다. 독일 총리 앙겔라 메르켈은 이 자리에 참석해 500년이 지나도록 계승되어온 이 법령을 칭송했다. 맥주를 제조할 때 물과 홉, 보리 세 가지 재료만을 사용해야 한다는 맥주순수령은 이제는 너무 유

2016년 독일 잉골슈타트에서 열린 맥주 순수령 기념 축제

명해 더할 말이 없다. 맥주순수령은 지금으로부터 500년 전인 1516년 4월 23일, 바로 이 지역 잉골슈타트에서 바이에른의 공작 빌헬름 4세에 의해 공포되었다. 이 맥주순수령은 원래 1487년 11월 30일 바이에른 공작 알브레트 4세가 제정하여 뮌헨에서 시행되었지만 그때는 바이에른이 여러 제후국들로 쪼개져 있던 시기였다. 1505년이 되어 바이에른이 통일되자, 선제후국의 강력한 힘으로 바이에른 전역에 적용시킨 것이다. 이 법령의 제정에는 순수하지 못한 의도도 있었지만 어찌됐든 독일이 순수한 맥주를 만드는 데에는 크게 기여했다.

독일, 우리가 독일이라 부르는 이 나라의 원래 명칭은 독일 연방공화국이다. 이 말은 미국이나 러시아처럼 여러 개의 주와 이것이 합쳐진 중앙 정부가 있는 정치 형태를 가진 국가라는 뜻이다. 독일의 행정 구역은 현재 바이에른 주와 브란데베르크 주 등 16개의 주로 구성되어 있다. 이 크고 작은 왕국 혹은 도시들이 처음으로 통합된 건 1871년의 일로 고작 150년도 되지 않는다. 그런데 이런 역사적인 독일의 통합에 맥주순수령이 한몫 했다는 사실을 알고 있는가?

프랑스의 작가 볼테르가 '신성하지도 않고 로마도 아니며, 더더욱 제국도 아니다'라고 말한 신성로마제국의 중심 무대는 바로 현재의 독일이었다. 신성로마제국은 1806년 나폴레옹이 해체시킬 때까지 중세 독일을 형성하고 있었다. 중세 독일은 왕, 제후, 공작, 주교, 하급귀족 등이 지배하는 크고 작은 여러 개의 국가들로 이루어져 있었다. 맥주와 소시지만큼이나 다양한 국가라고 볼 수 있다. 그들은 정치적, 경제적, 종교적인 이해관계에 따라 서로 동맹하거나 서로 싸우기도 했다. 심지어 어제의 동맹 관계가 오늘은 적대 관계로 이어지기도 하고, 어제까지 피 터지게 싸우던 나라와 동맹을 맺는 등 서로의 이해관계 속에 매우 복잡다단한 관계를 지니고 있었다. 그나마 신성로마제국이라는 타이틀 안으로 느슨하게 하나로 묶을 수 있었던 이유는 독일어를 사용하고 맥주를 물처럼 마시는 민족이라는 점이었다.

30년 전쟁, 1618년에서 1648년 사이 로마 가톨릭을 지지하는 국가들과 개신교를 지지하는 국가들이 대립한, 거의 모든 유럽이 참여한 이 전쟁이야말로 세계 대전 이전의 세계 대전이라고 할 만하다. 그런데 더 큰 문제는, 이 전쟁의 대부분이 독일 영토에서 치러졌다는 것이다. 전쟁의 결과는 참혹했다. 독일 대부분의 영토가 황폐해졌고 엎친 데 덮친 격으로 기아와 페스트까지 터지면서 민간인을 포함한 사망자만 800만 명에 달했으며, 독일은 전체 인구의 1/3을 잃었다. 베스트팔렌 조약에 의해 독일은 314개의 크고 작은 국가들로 분열되어, 중앙 정치는 완전히 사라졌다. 독일의 양조장도 이 시기 많이 파괴되었다. 먹을 것도 없었던 이 시기 맥주를 만든다는 건 있을 수 없는 일이었다.

30년 전쟁이 끝나고 독일은 중세에서 근세로 접어들고 있었다. 그리고 이 시기 장차 독일을 통일시킬 프로이센이 점점 힘을 키우고 있었다. 프로이센은 한때 중개 무역으로 그럭저럭 먹고 살만 했던 힘없는 공국에 불과했고 영토도 폴란드와 러시아 사이로 지금의 독일에서 동쪽으로 한참 떨어져 있었다. 이런 프로이센이 독일에 편입된 건 알브레히트 프리드리히(프로이센의 왕은 대체로 '프리드리히'가 많다)가 후사 없이 죽자 프로이센의 영지를 사위인 브란데부르크 영주에게 물려주면서부터이다. 브란데부르크는 지금의 베를린을 포함한 지역으로 북부 독일의 요지이며 신성로마제국의 변경백이었다. 브란데부르크는 프로이센과의 사이를 지리적으로 막고 있던 스웨덴의 포메라니아를 차지한 끝에 통합에 성공했고, 프로이센은 독일 북부와 폴란드 북부, 러시아 서부를 잇는 거대한 영토를 가질 수 있게 되었다.

18세기에 들어서면서부터 군사 강국으로 성장한 프로이센은 오스트리아 왕위 계승 전쟁과 그 뒤를 잇는 7년 전쟁을 치른다. 이때 프로이센의 프리드리히 2세와 오스트리아의 마리아 테레지아 여왕은 엎치락뒤치락 팽팽한 대결을 벌였다. 오랜 전쟁의 결과는 결국 평화 협상으로 전쟁 전으로 되돌아가는 것이었다. 오스트리아는 얻은 것이 없었지만 프로이센은 무력으로 점령했던 슐

레지엔을 그대로 유지할 수 있게 되었으니 나쁘지 않은 결과였다. 이것은 장차 프로이센이 유럽에서 무시할 수 없는 강국이 될 것이라는 전조였다.

19세기 초반 신성로마제국은 나폴레옹에게 점령당하고 있었다. 1807년 프로이센도 나폴레옹과의 전쟁에서 패배해 쾨니히스베르크(현재 러시아의 칼라닌그란드)까지 밀려나 있었다. 프로이센은 전쟁의 패배로 엄청난 배상금과 영토의 반을 내주는 굴욕적인 평화 협상을 맺을 수 밖에 없었다. 나폴레옹이 신성로마제국의 제후국이었던 프로이센을 비롯하여 바이에른, 작센, 하노버, 뷔르뎀베르크를 하나의 독립적인 왕국으로 만들어 버리면서 이로서 신성로마제국은 사실상 붕괴되었고 오스트리아 제국과 5개의 왕국, 7개의 대공국, 공국, 선제후국, 후국, 방백국, 자유시 등이 느슨하게 결합된 독일 연방이 되었다.

독일의 분열은 경제적으로도 큰 걸림돌이 되었다. 예를 들어 당시 각 독일 연방에서 사용한 화폐의 종류가 6,000가지가 넘었다고 한다. 만약 프로이센에서 스위스에 맥주 한 박스를 보낸다고 한다면 막대한 관세를 물고 서류 심사와 환전을 열 차례 정도 했어야 했다. 운반 가격보다 관세가 더 많이 드는 구조였다. 독일인들은 이런 상태라면 독일을 통일할 수 없다고 직시하고 독일 연방 간의 관세 동맹을 제안하였는데, 이에 가장 앞장선 국가가 프로이센이다. 프로이센을 중심으로 1818년부터 관세 동맹을 시작하여 바이에른, 뷔르뎀베르크 등이 참여했고 1834년에 완전한 독일 관세 동맹을 이루어 냈다. 1866년 프로이센-오스트리아 전쟁으로 사실상 동맹의 역할은 사라졌지만 프로이센의 강력한 지도자 비스마르크는 다른 방법으로 독일 통일을 이루어 냈다. 비스마르크는 독일을 통일하는 것은 의회 정치가 아니고 철과 피라고 여겨, 강력한 군대를 만들었다. 비스마르크는 서두르지 않았고 동맹과 전쟁을 통해 차근차근 독일 통일을 진행했다. 러시아와는 동맹 관계를 맺었고 프랑스에는 벨기에와 룩셈브르크까지 내주면서 중립을 유도했다. 1866년에 비스마르크는 오스트리아 제국과의 전쟁에 승리하면서 북독일 연방을 만들어 냈고, 1871년에 독일 통일의 마지막 걸림돌인 프랑스와의 전쟁에서도 승리했다. 마침내 프로이센은 프랑스의 심장부인 베르사유 궁전에서 독일 제국의 통일을 선포했다.

그런데, 바이에른 왕국이 새로 형성된 독일 제국의 일부가 되는 것은 쉽지 않은 일이었다. 바이에른은 과거 30년 전쟁에서 가톨릭 연맹 편에 서서 싸웠을 정도로 전통적인 가톨릭 국가였으니, 개신교가 중심인 프로이센 왕국의 통치를 받는 것이 탐탁치 않았을 것이다. 바이에른도 오스트리아처럼 독립 국가로 남고 싶다는 민족주의자들이 반동하고 있었다. 이때 바이에른은 독일 제국에 가입하는 조건으로 전 독일에서 맥주순수령을 따라 맥주를 만들 것을 제안했다. 물론 이 제안은 양조장들의 극심한 반대에 부딪혔다. 우리가 말하는 '순수한' 독일 맥주는 바이에른의 것이지, 북독일의 맥주는 아니었기 때문이다.

독일제국의 선포(The proclamation of the German Empire), Anton von Werner, 1885. 왼쪽 계단 위에 독일 제국의 황제 빌헬름 1세가 서 있고, 가운데 흰색 제복을 입고 있는 인물이 비스마르크이다.

바이에른을 제외한 다른 독일에서는 여전히 맥주에 여러 가지 향신료와 로컬 특산품, 과일 등을 사용하면서 베를린의 베를리너 바이쎄, 라이프치히의 고제, 쾰른의 쾰쉬, 한자동맹 자유도시의 홉 라거 등 지역마다 다른 스타일의 맥주가 있었다. 아무튼 이런 극심한 반대가 있었지만 어찌저찌 바이에른의 맥주순수령은 채택되었고 독일은 하나의 국가로 완성될 수 있었던 것이다.

맥주순수령은 이후 유럽 사법 재판소에서 폐지할 것을 권고한 적도 있지만, 어찌되었든 독일에서 이 법은 대체로 준수되었다. 맥주순수령이 다시금 이슈가 된 것은 독일이 2차 세계 대전 이후 서독과 동독으로 분열되었다가 1990년 재통일을 이룬 다음이다. 당시 동독의 브란데베르크에 있는 한 수도원 양조장에서 '검은 수도원장'이라 하는 흑맥주를 양조하고 있었다. 그런데 이 맥주는 발효 중에 소량의 설탕을 사용했다. 벨기에와 같은 다른 수도원 양조장에서는 흔히 있는 일이지만, 브란데베르크 농림부는 이것이 독일의 맥주법에 위배된다고 제품 로고에 맥주라는 단어를 사용하는 것을 금지시켰다. 이에 격분한 양조장은 맥주를 맥주로 부를 수 없을 바에야 맥주세를 내지 않겠다고 반박했다. 이 사건은 10년 간의 법정 공방으로 이어져 이 흑맥주를 더욱 유명하게 만들었다. 법정 공방의 결과는 물론 맥주를 다시 사용할 수 있다는 것이었다.

현대 독일의 맥주법이 1516년의 맥주순수령과 같지는 않지만 대체로 그 정신은 유지되고 있다. 하지만 독일도 세계 맥주 트렌드를 거스를 순 없다. 맥주순수령의 엄격함은 하면발효 맥주에 한해서 지켜지고 있는 편이고 상면발효 맥주에 대해선 더 유연한 정책을 쓰고 있다. 그리고 독일에서도 미국식 크래프트 맥주가 들불처럼 번지고 있다. 이제는 맥주순수령을 지키지 않는다고 거꾸로 매달아 맥주통에 처박아 놓지 않는다. 대신 맥주순수령은 훌륭한 마케팅 도구가 되어가고 있다. 바로 라인하이츠게봇이라는 이름으로.

독일 이민자들이 만든
미국의 페일 라거

19세기 중반 고향의 땅 부족 문제를 해결하고 종교적, 정치적인 자유를 얻기 위해 약 800만 명의 독일인들이 북아메리카로 이주하였다. 미국에 도착한 이들은 유럽에서보다 경제적으로 많은 기회를 얻고 새로운 삶을 살았다. 독일계 미국인들은 미국에 처음으로 유치원을 설립했고, 햄버거와 핫도그와 같은 음식 문화를 소개하였다. 독일인들은 축제를 즐겼으며 맥주는 언제나 그 파트너였다. 그들이 이주하면서 라거와 필스너 등 맥주 레시피가 따라왔는데, 이는 독일인이 미국에 들여온 가장 큰 선물이라고도 한다. 독일인들은 살고있는 지역에서 생산되는 맥주를 선호하는 전통에 따라 정착한 세인트루이스나 밀워키 등의 지역에 양조장을 지었다. 이때 생겨난 양조장은 향후 미국의 대형 맥주 회사가 되는데, 프레데릭 밀러는 밀워키에서 밀러를 만들었고, 버드와이저를 만든 아돌프 부쉬는 세인트루이스에서 버드와이저를 만들었다. 이들은 처음에는 독일에서 가져온 라거 효모와 미국에서 재배되는 보리로 맥주를 만들었는데 고국의 맥주와는 맛이 달랐다. 이유는 맥주를 만드는 보리의 품종 때문이었다. 유럽은 두 줄 보리를 키웠는데 미국은 여섯 줄 보리를 재배해서 맥주의 색깔이 탁하고 맛이 거칠었기 때문이다. 그래서 이들은 주재료인 보리에 미국 지역에서 흔히 재배되는 옥수수와 쌀을 20% 정도 섞어 맥주를 만들었다. 이렇게 만들어진 맥주는 풍미는 떨어졌지만 단맛이 살짝 돌고 고소함과 청량감이 있었다. 이러한 맥주 스타일은 아메리칸 페일 라거 혹은 부가물 라거로 불리며 미국뿐만 아니라 전 세계적으로 유행한 맥주 스타일로 자리 잡았다.

현재 미국을 대표하는 맥주라면 버드와이저를 생산하는 앤하이저-부쉬, 밀러 라이트를 생산하는 밀러, 쿠어스 라이트를 생산하는 쿠어스일 것이다. 앤하이저-부쉬는 인베브와 합병하여 AB InBev가 되었고, 밀러는 쿠어스와 합병하여 밀러쿠어스가 되었다. 독일에서 이민 온 미국인들이 세운 이 세 개의 양조장을 살펴보면 독일계 미국인들이 어떻게 양조장을 세웠고, 현재까지 살아남았는지 미국의 맥주 역사를 알 수 있다.

🍺 ── 미국으로 간 독일계 양조가들 - 부쉬, 밀러, 쿠어스

앤하이저-부쉬 양조장을 성장시킨 아돌프 부쉬는 1839년에 독일에서 22명의 형제 중 21번째로 태어났다. 그의 아버지는 와인 양조장과 맥주 양조장에 부품을 공급해 주는 도매업자였다. 부쉬는 형제들이 많았기 때문에 아버지의 유산을 받을 생각을 하지 않았고 18세의 나이에 세 명의 형과 함께 독일에서 세인트루이스로 이민을 떠났다. 19세기 당시 세인트루이스는 미국에서 독일계 이민자들이 가장 많이 거주했던 정착촌이었기에 맥주 시장 또한 상당했다. 세인트루이스는 맥주를 제조하고 저장하기 좋은 두 개의 자원을 가지고 있었다. 하나는 맥주를 제조하기 위해 필요한 물을 충분히 공급할 수 있는 세인트루이스의 큰 강, 또 하나는 맥주를 차갑게 유지하는 데 요긴한 많은 동굴이다. 부쉬는 세인트루이스에 와서 커미션 하우스의 점원이나 도매업자의 직원으로 일하다가 남북전쟁이 발발하자 6개월간 연합군으로 복무하였다. 이때 아버지가 돌아가시면서 남긴 유산의 일부로 파트너와 함께 세인트루이스의 36개의 양조장에 부품을 공급하는 도매 사업을 시작하였다. 이 사업의 주요 고객이 바바리안 양조장의 소유주였는데, 이후 이 가문의 딸인 릴리 앤하이저와 결혼하게 되면서 장인과 함께 바바리안 양조장을 공동으로 운영하게 되었다.

아돌프 부쉬와 그의 아내 릴리 앤하이저 부쉬.

밀러 양조장을 만든 프레데릭 밀러는 1824년에 독일 남부의 라이드링겐의 중산층 가정에서 다섯 형제 중 막내로 태어났다. 밀러는 청소년 시기부터 양조장의 수습생으로 일하기 시작해 25살에 양조장의 감독관이 되었다. 서른 살이 되던 해 미국으로 이민을 떠나 밀워키에 정착하였다. 밀러는 밀워키 교외에 있는 플랭크 로드 양조장을 임대하여 운용하다가 나중에는 2,300달러에 양조장을 매입하게 되었는데 이 양조장은 밀러 밸리에 위치해 있어서 근처의 농장에서 생산된 원료를 쉽게 구할 수 있다는 장점이 있었다. 1855년 가을, 밀러는 독일에서 가져온 특별한 맥주 효모를 가지고 아메리카 맥주를 처음으로 생산하였다. 이 효모는 아직도 밀러 맥주의 일부 맥주를 만드는 데 사용하고 있다고 한다.

쿠어스 양조장은 1873년에 독일계 이민자인 아돌프 쿠어스와 프로이센에서 이민을 온 덴버의 제과 업자인 야콥 슈엘러가 콜로라도 주의 버려진 양조장을 사들여 발전시킨 양조장이다. 이 양조장은 체코 이민자인 윌리엄 실한으로부터 필스너 스타일의 맥주 제조 방법을 사들여 1874년에 처음으로 맥주를 생산하였다. 이 양조장에 쿠어스는 2,000달러, 슈엘러는 6,000달러를 투자하였는데, 1880년에 쿠어스가 슈엘러의 지분을 모두 사들여 혼자 경영하게 되었다. 이때부터 양조장의 이름에 쿠어스를 붙이게 되면서 양조장의 이름을 아돌프 쿠어스 골든 양조장으로 변경하였다.

아돌프 쿠어스는 1847년 프로이센 레니에 있는 바멘에서 태어났다. 1862년 쿠어스가 15살인 해에 어머니가 돌아가시면서 도르트문트로 이사하였는데 이때부터 근처 양조장에서 수습생으로 양조 지식을 쌓았다. 이후 미국으로 이민을 떠나기 전까지 독일의 카셀, 베를린, 울젠 등을 떠돌면서 양조장에서 일하였다. 1868년 쿠어스는 불법 밀항자로 미국으로 오게 된다. 처음 뉴욕에 도착한 이후로 시카고로 이동하였고, 이름도 'Kohrs'에서 'Coors'로 바꾸면서 양조장에서 일을 하였다. 시카고에서 다시 서쪽으로 이동하였고, 결국 덴버에서 골든 양조장을 사들이게 된 것이다.

🍺 ── 양조장의 발전

전쟁이 끝나고 세인트루이스로 돌아온 부쉬는 처가의 제조 사업을 이어받았다. 그는 장인의 파트너인 웹치의 지분까지 사들이고 회사 이름을 앤하이저-부쉬로 변경하였다. 이듬해 앤하이저가 사망하자 양조장은 완전히 부쉬의 소유가 되었다. 부쉬는 이때부터 맥주를 전국적으로 판매하겠다는 야심을 품게 된다. 과학적인 접근을 시도했으며 판매 전략을 다각화했다. 특히 버드와이저에 초점을 맞춘 단일 브랜드 마케팅으로 전국에서 팔리는 맥주를 만들었다. 부쉬는 버드와이저를 전국적으로 판매하기 위해서 철도 중간중간에 아이스 하우스를 만들었고 업계 최초로 냉장차를 도입했다. 또한 맥주를 더 오랫동안 신선하게 유지하기 위해 파스퇴르의 저온 살균 공법을 도입했다. 부쉬는 맥주를 효과적 생산하기 위해서는 생산 공정을 통합하는 것이 중요하다고 보고, 저온 살균과 냉장 기술 외에도 모든 공정에 필요한 요소를 구입했다. 부쉬는 병입 공장, 얼음 제조 공장, 저장 제조업체, 목재 제조업체, 석탄 광산, 냉장 업체를 구입했다. 심지어 그는 철도를 구입했고 세인트루이스의 '제조업자 철도 회사'의 사장이 되기도 하였다.

업계 최초로 도입한 앤하이저-부쉬의 냉동차

밀러는 1883년 병맥주를 도입하고 병맥주 짐마차를 가지고 도시를 돌며 맥주를 배달하기 시작하였다. 얼음 덩어리로 가득한 석회암 동굴에서 맥주를 발효시키던 밀러는 1887년에 기계적인 냉각 장치를 도입하면서 크게 발전하였다. 이러한 방식은 멀리 얼음 동굴로 이동할 필요 없이 양조장 근처에서 발효되어 양조 과정을 직접 제어할 수 있을 뿐만 아니라 연간 생산량도 크게 늘릴 수 있었다.

버드와이저 이야기

앤하이저-부쉬의 플래그쉽 맥주인 버드와이저는 1876년 부쉬와 그의 친구인 주류 수입업자 칼 콘래드가 유럽 여행 중 체코의 부데요비체라는 지방에서 마신 부데요비츠키 부드바르라는 맥주를 마신 경험을 토대로 만든 것이다. 여행에서 돌아온 후 부쉬는 이때의 영감을 바탕으로 유럽의 필스너 제조 방법을 연구하기 시작하였고, 보헤미안 스타일의 제조법에 따라 맥주를 개발하였다. 1882년 콘래드가 파산하자 부쉬는 이 맥주에 대한 권리를 모두 사들였고, 이 맥주가 지금의 버드와이저가 되었다. 부쉬는 1878년에 버드와이저를 미국 특허청에 상표로 등록하였지만, 1900년대에 들어 이를 알게 된 부데요비츠키 부드바르가 상표권에 대한 소송을 내게 되고 이것이 그 유명한 두 기업 간의 100년 상표 분쟁이 되었다.

🍺── 금주법 시대에서 살아남다

1920년에서 1933년까지의 미국은 금주법의 시대였다. 일명 '볼스테드 법'이라고 불리는 미국의 금주법은 인류 역사상 최대 규모의 대중 금주 운동이었다. 이 법은 미국과 모든 사법권이 미치는 영토에서 음료용 주류의 제조 뿐만 아니라 판매, 운송, 수입, 수출 모두를 금지했으므로 이 시절에 맥주를 제조하는 회사들은 다른 살길을 찾아야 했다. 앤하이저-부쉬는 맥주 효모나 맥아추출물, 아이스크림, 무알콜 음료는 물론이고 냉장 진열대까지 팔면서 이 시절을 이겨냈다. 금주법이 해제되자 이때 만든 설비와 부품들이 제품을 유통시키는 데 큰 역할을 했다.

밀러는 금주법의 시대에 소다나 유사 맥주, 몰트 시럽 등을 제조하여 적게나마 이익을 남겼고, 밀러 가족의 재산과 부동산 투자, 대출, 국채 등을 통해 겨우 살아남았다. 하지만 모든 양조장이 그런 것은 아니었다. 금주법이 끝났을 때 양조장 절반이 사라졌다고 한다.

쿠어스는 금주법이 시작되기 전에 미리 대비하여 이 기간을 잘 버텨낼 수 있었다. 쿠어스와 그의 아들들은 맥주 제조뿐만 아니라 도자기를 제조하거나 기타 벤처 정신이 강한 제품을 생산하는 회사를 설립했다. 쿠어스 양조장은 맥아 우유나 맥주와 유사한 음료를 생산하는 시설로 탈바꿈했는데, 쿠어스는 많은 양의 맥아 우유를 생산하여 마스라는 캔디 제조업체에 공급하였으며, 무알코올로 만든 마나는 현재의 무알코올 맥주의 원형에 가까웠다. 1933년이 되었을 때 쿠어스 맥주 또한 금주법에서 살아남은 양조장 중의 하나가 될 수 있었다.

금주법의 시대, 감독관이 보는 앞에서 하수구에 맥주를 버리고 있다.

아돌프 부쉬는 1906년 이후 계속 우울증에 시달리다 1913년 독일에서 휴가 중에 사망하였다. 그의 시신은 1915년에 미국으로 이송되어 기차를 타고 세인트루이스로 돌아왔다. 세인트루이스로 돌아왔을 때 거의 3만에 가까운 사람들이 그에게 조의를 표했다. 앤하이저-부쉬 양조장은 그의 아들인 어거스트 부쉬가 물려받아 경영했고, 2008년 벨기에와 브라질의 합작 회사인 인베브(InBev)에 매각되어 AB InBev가 되었다.

Photocredit ⓒ Pp391

세인트루이스에 있는 앤하이저-부쉬 양조장

프레데릭 밀러는 성공과 비극적인 삶을 살다가 1888년 63세의 일기로 사망하였다. 그는 두 번 결혼을 했는데 미국에 이민을 오기 전 독일에서 결혼한 아내와의 사이에서 낳은 일곱 명의 자식들은 밀러가 살아 있을 때 모두 죽었다. 미국에서 결혼한 두 번째 아내와 자식들이 그의 유산을 물려받고 양조장을 이어 나갔다. 밀러는 많은 돈을 밀워키 마케트 대학과 밀워키의 여러 자선단체에 남겼다. 밀러는 2002년 SAB와 통합되어 사브밀러가 되었다가, 다시 2008

년에 캐나다의 몰슨쿠어스와 합병하여 밀러쿠어스가 되었다.

밀워키에 있는 밀러 양조장

아돌프 쿠어스는 1929년 6층 호텔의 창문에서 뛰어내려 스스로 삶을 마감했다. 쿠어스 양조장은 덴버에서 서쪽으로 15마일 떨어진 곳에 생겨난 처음 그 자리에 아직도 남아 있다. 쿠어스는 2005년 캐나다의 맥주 제조 업체인 몰슨과 합병하여 몰슨쿠어스가 되었다. 2007년에는 사브밀러와 몰슨쿠어스가 합작하여 미국 내 판매를 목적으로 한 밀러쿠어스를 세웠다.

미국의 맥주들이 원래부터 맛이 안 나고 싱거운 건 아니었다. 미국의 양조 업자들은 처음에는 맥아를 수입해서 맥주를 만들었다. 하지만 비용을 절감하고 편리하게 만들 수 있는 재료를 찾다가 북미 대륙에서 흔히 자라나는 옥수수와 쌀에 관심을 가지기 시작했다. 그 결과 맥주의 색이 아주 옅어졌고 밍밍한 맛의 맥주가 탄생하게 된 것이다. 옥수수와 쌀은 재료 특유의 맛과 단맛, 고소한 맛이 살짝 나는데, 맥아의 풍미는 떨어지는 반면에 탄산감으로 인한 청량감이 있었다. 금주법 이전의 맥주는 적어도 지금의 페일 라거보다는 맛이 있었다고 한다. 금주법이 있었음에도 미국식 페일 라거가 살아남은 이유는 대형 맥주 회사들이 저렴한 부재료를 사용하여 빠르게 숙성시키고 이미 갖춰진 시설을 이용해 전국적으로 유통시키는 등 비용을 절감할 수 있었기 때문이다. 이렇게 미국식 라거는 빠르게 확산되어 미국 시장을 사로잡았고 전 세계를 지배하게 된 것이다.

꼭 알아 둬야 할
미국의 크래프트 맥주

20년 지기 친구의 가족들과 캠핑을 가서 대화를 하다가 친구의 아내가 '도대체 수제 맥주가 무엇이냐'고 물어왔다. 수제 맥주는 '작고 독립적이고 전통에 따라 만드는 맥주'라는 지나치게 원론적인 대답을 해주었지만 뭔가 석연치 않았다. 또 이런 일도 있었다. '맥주는 다 그게 그거'라며 저렴한 발포주만 마시던 후배 녀석이 카톡을 보내왔다. 마트에서 수제 맥주를 샀다며 사진 한 장을 보낸 것이다. 구스 아일랜드가 포함되어 있는 캔맥주 4개였는데 자세히 보니 모두 AB InBev의 맥주였다. AB InBev는 버드와이저로 유명한, 세계에서 가장 큰 맥주 기업으로 호가든, 레페, 벡스, 스텔라 아르투아, 코로나, 뢰벤브로이 그리고 오비맥주 등 세계적으로 널리 알려진 제품들을 많이 소유하고 있다. 그러고 보니 대기업 자본이 소유한 구스 아일랜드를 이제 크래프트 브루어리로 볼 수 있을까 궁금해졌다. 급하게 미국 양조장 협회의 멤버 디렉터리를 살펴보았다. 역시나 구스 아일랜드는 이제 크래프트 브루어리가 아닌 대형 브루어리로 분류되어 있었다. 그렇다면 크래프트 브루어리란 무엇일까?

참고

이제까지 브루어리라는 표현보다는 양조장이라는 표현을 사용했는데,

크래프트 브루어리는 어쩐지 양조장보다 브루어리가 어울린다. 이 장에서만큼은 양조장 대신 브루어리라는 표현을 쓰려고 한다.

🍺 — 크래프트 브루어리

크래프트 맥주는 크래프트 브루어리에서 생산한 맥주이다. 그럼 크래프트 브루어리는? 이번 글에서 다루고 있는 크래프트 브루어리는 미국의 것이다. 일본과 한국에서 정의하는 크래프트 브루어리는 전체적인 맥락은 비슷하지만 세부적인 요건이 약간 다르다. 미국은 브루어 협회(Brewers Association)에서, 일본은 주세법에서, 한국은 한국수제맥주협회에서 크래프트 브루어리를 정의하고 있다.

그런데 각국에서 크래프트 맥주를 부르는 말이 재미있다. 한국에서는 수제 맥주라고 부르고, 일본에서는 치비루(地ビール)라고 부른다. 한국에서는 오래전부터 크래프트 맥주를 가내수공업으로 만든다는 의미로 수제 맥주라 부른 것 같은데, 중세 시절에는 맥주를 가양주처럼 만들었을지 몰라도 이제는 크래프트 맥주라고 가내수공업으로 만들지는 않는다. 일본에서 부르는 치비루는 한자로 '땅 지(地)'와 일본에서 맥주를 부르는 말인 '비루(ビール)'가 합쳐진 말이다. 지역에서 만들어진 맥주라는 의미이다. 나중에 설명하겠지만 미국의 크래프트 브루어리는 마이크로 브루어리와 지역 브루어리로 분류하는데, 이렇게 보면 한국의 수제 맥주는 마이크로

BA의 크래프트 맥주 인증 마크
사진 출처: 미국 브루어 협회
(brewersassociation.org)

브루어리의 의미, 일본의 치비루는 지역 브루어리의 의미와 가깝다.

미국의 BA(Brewers Association)에서 정의하는 크래프트 브루어리는 한마디로 '작고 독립적이고 몇 가지 콘셉트를 가진' 양조장을 말한다. 작고 독립적이라는 것은 기준이 명확한 정량적에 해당하고, 몇 가지 콘셉트는 철학에 가까운 정성적인 것이다. 구체적으로 살펴보면 다음과 같다.

1) 작고(Small)

크래프트 브루어리는 연간 생산량이 600만 배럴 이하여야 한다.

Annual production of a 6 million barrels of beer or less.

600만 배럴은 미국 연간 생산량의 약 3% 정도에 해당하는 규모이다. 배럴이라는 단위가 생소할 수 있는데, 배럴은 미국에서 술을 담은 나무통에 세금을 매기면서 생겨난 단위이다. 특이하게도 무엇을 담느냐에 따라 부피가 다른데(맥주, 위스키, 석유 등), 발효주의 경우 1배럴에 117.34리터이다. 알기 쉽게 추산해보면 500ml 캔맥주가 235개 정도가 되는 셈이다. 600만 배럴은 약 70만 킬로리터이다. 나중에 언급하겠지만 이 양은 결코 적은 양이 아니다. 이렇게 기준 자체가 커진 이유는 보스턴 비어 컴퍼니 덕분이다.

2) 독립적이고(Independent)

크래프트 브루어리는 대기업 자본이 25% 이상을 소유해서는 안된다.

Less than 25 percent of the craft brewery is owned or controlled (or equivalent economic interest) by a beverage alcohol industry member.

대기업이라고 쉽게 번역했지만, 미국의 음료 및 알코올 회사를 말한다. 이 조건은 기존의 외부 자본이 크래프트 브루어리에 영향력을 행사하거나 컨트롤하여 크래프트 정신이 훼손되는 것을 막겠다는 의미로 해석된다. 그렇게 때문에 구스 아일랜드는 이제 크래프트 브루어리에서 대형 브루어리로 분류된 것이다.

3) 콘셉트를 가져야(Concept)

그밖의 크래프트 브루어리가 가져야 할 몇 가지 콘셉트가 있다. 이 콘셉트들은 다소 철학적이며 절대적인 규정이라고는 할 수 없다.

크래프트 브루어리는 역사적인 스타일을 재해석하여 새로운 스타일을 개발해야 한다. 혁신적이어야 한다.
크래프트 맥주는 전통적인 재료를 사용하되 독창성을 위하여 비 전통적인 재료를 사용할 수 있다.
크래프트 브루어리는 지역 사회와 소통해야 한다.
크래프트 브루어리는 독특하고 개성적인 방법으로 고객과 만나야 한다.
크래프트 브루어리는 비 크래프트 브루어리의 관심을 받지 않아야 한다.

미국 브루어리 협회의 기준에 의하면 크래프트 브루어리는 연간 생산량에 따라 마이크로 브루어리와 지역 브루어리로 나뉜다. 마이크로 브루어리는 연간 생산량이 15,000배럴 이하이고, 그 이상에서 600만 배럴까지는 지역 브루어리로 분류한다. 그보다 많은 양을 생산하면 대형 브루어리이다.

그럼 미국의 크래프트 맥주 시장의 규모는? 2018년 기준으로 미국의 맥주 판매량은 전년 대비 1% 줄었지만, 크래프트 맥주는 4% 증가하여 전체 맥주의 13.2%를 차지하였다. 매출 규모로 보면 미국 전체 맥주 시장이 1,142억 달러이고 크래프트 맥주 시장이 276억 달러로, 전체 맥주 시장의 24%를 차지한다. 미국의 크래프트 브루어리의 수는 2018년 기준으로 4,752개에 달한다. 그중 마이크로 브루어리가 4,522개, 지역 브루어리가 230개이다. 반면 대형 브루어리나 비 크래프트 브루어리의 개수는 104개이다.

양적으로 보나 질적으로 보나 미국의 크래프트 맥주 시장은 대단하다. 전 세계가 미국 크래프트 시장을 주목하고 있고, 그들의 스타일을 따라하고 있다. 맥주의 나라를 독일과 영국, 벨기에 정도로 알고 있었다면 이제 생각을 바꿔야 할지 모르겠다. 이런 미국의 크래프트 맥주 역사를 이야기할 때 빠지지 않는 4개의 브루어리가 있다. 크래프트 맥주의 개념을 정립시킨 브루어리도 있고, 최초의 크래프트 브루어리로 인정받기도 하였으며, 크래프트 브루어리로 먹고 살 수 있다는 가능성을 보여 주기도 하였다.

크래프트 맥주의 철학을 만든, 앵커 브루잉 컴퍼니
Anchor Brewing Company, 1965년

미국에서 메이택 세탁기로 유명한 가전제품 회사의 상속자인 프리츠 메이택은 1960년대 중반, 샌프란시스코의 스탠퍼드 대학에 다닐 때 동네의 브루어리에서 스팀 맥주라 불리는 라거 맥주를 자주 마셨다. 이 브루어리의 이름은 앵커 브루잉 컴퍼니. 1896년부터 존재해 왔던 유서 깊은 양조장이었다. 메이택이 이 라거 맥주를 마시던 시절은 앤하이저-부쉬와 같은 대기업 브루어리에서 생산된 가벼운 라거가 인기를 끌던 시절로, 지역의 브루어리는 사라지고 있었다. 앵커 브루잉도 어떻게든 이 시기를 이겨내 보려고 하였으나 결국에는 1965년에 문을 닫을 위기에 처했다.

자신이 자주 가던 양조장이 폐업한다는 소식을 들은 메이택은 이 브루어리를 사들이기로 마음먹었다. 앞서 언급했듯이 메이택은 미국에서 유명한 가전제품 회사 메이택 세탁기의 상속자였기 때문에 어느 정도의 재력은 가지고 있었다. 그는 당시 수천 달러에 달하는 브루어리 지분의 51퍼센트를 바로 사 들이고, 나중에는 브루어리를 아예 구입해 버렸다.

메이택이 브루어리를 구입했을 당시 본인은 맥주 양조에 관해서는 전혀 알지 못했다고 한다. 브루어리를 인수한 후 그가 처음으로 만든 맥주는 제대로 판매하기도 전에 부패하기도 했다. 메이택은 양조 과정과 제조법을 다시 배우고 고민 끝에 1971년에 병 형태의 앵커 스팀 맥주를 출시했는데 이 맥주가 크게 인기를 끌었다. 이후 앵커 브루잉의 맥주는 계속해서 성장하여 고객의 수요를 따라갈 수 없을 지경에 이르렀다. 이 상황에서 메이택은 경영자로서 외부 자본을 끌어 들여와 생산량을 늘릴 수도 있었지만, 그는 이런 식의 성장은 원하지 않았다. 양조장의 성장은 크기가 아니라 품질이어야 한다고 생각한 것이다. 크래프트 맥주의 정신은 바로 이런 것에서 출발했다.

대중들의 크래프트 맥주에 대한 갈증은 결국 다른 브루어리들이 하나둘씩 생겨나면서 해결되었다. 2010년 메이택은 미국의 수많은 크래프트 맥주 양조가들에게 영감을 주고 은퇴하였다. 이중에는 잭 맥컬리프의 뉴 알비온 브루잉도 있었고, 켄 그로스먼의 시에라 네바다 브루잉도 있다. 메이택의 앵커 브루잉을 크래프트 브루어리의 효시라고 할 수는 없겠지만, 분명 메이택은 크래프트 맥주의 중요한 정신을 만들어 냈다.

🍺 ─── 최초의 크래프트 브루어리가 된 뉴 알비온 브루잉 컴퍼니
New Albion Brewing Company, 1976년

메이택이 미국에서 양조장을 인수할 무렵, 훗날 미국 최초의 크래프트 브루어리를 설립한 젊은 잭 맥컬리프는 해병대에서 복무하고 있었다. 그는 스코틀랜드에 주둔하고 있으면서 틈틈이 지역의 맥주를 마셨는데 영국의 스타우트나 포터와 같은 맥주에 크게 감동하였다. 뿐만 아니라 그는 홈 브루잉 맥주 장비를 구입하여 맥주를 직접 만들고 동료 해군들과 나눠 마실 정도로 맥주 양조에도 관심이 많았다. 해병대와 대학을 졸업한 맥컬리프는 1971년부터 캘

리포니아에서 광학 엔지니어로 근무
하면서 자신의 브루어리를 갖겠다는
계획을 세웠다.

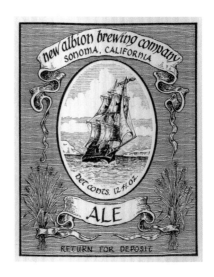

　처음에는 샌프란시스코의 중심에
브루어리를 짓고 바바리 코스트 브루
잉 컴퍼니라는 멋진 이름을 붙일 생
각이었지만, 샌프란시스코의 부동산
은 너무 비쌌고 투자자의 투자 금액
은 부족했다. 하는 수 없이 그는 직장
도 포기하고 샌프란시스코의 북쪽으
로 옮겨 소노마라는 작은 도시에 작은 브루어리를 세웠다. 소노마는 와인 밸
리로 유명한 도시였지만 부동산 비용이 저렴해, 오히려 맥주의 품질에만 집중
하기에 좋은 곳이라 생각했다. 맥컬리프는 1976년 10월 새로운 비즈니스 파
트너인 수지 스턴과 제인 짐머맨의 투자를 받아 함께 뉴 알비온 브루잉 컴퍼
니를 설립했다. 뉴 알비온이라는 이름은 영국의 탐험가인 프란시스 드레이크
가 캘리포니아의 해안에 도착했을 때 그 지역을 칭한 이름이었다.

　맥컬리프는 대단히 열악한 환경에서 양조장의 많은 시설을 직접 만들었
다. 발효조로 코카콜라의 시럽 통을 썼다는 것은 유명한 일화다. 빌린 건물이
원래 포도 농장의 창고로 만들어진 곳이었는데 많은 부분을 재활용하여 사용
했다. 그는 이렇게 대부분 수작업으로 페일 에일과 스타우트를 만들어 냈다.
하지만 워낙 규모가 작아서 재료의 수급이 만만치 않았다. 더욱이 생산량이 작
기 때문에 돈을 충분히 벌지도 못했다. 맥컬리프는 투자 유지에 나섰지만 그
에게 돈을 빌려주는 투자자는 없었다. 맥주는 잘 만들었는지 몰라도 사업력은
신통치 않았던 것 같다. 결국 그의 동료들이 먼저 떠났고, 결국 1982년, 6년간
의 경영을 뒤로하고 브루어리의 문을 닫았다. 그리고 맥컬리프는 크래프트 씬

에서 자취를 감추었다.

그럼에도 불구하고, 현대 미국의 크래프트 씬에서 뉴 알비온 브루잉의 위치는 매우 중요하다. 뉴 알비온 브루잉은 인근에 있는 앵커 브루잉의 영향을 받았지만, 이는 시에라 네바다 브루잉에게 대물림되었다. 맥컬리프는 켄 그로스먼의 양조장 설립에 조언을 주기도 하였고, 미국의 최대 크래프트 브루어리인 보스턴 비어 컴퍼니의 짐 코크는 맥컬리프에게 많은 영향을 받았다고 밝혔다. 또한 당시 페일 라거와 라이트 라거뿐이었던 미국의 맥주 시장에 페일 에일과 스타우트를 선보이고 가능성을 제시하기도 하였다. 페일 에일은 현재 미국 크래프트 맥주의 많은 부분을 차지하고 있으며, 시에라 네바다 브루잉의 시그니처 맥주이기도 하다.

시에라 네바다 브루잉의 켄 그로스먼은 2010년 설립 30주년을 축하하기 위해 잭 맥컬리프를 초청하여 잭앤켄 에일이라는 맥주를 선보였다. 그런가 하면 뉴 알비온 브루잉의 상표권을 사들인 보스턴 비어의 짐 코크는 2012년 맥컬리프를 초청하여 뉴 알비온 페일 에일을 부활시켰다. 크래프트 씬에서 영원히 자취를 감출 것 같은 맥컬리프를 불러내긴 했지만, 그는 더 이상의 활동은 원하지 않고 있다. 사라졌던 뉴 알비온 브루잉은 그의 딸인 르네 델루카의 손에서 회사 이름만 이어지고 있다.

🍺 ── 크래프트 브루어리로 '야! 너도 할 수 있어'를 보여준, 시에라 네바다 브루잉 컴퍼니

Sierra Nevada Brewing Company, 1980년

미국에서 3번째로 큰 크래프트 브루어리, 미국에서 10번째로 큰 브루어리, 직원 수 1,075명, 연간 생산

량 125만 배럴. 이 모든 수치가 지금부터 약 40년 전에 태어난 하나의 크래프트 브루어리가 이룬 성과이다.

　캘리포니아 치코에 있는 시에라 네바다 브루잉 컴퍼니는 1980년에 설립되었다. 설립자 켄 그로스먼은 원래 남캘리포니아에서 자전거 수리를 취미 삼아 유년기를 보낸 인물이었다. 그는 종종 친구들과 함께 시에라 네바다 산맥에서 자전거를 타거나 하이킹을 하면서 보냈는데, 그곳이 너무 마음에 들어 치코에 자전거포를 열고 정착해 버렸다. 어릴 때 이미 맥주 양조를 시도해 볼 정도로 관심이 대단했던 그는 이곳에서 앵커 브루잉의 프리츠 메이택을 만나고, 뉴 알비온 브루잉의 잭 맥컬리프로부터 조언을 들으면서 자신의 브루어리를 만들어 갔다.

　그로스먼은 친구인 폴 카무시와 함께 가족으로부터 5만 달러의 자금을 빌리고 치코의 한 낡은 창고에서 버려진 낙농 장비를 조립해 작은 양조장을 설립하였다. 첫 번째 양조는 1980년 11월이었고 그해 페일 에일을 만들어 약 500배럴을 팔았다. 다음 해에는 IPA와 겨울 한정 맥주를 추가로 만들고 전년도의 두 배 정도를 팔았다. 마이크로 브루어리치고는 괜찮은 출발이었다.

Photocredit ⓒ The ed17

1980년대 중반, 캘리포니아 주립 대학의 학생들 사이에서 시에라 네바다 맥주가 인기를 끌기 시작하더니, 샌프란시스코 크로니클이라는 일요일 매거진에 시에라 네바다 맥주가 실리면서 널리 알려지게 되었다. 슈퍼마켓에서도 시에라 네바다 맥주를 찾는 사람들이 늘어났고, 체즈 판니스라는 유명 레스토랑에서 팔리는 맥주가 되기도 하였다. 1987년에는 캘리포니아뿐만 아니라 7개의 주까지 판매를 시작하였고, 이때 처음으로 생산량이 만 배럴을 넘어섰다. 1989년에는 3만 배럴, 1993년에는 10만 배럴, 1996년에는 26만 배럴, 그 후로도 생산량은 계속해서 증가했다. 시에라 네바다 브루잉은 현재까지도 승승장구 중이며 2013년에는 맥주 총생산량이 무려 1억 배럴을 넘었다.

공동창업자인 폴 카무시는 1988년에 은퇴하고 모든 지분을 그로스먼에게 넘겼고, 그로스먼은 아직도 본인 소유의 지분을 외부 기업에 넘기지 않고 있다. 지금은 그로스먼의 아들인 브라이언이 경영에 참여하고 있다. 2015년 그로스먼은 억만장자 대열에 합류했다. 시에라 네바다 페일 에일은 한국의 마트에서 비교적 쉽게 볼 수 있는 미국 크래프트 맥주이다. 어디 한국뿐일까? 시

Photocredit ⓒ Davide D'Amico

에라 네바다 브루잉은 한마디로 크래프트 맥주를 팔아서 큰 돈을 벌 수 있음을 보여준 최초의 사례이다. 1980년 중반 미국에서는 갑자기 수많은 크래프트 브루어리가 등장했는데, 이중 1988년에만 56개의 크래프트 브루어리가 등장해 이를 1988 세대라고 하며 미국 크래프트 맥주의 전성기가 시작되었다. 이런 크래프트 브루어리들에게 시에라 네바다 브루잉의 성공은 '야! 너도 할 수 있어!'를 직접 보여준 사례인 것이다.

크래프트 브루어리로 처음으로 억만장자가 된, 보스턴 비어 컴퍼니
Boston Beer Company, 1984년

앞서 크래프트 브루어리의 조건으로 연간 600만 배럴 이하를 생산해야 한다고 했다. 그런데 600만 배럴은 어느 정도의 양일까? 우리나라에서 생산된 맥주량과 비교해 보면 쉽게 알 수 있다. 600만 배럴이면 약 70만 킬로리터쯤 된다. 한국조세재정연구원에서 발간한 '주요국의 주세율 과세제도 비교연구'에 따르면 2017년 우리나라에서 출하된 맥주량이 196만 킬로리터라고 한

Photocredit ⓒ Aneil Lutchman

다. 미국의 크래프트 브루어리는 한국의 전체 생산량의 1/3 정도를 생산할 수 있다는 말이 되는데, 그렇다면 아무리 규모의 미국이라지만 크래프트 브루어리의 기준을 너무 크게 잡은 것 같다는 생각이 든다. 그런데 처음부터 기준이 600만 배럴은 아니었다. 처음에는 200만 배럴이었는데, 이 기준을 높여 버린 이유는 크래프트 씬에서 이미 규모가 커져버린 브루어리가 있었기 때문이다. 크래프트 브루어리의 기준까지 바꿔 버린 브루어리, 보스턴 비어 컴퍼니이다.

앞서 시에라 네바다 브루잉의 켄 그로스먼이 억만장자 대열에 올랐다고 했는데, 이보다 앞서 억만장자가 된 사나이가 있었다. 바로 보스턴 비어의 짐 코크이다. 보스턴 비어는 미국에서 2번째로 큰 크래프트 양조장이며 미국의 모든 양조장을 합해도 9번째로 큰 규모이다. 2014년 기준으로 직원 수가 1,325명에 달하며, 맥주의 연간 생산량이 무려 430만 배럴이다(한국의 연간 전체 생산량의 1/4 수준).

이 모든 것을 이끈 남자는 맥주의 천재라기보단 하버드를 졸업한 경영의 천재 짐 코크이다. 코크는 하버드 대학에서 의학, 경영학, 문학 학위를 딴 엘리트였다. 대학을 졸업하고 보스턴 컨설팅 그룹에서 컨설턴트로 일하던 그는

Photocredit ⓒ Congressman Richard Neal

오른쪽이 짐 코크

1984년에 돌연 보스턴 비어를 설립하고 이듬해에 사무엘 아담스 보스턴 라거라는 맥주를 생산하였다. 코크는 이 맥주를 집안 대대로 내려오는 레시피에 따라 만들었다고 한다. 코크의 할아버지 대까지는 맥주를 생산하는 양조장을 가지고 있었지만 금주법의 시대에 문을 닫았는데, 이때부터 사라져 다락방에 보관되어 있던 오래된 레시피를 복원하여 만든 것이 사무엘 아담스 보스턴 라거이다.

코크를 경영의 천재라 하는 것은 여러 가지 이유가 있지만, 그중 짧은 기간에 훌륭한 경영수완으로 사무엘 아담스를 성공시킨 것을 꼽을 수 있다. 우선 그는 사라졌던 고조할아버지의 옛 레시피를 복원하여 이 맥주를 만들었다. 물론 이 레시피가 실제로 집안 대대로 내려오는 레시피일 수도, 아닐 수도 있지만 이것이 본질이 아니다. 중요한 건 이것을 TV 광고를 통해 멋지게 활용했다는 점이다. 그는 이 새로운 맥주가 크래프트 양조장에서 갑자기 만들어진 맥주가 아니며, 집안 대대로 내려오는 레시피에 따라 만들어진 '전통이 있는 맥주'임을 강조하여 새로운 맥주에 대한 거부감을 없애고 신뢰를 주었다. 다음은 맥주 이름이다. 사무엘 아담스는 존 아담스 대통령의 조카이며 미국의 독립선언문에 참여했던, 바로 보스턴에서 태어난 인물이다. 밋밋한 대기업 페일 라거에 지친 미국인에게 맥주 독립을 선언하는 듯한 느낌마저 드는데, 미국 독립의 상징적인 도시인 보스턴을 연결하여 애국심과도 결부시킨 것이다. 초기의 맥주는 보스턴에서 생산하지 않았다. 초기에는 집시 양조로 맥주의 레시피만을 제공하고, 맥주는 피츠버그 브루잉 컴퍼니에서 제조되었어도 이름으로 보스턴과의 연계성을 강조한 것이다.

코크는 애국심으로 똘똘 뭉친 이 맥주를 미국 독립 전쟁의 첫 번째 전투를 기념하는 날인 패트리어트 데이에서 공개했다. 매사추세츠 주와 메인 주에서는 해마다 4월 19일을 애국자의 날로 정하여 각종 행사를 벌이는데 보스턴 마라톤 대회도 그중 하나이다. 바로 이날 맥주를 공개한 것이다. 또한 6주 후에는 그레이트 아메리칸 맥주 페스티벌에 참가하여 소비자 선호도 조사 1위를 차지하였다(여기에는 여러 가지 뒷말이 무성하기도 하다).

사무엘 아담스는 초기부터 매우 성공적이어서 출시 2년 만에 판매량이 3만 5천 배럴을 넘었다. 출발부터 남다른 결과였고 그 이후에도 승승장구했다. 이제는 연간 430만 배럴을 생산하고 있다. 회사의 대부분의 주식을 가진 짐 코크는 크래프트 브루어리 중에서 가장 먼저 억만장자가 되었다. 2019년에는 미국에서 13번째로 큰 크래프트 브루어리인 도그피쉬 헤드 브루어리를 3억 달러에 인수하기도 했다. 보스턴 비어의 성장을 달갑지 않게 보는 시선도 있다. 크래프트 브루어리의 기준까지 바꾸어 가면서까지 이 브루어리를 크래프트 씬에 남겨 두어야 하냐는 불만의 목소리도 있다. 하지만 시에라 네바다 브루잉과 함께 미국의 동과 서에서 1세대 크래프트 브루어리를 이끈 공로는 인정할 수밖에 없을 것 같다.

한국 맥주의 슬픈 과거, 일본 맥주

일본말로 '토리아에즈 비루 구다사이 とりあえず、ビール下さい'라는 말이 있다. 우리말로 번역하면 '일단 맥주 주세요'가 된다. 어느 맥주 회사의 맥주 광고에서 유행한 말이지만, 많은 일본인들이 식당에서 음식을 주문하기 전 '토리아에즈 비루 구다사이'를 외치고 천천히 메뉴를 살펴보곤 한다. 물론 모두가 그렇다고는 할 순 없다. 요즘은 젊은 세대 사이에서 맥주보다 하이볼이나 홋피(소주와 함께 섞어 마시는 무알코올 음료)를 더 즐겨 마시기도 한다. 하지만 내가 일본의 맥주 문화를 생각하면 왠지 떠오르는 말이 이것이다.

일본 맥주의 역사는 홋카이도에 지금의 삿포로맥주가 설립된 1877년 이후 거의 150년이나 되었다. 일본과 맥주의 만남은 맥주회사의 설립이 아닌 일본인들이 맥주를 받아들인 역사를 따져 보면 더욱 오래되었다. 처음으로 외국 선박이 입항한 1613년 배에 실은 물건 중에 맥주가 있었다고 전해지기 때문이다. 삿포로 맥주가 설립된 이후 짧은 기간에 우후죽순으로 맥주 회사들이 생겨났다. 지금의 아사히맥주, 기린맥주, 산토리, 오리온맥주가 차례대로 생겨나 현재 일본에는 5개의 대기업 맥주가 있다. 그동안 일본 맥주의 150년 역사에는 대단히 많은 일이 있었다. 외국인에 의해 처음으로 시작된 일본 맥주는 일본 개방의 시기에 새로운 문화를 주도하기도 했으며, 전쟁 기간에는 맥주의 배급제와 맥주 원료 부족으로 혼란스럽기도 했고, 전쟁이 끝난 후에는 맥주 회사 간에 치열한 전쟁을 치르기도 했다. 이 모든 과정이 나에겐 상당히 흥미로웠다. 그리고 한국 맥주를 제대로 알기 위해서는 먼저 일본 맥주를 배우는 것이 필요하다. 그래서 일본 맥주의 통사를 정리해 보기로 했다.

읽기 전에

일본 맥주 편에서는 맥주회사와 맥주를 구분하기 위해 회사명은 모두 붙여쓰기를, 맥주명은 띄어쓰기를 사용하였다. 가령, '삿포로맥주'는 회사의 이름이고, '삿포로 맥주'는 맥주의 이름이다.

🍺 ── 일본 맥주의 시작

일본 최초의 맥주 양조장은 1869년 독일 출신의 양조가 비간트가 세운 '재팬 요코하마 양조장'이다. 1년 후에는 노르웨이 출신의 미국인 윌리엄 코플랜드가 요코하마의 외국인 거류지에 '스프링 밸리 양조장'을 개설하였다. 이 두 양조장은 모두 요코하마에 있었는데, 같은 도시에서 발생하는 판매 경쟁을 피하기 위해 서로 합병하여 '코플랜드 앤 비간트 상회'가 세웠졌다. 하지만 공동 경영의 문제가 불거져 결국에는 스프링 밸리 양조장으로 남게 되었다. 이 양조장이 바로 기린맥주의 전신이 된다. 여담이지만, 2012년에 기린맥주의 사내 벤처로 도쿄에 작은 크래프트 브루어리가 설

1870년 설립 당시의 스프링 밸리 양조장
사진 출처: 기린 역사 박물관
(kirin.co.jp/entertainment/museum/history)

립되었다. 이 브루어리의 이름이 스프링 밸리 브루어리이다. 일본 최초의 양조장이긴 하지만 일본인이 세운 최초의 양조장은 아니었다. 일본인에 의해 기린맥주가 설립된 것은 1907년의 일이다.

　1876년, 홋카이도에는 삿포로맥주의 전신인 '개척사맥주양주소'가 설립되었다. 이것이 바로 일본인이 세운 최초의 양조장이다. 당시의 홋카이도는 개발이 되지 않은 황무지였다. 1869년 메이지 신정부는 러시아의 남하 정책을 견제하기 위해 홋카이도에 '홋카이도 개척사'를 설치하고, 일본인을 강제로 혹은 자발적으로 이주시키고 아이누 민족이 살던 땅을 '홋카이도'라 부르며 그들을 지배하기 시작하였다. 그리고 이곳에 신사업 육성을 위해 30종 이상의 관영 공장을 설치하였는데 그중 하나가 맥주 양조장이었다. 홋카이도는 맥아 보리를 자생적으로 재배할 수 있어 원료를 자급자족할 수 있었고, 맥주를 저온에서 발효시키기 위해 필요한 얼음이 있었으며, 전체적인 기후와 풍토가 유럽의 맥주 벨트[1]와 비슷하였

다. 양조장이 설립된 이듬해인 1877년, 독일식 맥주를 생산하고 병의 라벨에는 홋카이도의 북진 깃발에 있는 붉은 별을 넣었는데, 이것이 바로 일본인이 최초로 만든 맥주, '삿포로 라거'다. 사람들은 이 맥주를 '아카'라는 애칭으로 불렀는데, 아카는 일본어로 빨간색을 의미한다.

1836년의 맥주 라벨. 붉은 별이 그려져 있다. 사진 출처: 삿포로 맥주 홈페이지 (sapporobeer.jp/company/history)

---

1 아일랜드, 영국, 독일, 벨기에 등 유럽의 맥주 생산 국가가 위치한 지역을 일컫는 말

🦬 ── 대기업 맥주회사의 설립

1885년부터 1889년은 현재 우리가 알고 있는 많은 일본 대기업 맥주회사들이 설립된 시기이다. 1885년에는 미츠비시 기업의 2대 총수인 이와사키가 스프링 밸리 양조장을 인수하여 기린맥주의 전신인 '재팬브루어리'를 설립하였다. 1887년에는 홋카이도의 개척사맥주양조장이 민영화되어 삿포로맥주의 전신인 '삿포로맥주주식회사'가 설립되었고, 같은 해 도쿄에서는 에비스맥주의 전신인 '일본맥주양조회사'가 설립되었다. 1889년에는 서일본에서도 맥주 수요가 늘어나 아사히맥주의 전신인 '오사카맥주회사'가 설립되었다. 모두 풍부한 자금력을 가진 대기업 맥주 회사였다. 1888년부터 1892년 사이에는 각 회사의 대표 맥주가 발매되었다. 재팬브루어리는 1888년에 '기린 맥주'를, 발매하였다. 일본맥주양조회사는 1890년에 '에비스 맥주'를, 오사카맥주회사는 1892년에 '아사히 맥주'를 차례차례 발매하였다. 모두 독일식 맥주였다. 독일식 맥주는 라거 계열의 맥주로 냉동기가 필요했으므로 상대적으로 자본력이 있는 대기업 맥주회사들이 만들 수 있었고, 자금력이 부족한 중소 양조장에서는 주로 영국식 맥주를 만들었다. 당시의 일본인들은 쓴맛이 강한 영국식 맥주보다는 상대적으로 가벼운 독일식 맥주를 선호했다고 한다. 그래서 품질 좋은 독일식 맥주를 만든 대기업 맥주회사들은 점점 성장해 갔고, 중소 규모의 맥주회사들은 점차 사라질 수밖에 없었다. 게다가 1901년부터는 맥주에 세금을 부과했으니, 여러모로 자본력이 부족한 중소 양조장에게는 큰 타격이 아닐 수 없었다.

1890년 에비스 맥주 양조장의 모습
사진 출처: 삿포로 맥주 홈페이지
(sapporobeer.jp/company/history)

⊗ —— 맥주 산업의 발달

1800년대 후반부터 서서히 자리 잡기 시작한 대기업 맥주회사들은 전쟁으로 인해 맥주가 통제되기 시작한 1939년 전까지 최대의 호황을 맞았다. 맥주세 도입으로 카운트 펀치를 맞은 중소 양조장들이 잇달아 폐업하면서 대기업 맥주회사들의 독주 체제가 이어졌다. 또한 이 시기 일본의 근대화와 도시화가 시작되면서 맥주도 빠르게 성장하였다. 일본의 전국에 철도망이 깔리면서 지방까지 고루고루, 맥주가 안정적으로 보급될 수 있었다. 그리고 도시로의 대규모 인구 유입으로 인해 도시 문화가 발달하였고, 도시인들은 맥주를 라이프 스타일의 하나로 받아들였다. 특히 도시에서는 비어홀이 탄생하여 퇴근 후 맥주를 마시는 직장인들이 늘어났다. 신문과 포스터에서는 매일같이 다양한 맥주 광고가 게재되었다. 일본 도쿄에는 1899년에 오픈한 일본 최초의 비어홀인 '긴자 라이온'이 아직도 성업 중이다.

대기업 맥주의 시대를 굳건히 한 건 아무래도 세 개의 맥주회사가 합병된

1913년 사쿠라 맥주 포스터와 1926년 기린 맥주 포스터
사진 출처: 기린 역사 박물관(kirin.co.jp/entertainment/museum/history)

사건이었다. 1906년 오사카맥주회사와 일본맥주양조회사, 그리고 삿포로맥주회사가 합병하여 '대일본맥주주식회사'가 세워졌다. 이 합병을 주도한 인물은 일본 맥주의 왕이라고 불렸던 마코시 쿄헤이였다. 쿄헤이는 이벤트와 광고, 프로모션 등 판매 전략의 귀재라 불렸다. 쿄헤이는 일본 내각에 '국내의 과다 경쟁을 배제하고, 수출을 촉진하며, 자본의 집중을 도모하기 위해 합병이 필요하다'고 역설해 이 합병을 이끌어 냈다. 이 세 개의 회사를 합치면 점유율이 무려 70% 정도가 되었다. 나머지는 기린 맥주가 힘겹게 대항하고 있었다. 대일본맥주주식회사는 2차 세계 대전이 끝나고 통제된 맥주 정책이 풀린 1949년까지 독과점 형태를 이어갔다.

🍺── 전쟁에 막힌 맥주 산업

1937년에 일본의 대륙 침략으로 발발한 중일전쟁과 제2차 세계대전 중에는 맥주 산업이 통제되었다. 맥주 생산량은 1939년에 최고를 찍었지만 이후 점점 감소하였다. 전시 체제 하에서 물자가 부족해지자 일본 정부는 모든 물건을 배급제로 돌렸는데, 맥주도 마찬가지였다. 또한 물건 가격을 통제하는 정책 아래 맥주의 가격도 동결된데다 1940년에 맥주를 배급하기 시작하면서 맥주는 업무용, 가정용, 특수용으로 구분되어 각 용도별로 배급될 수 있는 양이 정해져 있었다. 1943년에는 아예 맥주 회사의 브랜드를 없앴다. 즉, 맥주의 라벨에 삿포로 맥주, 에비스 맥주처럼 브랜드명을 쓰지 못하게 하고 그냥 '맥주'라고만 쓰고 맥주의 용도와 맥주 회사 이름만 허용했던 것이다. 이러한 맥주의 통제는 전쟁이 끝나고 연합군이 주둔하고 있을 때에도 계속되었다. 전쟁이 끝나고 맥주는 다시 생산되었지만 생산량이 이전처럼 회복되지는 않고, 그마저 일본에 주둔한 연합군에 공급되었다. 1949년이 되어서야 맥주의 자유 판매가 재개될 수 있었다.

1936년 대일본맥주주식회사의 맥주 라벨
사진 출처: 삿포로맥주 홈페이지
(sapporobeer.jp/company/history)

1943년, 브랜드명이 없고 용도별로 있는
맥주 라벨
사진 출처: 기린 역사 박물관
(kirin.co.jp/entertainment/museu
m/history)

🐚 —— 일본 맥주의 부활

1949년 맥주의 자유 판매가 재개된 이후 가장 먼저 발생한 이슈는 대일본맥주주식회사가 '일본맥주주식회사'와 '아사히맥주주식회사'로 분할된 일이다. 일본맥주주식회사는 삿포로 맥주와 에비스 맥주의 브랜드를 이어받고 도쿄를 중심으로 홋카이도부터 나고야까지의 동일본을 영업 지점으로 삼았다. 아사히맥주주식회사는 오사카맥주회사를 이어받아 오사카를 중심으로 서일본을 영업 지점으로 삼았다. 분할된 시점의 시장점유율은 일본맥주주식회사(이하 삿포로맥주)가 38.7%, 아사히맥주주식회사(이하 아사히맥주)가 36.1%, 기린맥주주식회사(이하 기린맥주)가 25.3%였다.

일본 맥주는 한동안 3강 체제를 유지하였다. 이 세 개의 맥주회사는 공교롭게도 1953년에 거의 동일한 점유율 33%를 차지하였다. 같은 조건에서 시작한 이때부터가 진정한 경쟁의 시작이 아닐까 싶다. 결과적으로 기린맥주는 1970년대와 1980년대 초반까지 60% 이상의 고공 행진을 이어가다가 아사히맥주가 '아사히 슈퍼 드라이'를 발매한 이후 2000년대에는 줄곧 1위 자리를 아사히에 내어 주었다. 아사히맥주는 한때 삿포로맥주에 추월당하고 신생기업인 산토리에게도 뒤처질 위기에 쳐했으나 1987년에 발매한 아사히 슈퍼 드라이의 히트로 현재 근소하게 기린맥주를 앞서고 있다. 삿포로맥주는 서서히 점

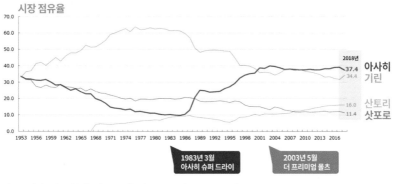

일본 시장 맥주회사 점유율 추이 1953 년 ~ 2018 년

유율이 감소하다가 이제는 산토리에게도 따라 잡힌 형국이 되었다.

🍺── 맥주 신생기업의 합류

1957년에는 오키나와에서 '오키나와맥주회사'가 설립되었다. 줄곧 일본 본토의 맥주와 미국 본토의 맥주를 마시던 오키나와에서 오키나와 재건 사업의 일환으로 맥주 회사를 설립한 것이다. 그리고 2년 후인 1959년 '오리온 맥주'를 발매하였고 맥주회사 이름도 '오리온맥주주식회사'로 변경하였다. 오리온 맥주는 일본 전체를 보면 점유율이 1%도 되지 않지만 오키나와 섬에서는 지금도 50% 정도를 차지하고 있다.

1959년 발매 당시의 오리온 맥주
사진 출처: 오리온맥주 홈페이지
(orionbeer.co.jp)

1899년 '신지로 토리이'가 자신의 이름을 따서 만든 위스키 생산 업체 '산토리'는 1963년에 맥주 산업에 진출하여 '산토리 맥주'를 발매하였다. 사실 산토리가 맥주 산업에 진출한 건 이때가 처음은 아니었다. 1928년에 가나가와 현에 있는 '캐스케이드 맥주'를 인수해 맥주를 생산하고 저가 경쟁을 펼쳤지만, 기존 대기업의 압박과 견제로 1934년 맥주 사업에서 철수한 적이 있었다. 산토리는 1967년에 열처리를 하지 않고 효모를 제거한 생맥주를 발매하였는데, 이것이 아사히의 열처리를 하지 않고 효모가 살아 있는 맥주와 생맥주 분쟁을 불러일으켰다. 산토리는 드라이 맥주 전쟁이 한창일 때 맥아 100%의 맥주를 주력으로 삼았다. 2003년에 발매한 '더 프리미엄 몰츠'는 1980년에 발매한 '몰츠'를 업그레이드한 맥주였는데 이것이 크게 히트했고 현재 산토리의 시그니처 맥주가 되었다. 산토리는 1994년에 'HOP'S 生'이라는 발포주를 만들어, 일본 내에서 발포주 시장을 재점화시키기도 하였다. 산토

Photocredit ⓒ the crypt

리는 아무래도 맥주 후발 기업이다보니 혁신적인 제품과 다른 맥주와의 차별화에 신경쓸 수밖에 없었다. 산토리는 1990년대 중반부터 점유율이 꾸준히 올라 2000년대 후반부터는 삿포로 맥주를 제치고 일본 내 맥주 점유율 3위에 오르게 되었다.

일본을 대표하는 맥주는 언제쯤 발매된 것일까? 중간중간 언급은 했지만 조금 더 알기 쉽게 정리해 보면, 현재 일본 내 점유율 1위인 아사히 맥주는 1987년에 일본 최초로 드라이 맥주로 발매되었다. 1990년에는 기린맥주에서 '기린 이치방 시보리'를 발매하였다. 산토리는 1989년에 한정품으로 만든 '몰츠 슈퍼 프리미엄'을 리뉴얼하여 2003년에 '더 프리미엄 몰츠'를 발매하였다. 삿포로맥주의 대표 제품인 에비스 맥주는 1943년에 생산이 중단된 이후 28년 만인 1971년에 부활하였고, '삿포로 블랙 라벨'은 1977년에 발매되었다.

일본맥주에는 침략의 역사가 서려있다. 삿포로맥주는 대대로 아이누족이 살던 홋카이도를 침략하여 만들었다. 기린맥주는 일본의 침략 전쟁 중 전쟁 물자를 공급한 미츠비시 기업이 만든 것이고, 아사히맥주는 중국을 침략하여 그들의 맥주 회사를 빼앗기도 하였다. 이러한 침략의 역사는 한국 맥주와도 무관하지 않다. 1876년 한국을 침략하여 강제로 체결한 강화도 조약 이후 한반도에 일본 맥주가 등장했다. 처음 삿포로 맥주를 수입한 후, 일본인들은 그들이 마실 맥주를 일본에서 직접 수입하였고 에비스 맥주, 기린 맥주들이 연달아 들어왔다. 그러다 대일본맥주가 영등포에 하이트맥주의 전신인 조선 맥주

주식회사를, 기린맥주가 오비맥주의 전신인 소화기린맥주를 세웠다. 이러한 이유 때문에 오랫동안 한국의 맥주는 일본의 영향을 받았고, 일본 맥주가 한국에서 크게 인기를 끌었던 것이다.

일본에 있었던
네 번의 맥주 다툼

일본에는 다양한 맥주가 존재한다. 우선 대기업 맥주가 주도하는 페일 라거가 있고, 에비스와 더 프리미엄 몰츠로 대표되는 프리미엄 라거가 있다. 대기업은 드라이 맥주라는 새로운 맥주 제조법을 유행시켰고, 최근에는 발포주와 신장르라 하는 제3의 맥주가 선전 중이다. 일본에서 크래프트 맥주는 지역성을 띤 맥주라 하여 치비루(地ビール)라고 부르고 있다. 크래프트 맥주 시장에는 대기업들도 뛰어들고 있다. 일본 맥주의 통사에 이어 이번 장에는 생맥주 분쟁, 드라이 논쟁, 발포주 경쟁, 크래프트 맥주 전쟁의 관점에서 일본 맥주의 역사를 풀어보려고 한다.

생맥주 분쟁

일본에서는 열처리를 하지 않은 맥주를 생맥주라고 정의하고 있다. 맥주에 열처리를 하는 이유는 발효 후 남아 있는 효모를 제거하여 병 안에 맥주를 담은 후에 효모가 더 이상 활동을 하지 않도록 막기 위해서이다. 열처리는 보통 효모를 완전히 죽이기보단 100도 이하의 온도로 살짝 가열하여 해가 없을 정도까지 감소시키는 저온살균법을 사용한다. 이 저온살균법은 영어로 '파스퇴리제이션(Pasteurization)'이라고 하는데 파스퇴르가 발명한 방법이기 때문이다.

생맥주는 효모가 살아 있기 때문에 냉장고에 보관해도 유통기간이 짧고 양조장 근처에서나 마실 수 있는 맥주였다. 하지만 1967년 산토리맥주가 열처리를 하는 대신 마이크로 필터로 효모를 제거한 '순생(純生)' 맥주를 발매하고 이를 생맥주라 지칭하면서 생맥주 분쟁이 발생하였다. 이에 1968년 아사히맥주는 열처리를 하지 않고 효모가 살아 있는 생맥주인 '본생(本生)'을 발매하여 공장 근처에서만 판매하였다. 둘 다 열처리를 하지 않는다는 공통점이 있으나 효모의 존재 유무에서 차이가 있다. 생맥주 분쟁이란 바로 이 지점에 있다. '열처리를 하지 않으면 생맥주이다'라는 산토리맥주의 주장과 '효모를 제거한 맥주는 생맥주가 아니다'라는 아사히맥주의 주장이 대립한 것이 생맥주 분쟁이다. 결국 이 분쟁은 1979년 공정거래위원회가 산토리맥주의 손을 들어주면서 끝이 났다. 즉 열처리를 하지 않는 맥주는 모두 생맥주라는 것이다. 요즘에 우리가 마시는 대부분의 생맥주는 효모가 살아 있지 않다.

참고로, 산토리의 순생(純生)과 아사히의 본생(本生)처럼 일본에서 생맥주를 지칭할 때는 한자로 '생(生)' 자를 쓴다. 이것을 일본어로 읽으면 '나마'가 되어서, 일본에서 생맥주를 '나마비루'라고 부른다.

♨️ —— 드라이 논쟁

우선 알아두어야 할 것은 '드라이'라는 단어의 실체이다. 드라이는 맥주 스타일이 아니다. 정확한 실체가 있는 것도 아니고, 하나의 유행일 뿐이었다. 1987년에 발매한 아사히 슈퍼 드라이가 공전의 히트를 치면서 드라이라는 단어는 하나의 신조어가 되었고 유행이 되었다. 8~90년대 이현세의 야성미를 강조한 오비 맥주 광고나 신사적 이미지의 배우 노주현이 나온 크라운 맥주 광고를 기억하는가? 이 광고에 나오는 두 맥주 모두 이름에 '드라이'가 들어

가는 맥주였다. 이처럼 드라이 맥주는 한때 일본뿐만 아니라 한국에서도 크게 인기를 끌었다. 그렇다면 대체 드라이 맥주는 무엇일까? 제일 먼저 떠오를 법한 아사히 슈퍼 드라이는 맥아 비율을 낮추고 옥수수와 같은 부가물의 비중을 높인 맥주다. 맥아의 풍미와 진한 맛은 없으나 대신 목 넘김이 좋고 감칠맛이 난다. 한마디로 밋밋하고 싱거운 맥주이다. 하지만 음식과 함께 먹을 때에는 부담스러운 풍미보다 드라이한 맛이 나을 수 있다. 아무튼 아사히맥주의 드라이 맥주는 다른 맥주 업체도 드라이 맥주 열풍에 뛰어들게 했다. 기린맥주는 '기린 드라이'를, 삿포로맥주는 '삿포로 드라이'를, 산토리는 '산토리 드라이'를 발매했다. 이 모든 것이 1988년 한 해에 이루어졌다. 그러나 아사히 슈퍼 드라이의 인기를 따라갈 순 없었다. 아사히는 한때 뒤쳐져 있던 시장점유율을 빠르게 회복하여, 2000년 이후에는 기린을 제치고 일본 내 점유율 1위가 되었다. 하지만 드라이 맥주는 맥주가 맥주를 잡아먹는 카니발리즘 같은 것이었다. 전체 시장의 파이는 커지지 않으면서, 다른 맥주의 수요는 점차 감소하게 되었다. 한편 아사히맥주가 드라이 맥주에 집중하고 있을 때 위기감을 느낀 다른 맥주 업체는 발포주나 제3의 맥주에 눈을 돌렸다.

Photocredit ⓒ Bob Jansen

1987년에 발매되어 드라이 논쟁을 일으킨 아사히 슈퍼 드라이

🍺 ── 발포주 경쟁

발포주는 맥주와 스타일 편에서 자세하게 설명했듯이, 맥주의 재료에서 차지하는 맥아 비율을 낮춰 만든 맥주이다. 처음에는 맥아 비율이 66.6% 미만이었지만 지금은 50% 미만이어야 발포주가 된다. 맥아 비율을 낮추는 이유는 맥주에 붙는 세금이 맥아 비율에 따라 달라지기 때문이다. 부족한 맥아를 대신하여 쌀이나 옥수수, 전분 등을 사용하였다. 1994년 산토리맥주에서 최초의 발포주인 'HOP'S 生'을 발매한 이후, 1995년 기린맥주의 '기린 탄레이 麒麟淡麗〈生〉', 2001년 아사히 맥주의 '본생(本生)'이 차례대로 발매되었다. 2003년에는 삿포로맥주에서 기존 발포주보다 맥아 함량을 낮춘 '드래프트 원'을 발매했다. 이러한 맥주를 '제3의 맥주' 혹은 '신장르'라고 하는데, 맥아 함량이 25% 미만이어서 일반 맥주와 발포주보다 세금이 적다. 제3의 맥주는 저렴한 가격으로 크게 인기를 끌었다. 2018년의 시장 조사에 의하면, 맥주류에서 맥주가 49%, 제3의 맥주가 38%, 발포주가 13%를 차지한다는 결과가 나왔다. 일본의 편의점에 가면 너무 많은 종류의 맥주가 진열되어 있어 어느 것을 선택해야 할지 고민에 빠진다. 이렇게 많은 맥주가 있는 이유는 발포주와 신장르 맥주가 다양하기 때문이다. 참고로 앞서 필굿에 왜 발포주가 아닌 핫포슈라고 표기했는지 들려드렸는데, 엄밀히 따지면 맥아 함량이 10% 미만이니 일본에서는 발포주가 아닌 신장르 맥주가 된다.

🍺 ── 크래프트 맥주 전쟁

일본에서 치비루(地ビール)라고 불리는 크래프트 맥주가 본격적으로 시작된 건 1994년이다. 이 해 일본의 주세법이 개정되면서 크래프트 맥주의 시장이 열렸다. 이전에는 맥주 양조장을 개설하려면 한 해 최소 2,000 킬로리터 이상 맥주를 생산할 수 있어야 했으나, 1994년에 긴급 경제 정책으로 개정된

주세법에 의해 그 60 킬로리터로 기준이 낮아졌다. 2,000 킬로리터 이상 맥주를 제조하는 것은 사실상 대기업밖에 할 수 없는 일이었으니, 이전에는 크래프트 맥주가 자라날 수 있는 환경이 아니었던 것이다. 일본에서는 크래프트 맥주를 다음과 같이 정의하고 있다.

1994년 이전부터 있었던 대자본의 대량 생산 맥주와는 무관하게 양조할 것.
1회 양조의 양이 20킬로리터 이하의 소규모로 양조할 것.
전통적인 양조법과 지역의 특산물을 재료로 하여 개성 넘치는 맥주를 양조할 것.

주세법 개정 이후 소규모 양조장이 우후죽순처럼 생겨나 한때 그 수가 300개도 넘었었다. 그러나 저렴한 발포주가 등장하면서 상대적으로 비싼 크래프트 맥주는 가격 경쟁력이 떨어질 수밖에 없다. 이제는 그 수가 크게 줄어 2018년도 기준으로 약 141개의 크래프트 맥주 양조장이 존재한다. 일본의 대표적인 크래프트 맥주 양조장으로 일본 전역에서 쉽게 구입할 수 있는 '요나 요나 에일'의 '얏호

코에도 맥주

브루잉', 부엉이 라벨로 유명한 '히타치노 네스트', 세계 최초로 고구마 맥주를 개발한 '코에도 맥주' 등이 있다.

중국 맥주의 시작은
칭다오야? 하얼빈이야?

세계에서 가장 많이 팔리는 맥주가 무엇일까? 아마 이 질문에 맥주 꽤나 안다고 하는 사람들은 미국의 버드와이저나 네덜란드의 하이네켄이라고 답할지 모르겠다. 하지만 세계 최대 매출의 맥주는 놀랍게도 중국에 있다. 그렇다면 중국의 맥주 중에서 세계적으로 가장 유명하다는 칭다오 맥주일까? 그렇지도 않다. 칭다오 맥주도 버드와이저 다음으로 많이 팔리지만 또 다른 맥주가 있다. 설화 맥주, 혹은 스노우 맥주라고도 하는 쉐화 맥주이다. 그런데 이 맥주, 한국에서는 좀 생소하지 않은가? 그도 그럴 것이 쉐화 맥주는 대부분 중국 내에서만 판매되고 있다. 내수로만 세계 1위를 하는 중국의 경제 규모가 실감나는 순간이다.

말이 나온 김에 중국 맥주의 세계 순위를

좀 더 살펴보자. 세계적인 시장조사기업 유로모니터의 2018년 조사에 의하면 세계에서 가장 많이 팔리는 10대 맥주 중에 중국 맥주가 4개나 포함되어 있다. 1위가 쉐화 맥주이고, 3위가 칭다오, 7, 8위에 하얼빈 맥주와 옌징 맥주가 각각 있다. 더 놀라운 사실은 1위인 쉐화 맥주는 2위인 버드와이저에 비해 판매량이 두 배 이상 앞선다는 사실이다. 지금이야 놀랍지도 않는 사실이지만, 처음 이 통계를 접했을 때 적잖이 놀랐었다.

한국에서는 아무래도 양꼬치 맥주라는 이미지 때문에 칭다오, 하얼빈, 옌징 순으로 인기가 있지만, 중국 내에서는 약간 다르다. 중국 내에서는 쉐화(24.6%), 칭다오(17.9%), 옌징(10.5%) 순으로 인기가 있다. 중국 최초의 상업 맥주인 하얼빈 맥주는 한때 중국의 3대 맥주였으나 지금은 점유율이 4위로 밀려 있다. 그런데 중국 맥주는 이뿐만이 아니다. 2017년 통계에 의하면, 중국에만 상업 맥주 회사가 무려 539개가 있다고 하고, 지역 양조나 개인 양조까지 합하면 그 수가 적어도 3,000은 넘는다고 한다.

맥주 역사의 시작을 이야기할 때, 5천 년이 넘는다고도 하고, 9천 년이 넘는다는 의견도 있다. 물론 초기의 맥주는 지금의 맥주와는 많이 달랐을 것이다. 아무튼 시간이 지나면 다른 견해가 나올 수 있기 때문에 정확한 역사는 기억해 두지 않고 대략적으로 몇천 년 전으로만 알고 지낸다. 그런데 이런 고대의 맥주가 메소포타미아 문명보다 이전에 중국에서 나왔다는 사실은 기억해 둘 필요가 있다. 미국 스탠포드 대학의 고고학 연구팀은 중국의 고대 도자기에서 발효된 곡물의 찌꺼기를 발견했는데, 이것을 고대 맥주의 일종이라고 보고 있다. 당시에는 보리 외에도 수수, 기장, 율무와 같은 곡물을 사용했고 홉이라는 존재를 몰랐기 때문에 지금의 맥주와는 맛이 완전히 달랐을 것이다. 현대 중국의 맥주는 이런 고대의 맥주가 이어진 것은 아니고, 여느 아시아의 맥주처럼 19세기 말과 20세기 초 유럽 열강들에 의해서였다. 중국 최초의 현대식 맥주는 정확히 20세기가 시작하는 1900년도에 하얼빈에서 시작되었다.

중국 북동부의 최대 도시 하얼빈은 원래 어망을 말리기 위한 작은 마을이라는 뜻으로, 송화강 근처의 작은 시골 마을에 불과한 곳이었다. 하지만 19세기 말 러시아의 자금으로 중국 동방 철도가 탄생하면서 단번에 중국 최대의 도시로 도약했다. 러시아는 모스크바에서 시작하여 블라디보스토크에 이르는 길이 9,297km의 시베리아 횡단 철도를 가지고 있었다. 그런데 이 노선 중에서 블라디보스토크와 울란우데까지는 중국과 러시아의 경계선을 따라 아슬아슬하게 이어져 있다. 직선거리로 가면 가장 짧은 길이지만, 그 중간에 중국이 있었던 것이다. 19세기 후반 유럽 열강의 각축장이었던 중국에서, 러시아가 제국주의 전시를 위한 쇼케이스장으로 하얼빈을 선택한 것은 새삼스럽지도 않다. 러시아는 중국을 관통해서 러시아 치타에서 블라디보스토크로 이어지는 시베리아 횡단 열차를 만들려고 했는데, 그 중심에 하얼빈이 있었기 때문이다. 이어 하얼빈에서 베이징으로 남북으로 이어지는 철도를 깔았는데, 이 과정에서 우크라이나 등 동유럽 노동자들이 유입되었다. 하얼빈 맥주는 바

로 이 속에서 태어났다. 그렇기 때문에 하얼빈 맥주는 중국인 내수를 위한 것이 아닌, 외국인 노동자들의 식습관에 맞는 음료를 제공하기 위한 것이었다.

이후 하얼빈 맥주는 만주의 역사만큼이나 평탄하지만은 않았다. 1932년에 중국과 체코인들의 공동 경영에 들어갔지만, 소련이 이곳 만주에서 일본인들을 몰아내면서 한때 소련에 의해 통제되기도 하였다. 소유권이 중국 정부에 반환된 것은 1950년의 일이다. 회사는 2003년에 지분의 29.6%를 사브밀러에 넘겼지만, 사브밀러가 다시 AB InBev에 합병되면서 현재는 AB InBev의 소유이다. 중국에서는 하얼빈 맥주를 '하피'라고 부른다. 중국에서는 맥주를 맥주(麥酒)가 아니라 피지우(啤酒)라고 하는데, '하얼빈 피주'를 줄이면 '하피'가 되는 것이다. 바로 중국에서는 'happy'와 같은 발음이다.

한국에서 가장 유명한 칭다오 맥주는 역사에서는 하얼빈 맥주에 이어 두 번째이고, 소비량은 쉐화 맥주에 이어 두 번째이다. 칭다오 맥주가 국내에서 너무 유명하다 보니 대중들이 오해하고 있는 두 가지가 바로 이것이다. 칭다오 맥주가 중국에서 가장 많이 팔리는 맥주라는 것과 중국에서 가장 오래된 맥주 양조장이라는 것.

대부분의 아시아 맥주는 식민지의 슬픈 역사 속에서 출발하였다. 필리핀의 산 미구엘은 스페인의 식민 역사에서, 베트남과 라오스의 맥주는 프랑스의 자본과 기술력으로, 인도네시아의 빈땅은 네덜란드의 맥주에서 출발하였다. 그렇지 않은 곳이 있다면 한 번도 외세에 정복당하지 않았던 태국 정도일 것이다. 칭다오는 한때 독일의 조계지[1]였다. 즉 칭다오는 중국이 아닌 독일의 땅이었고, 독일인들이 그곳에 맥주 공장을 세웠다. 그것이 칭다오 맥주의 시작이었다.

칭다오 맥주는 중국에서 두 번째로 큰 맥주 양조장으로 중국 맥주 시장에서 15%의 점유율을 차지하고 있다. 도시 칭다오는 1897년 청나라가 해남 지

---

1 외국 열강이 관리할 수 있도록 빌려준 땅으로 외국인이 거주하거나 상업활동을 할 수 있는 지역. 오늘날의 대사관처럼 치외법권도 인정받는다.

역의 방어를 위해 작정하고 세운 요새였다. 이 과정을 일일이 지켜보고 있던 독일은 칭다오 요새를 점령하였고 청나라에 칭다오 지역을 넘겨줄 것을 요청하였다. 현대화되지 않은 방어 체계를 가지고 있었던 청나라는 독일 제국에 칭다오를 넘길 수밖에 없었다. 칭다오를 점령한 독일인들은 처음에는 본국의 맥주를 수입했지만 점차 각 지역의 로컬 맥주를 소비하는 전통에 따라 도시에 맥주 공장을 짓는 것을 희망하였다. 그러던 중에 주변의 라오산이라는 곳에서 질 좋은 지하수가 나오는 것을 발견하였고 이 도시에 맥주 공장을 지을 수 있다는 희망이 생겼다. 1903년 홍콩에 본사를 두고 있는 독일과 영국의 합작 증권 회사인 앵글로-저맨 양조장 (Anglo-German Brewery)이 칭다

20세기 초 칭다오 양조장의 모습

오 양조장을 설립하였고, 독일의 설비와 원재료를 들여와 1904년 12월 처음으로 칭다오 맥주를 생산하였다.

1차 세계 대전에서 독일이 패하자 칭다오 양조장도 내놓게 되었지만, 대상은 중국이 아니라 일본이었다. 1916년 상하이에서 열린 총회에서 독일이 가지고 있던 칭다오 양조장의 70%의 지분을 일본의 '대일본맥주'에 넘기는 걸로 결정한 것이다. 대일본맥주는 지금의 아사히맥주와 삿포로맥주 그리고 에비

스맥주 회사가 합작한 기업으로 일본뿐만 아니라 한국과 중국의 맥주에도 크게 영향력을 끼치고 있었다. 칭다오를 인수한 일본은 맥주 공장을 대규모로 증편하는 한편 지역에서 수확한 보리로 맥주를 만들어 보기도 하는 등 맥주 생산량을 늘려갔다. 하지만 일본이 2차 세계 대전에서 연합국에 항복하면서 칭다오 맥주는 또다시 표류하게 된다. 칭다오 맥주는 잠시 동안 중국의 쯔이 가문이 소유하고 민족주의 정부가 감독하는 형태로 유지되었다. 1949년 내전 후 정권을 잡은 중화인민공화국은 칭다오 맥주의 모든 사유 재산을 금지하고 국가 소유의 기업으로 전환하였다.

칭다오 맥주는 90년대에 들어 민영화되고, 1993년 칭다오에 있는 다른 세 개의 양조장과 합병하여 칭다오 맥주 유한 회사(Tsingtao Brewery Company Limited)라고 하였다. 글로벌 맥주 기업인 AB InBev는 칭다오 맥주의 지분도 26.9%나 소유하고 있었는데, 2009년 이 지분을 일본 아사히맥주에 19.99%를 매각하고 남은 7%도 중국의 거물 사업가에게 팔았다. 대일본맥주로 시작한 일본의 중국 맥주 시장 진출은 대일본맥주에서 시작해 그곳에서 분사된 아사히 맥주로 이어진 것이다. 하지만 아사히의 관여는 그리 길지는 않았다. 2017년 아사히맥주는 칭다오 지분을 다시 시장에 내놓았다. 일본이 중국과의 영토분쟁으로 관계가 악화되고 있었고, 이미 가지고 있는 유럽 브랜드에 집중하기 위한 선택이었다. 아사히의 지분 19.99%는 결국 중국의 포선 그룹에 팔렸다. 칭다오가 설립된 지 100여 년 만에 독일과 미국, 일본을 돌고 돌아 온전히 중국의 품으로 돌아온 것이다.

Photocredit ⓒ David Pennington

동남아 휴양지,
이 나라에선 이 맥주를

지나고 보면 여행을 준비하는 동안이 실제로 여행을 하는 것보다 즐거울 때가 많다. 심지어 여행 준비를 너무 많이 한 탓에 막상 여행지에 도착해보면 기대했던 느낌이 나지 않을 때도 있다. 여기가 내가 왔던 곳인가? 꿈에서 본 곳인가? 하는 심정. 해외여행을 가게 되면 항공권이나 숙소 등 준비할 것이 많은데 그 와중에 빠뜨리지 않고 준비하는 것이 있으니 바로 여행지에서의 맥주 탐험이다. 일단 여행지의 맥주의 종류와 역사를 두루두루 살펴보고, 맥주를 즐겁게 마실 수 있는 펍을 찾아본다. 나에게 여행지에서의 맥주는 여행 그 자체이자 여행의 절반이다. 여행 휴양지 중에서 가장 친숙한 동남아, 얼핏 맥주의 역사는 없을 것 같은 이곳에는 의외로 길고 깊은 맥주 역사가 있다. 이것은 나에게 맥주의 맛만큼이나 중요한 것이다.

🍺 — 동남아시아 대표 맥주, 타이거

동남아시아에 가 본 적이 있다면 맥주병에 호랑이가 그려져 있는 파란색 라벨의 타이거 맥주를 마셔 본 기억이 있을 것이다. 이 맥주를 베트남에서 마신 친구는 베트남 맥주라고 알고 있고, 태국에서 마신 친구는 태국 맥주라고 알고 있지만, 사실은 싱가포르의 맥주이다. 현재는 하이네켄에 인수되어 동남 아시아를 필두로 전 세계에 판매되고 있는 글로벌 맥주라고 할 수 있다.

Photocredit ⓒ bckfwd

타이거 맥주는 1931년부터 생산된 유서 깊은 맥주이다. 싱가포르는 20세기 초까지 영국의 식민지였는데 이로 인해 중국과 인도뿐만 아니라 서양의 문화에서 많은 영향을 받았다. 싱가포르의 맥주도 이런 환경 아래에서 일찍감치 발전할 수 있었다. 1931년 싱가포르에서 푸드와 음료를 판매하던 프레이저 앤드 니브 주식회사는 네덜란드의 하이네켄과 합작하여 말레이안 양조장을 세우고 이듬해에 싱가포르 최초의 로컬 맥주인 타이거 맥주를 생산하였다. 말레이안 양조장은 1990년경에 이름을 아시아 태평양 양조장으로 바꾸더니, 이름에 걸맞게 태평양 주변 나라 뉴질랜드나 인도네시아의 맥주 회사를 사들이기 시작하였다. 이때 함께하게 된 유명한 맥주 중의 하나가 인도네시아의 국민 맥주인 빈땅(Bintang)이다. 2012년도에는 모든 지분을 하이네켄에 팔고 이름을 하이네켄 아시아 태평양 양조장으로 바꾸었다. 오랜 기간 인도네시아 등의 동남아시아를 지배했던 네덜란드의 영향력과, 아시아 태평양 양조장을 아시아 지역의 맥주 판매를 위한 허브로 점찍은 하이네켄의 공격적인 마케팅 때문에 타이거 맥주가 동남아에서 현재와 같은 대중적인 맥주가 되고 있다.

🍺 ── 사자, 코끼리 그리고 표범, 태국의 맥주는 동물이다.

제목을 이렇게 뽑은 이유는 태국에서 이 세 동물을 각각 라벨에 그려 넣은 자국 맥주가 태국 맥주 시장의 9할을 차지하고 있기 때문이다. 태국에는 우리나라의 오비맥주와 진로하이트 같이 맥주 시장을 양분하고 있는 두 개의 맥주 회사가 있다. 그중 하나의 양조장에서는 사자를 심벌로 삼고 있는 싱하 맥주와 표범을 심벌로 삼고 있는 레오 맥주를 판매하고 있고, 또 다른 양조장은 코끼리를 심벌로 삼고 있는 창 맥주를 판매하고 있다. 그러니까 태국에서 맥주 이름을 기억하기 힘들다면 이 동물들을 기억하면 된다.

싱하는 알코올 도수 5%의 올 몰트 페일 라거이다. 한국에서는 singha가 싱하라고 알려져 있지만 태국어에서 h와 a는 묶음이라 '씽'에 가깝고, 고대 힌두의 전설에 나오는 동물이자 산스크리트어로 사자를 뜻하는 'singh'에서 왔다. 싱하는 태국에서는 처음으로 만들어진 맥주이다. 싱하를 만드는 싱하 코퍼레이션 사는 태국 최대의 맥주 회사이자 1933년 태국 최초로 맥주 양조권을 부여받은 분럿 양조장의 회사이다. 아시아의 여러 나라가 외세의 침입과 그들의 기술력으로 맥주 양조장이 생긴 것에 비해 외세의 침입이 없었던 태국은 맥주에서도 독립국이었다. 외국인과 관광객 사이에서는 싱하가 가장 유명한 맥주이긴 하지만, 자국 내에서는 레오가 더 우세를 점하고 있다. 레오는 싱하를 만드는 분럿 양조장에서 만드는 또 다른 맥주로 알코올 도수 5%의 라거이다. 싱하가 원래 다른 맥주에 비해 비싼 가격으로 시작한 반면 레오는 노동자들을 위한 맥주로 시작해 중저가의 싼 가격으로 공급하였다.

창 맥주는 여러모로 싱하 맥주와 대척점에 있다. 창(Chang)은 태국어로 코끼리를 뜻하는 말인데, 1995년부터 생산하기 시작하여 지금은 2003년에 설립된 타이베브의 여러 제품 중의 하나로 포함되어 있다. 창 맥주는 싱하 맥주에 비해 25% 저렴한 가격으로 공략하여 짧은 기간에 큰 성공을 거두었다. 싱하 맥주가 곡물의 비율 중 보리 맥아를 100% 사용한 올 몰트 비어라면 창 맥주는 맥아 이외에 부재료로 쌀을 사용한다. 쌀이 들어 있는 만큼 풍미는 떨어지지만 청량한 맛을 강조한 맥주라고 할 수 있다.

태국에서의 맥주 점유율은 레오, 창, 싱하 순이다. 레오는 한때 50% 안팎의 점유율을 가진 적도 있었지만 지금은 점점 줄어들어 40% 정도의 점유율을 유지하고 있다. 반면 창은 매년 증가하여 몇 년 전까지만 해도 20%대였던 점유율이 2017년에는 37%까지 올랐다. 싱하는 유명세에 비해서 점유율은 낮은 편이다. 최근 몇 년간 10~11% 정도의 비슷한 점유율을 유지하고 있다. 여기서 소개되지는 않았지만 창을 만드는 타이

Photocredit © Dan arndt

베브에서 생산하는 또 다른 맥주인 아르차 맥주의 점유율이 약 4%이다. 태국은 이렇게 두 개의 회사에서 생산하는 4개의 맥주가 점유율 93%를 차지할 정도로 자국 맥주 사랑이 대단한 나라이다.

Photocredit ⓒ KusiD

Photocredit ⓒ Sharon Ang

🦁 —— 맥주도 남북으로, 베트남의 사이공 맥주와 하노이 맥주

베트남 맥주의 역사는 19세기 후반으로 거슬러 올라간다. 베트남은 당시 프랑스의 식민지였기 때문에 맥주 양조장도 자연스럽게 프랑스의 자본과 기술로 세워졌다. 이렇게 태어난 베트남의 양대 브랜드가 사이공 맥주라 하는 SABECO와 하노이 맥주라 하는 HABECO이다. 1970년 이후 베트남의 새로운 경제 부흥 정책으로 산업 분야에 많은 변화가 일어났는데 그중 하나가 맥주 산업이었다. 맥주 회사를 국영기업에서 일반 기업으로 전환하고 외국 자본을 들여왔으며 많은 일자리를 창출하였다. 베트남의 맥주 소비는 아시아에서 중국, 일본에 이어 세 번째로 큰데, 여기에는 저렴한 가격이 한몫하고 있다. 비아 호이라 불리는 베트남 생맥주는 가장 싼 곳이 우리 돈 500원 정도이다.

베트남의 맥주 시장은 3개의 회사가 약 80%를 차지한다. 가장 큰 회사는

1875년 호찌민에 설립된 베트남의 국영기업 SEBECO로, 대표는 사이공 맥주와 333 맥주. 하노이에는 하노이 맥주를 대표로 하는 HABECO가 있다. 마지막이 식품 가공 관련 공기업인 SATRA(Saigon Trading Group)와 하이네켄 아시아 태평양 그룹이 합작 회사로 만든 베트남 브루어리이다.

SABECO는 1875년에 프랑스인 빅토르 라루에 의해 설립되었다. 베트남 최초의 양조장이 외세에 의해서이긴 해도 아시아의 맥주 시장을 대표하는 일본보다도 1년이 앞선 것은 주목할 만하다. SABECO는 호찌민 시티를 대표하는 맥주로 호찌민의 옛 이름이 사이공이다. 사이공은 1859년에 프랑스에 의해 점령당한 이후 남베트남의 주요한 경제 도시가 되었고, 인도차이나 전쟁이 끝난 후 남북으로 분단된 남베트남의 수도였다가 베트남 전쟁에서 북베트남에 함락되어 지금의 호찌민으로 개명되었다. SABECO는 베트남 전쟁이 끝난 직후인 1977년에 국영화되어 사이공 브루어리로 이름이 바뀌었다가, 2003년에 여러 회원사들이 모여 지금의 SABECO가 되었다. SABECO는 2012년 이후 하이네켄, SAB밀러, 기린, 아사히 등 많은 회사들이 눈독을 들이다가 결국에는 태국 방콕에 기반을 두고 있는 타이베브가 사들였다. SABECO의 주요 맥주는 사이공 맥주와 333 맥주(일명 바바바 맥주)이다. 특히 현지에서는 사이공 맥주보다 333 맥주가 더 인기가 있다고 한다. 333 맥주의 원조는 33 맥주로, 베트남 전쟁 기간 미국인 병사들 사이에서 인기가 있는 대중적인 맥주였다.

호찌민에 SABECO가 있다면 하노이에는 HABECO가 있다. HABECO는 1890년에 프랑스가 지은 호멜 브루어리가 모태이다. 베트남 혁명이 성공하자 프랑스는 후퇴하기 전에 양조장의 기계와 장비를 파괴하고 모든 중요한 기술 문서를 폐기하여 공장을 마비시켰다. 베트남 정부는 이렇게 망가진 양조장을 복원하기로 하고 하노이 양조장으로 탈바꿈시켰다. 그리고 이듬해에 체코의 맥주 전문가들을 초청하여 맥주를 다시 생산하였다. HABECO는 현재 베트남 국영기업에서 일반 기업으로 전환하여 베트남 산업통상부가 83%의 지분을, 칼스버그가 약 15%의 지분을 차지하고 있다. HABECO는 와인과 소프트드링크도 판매하지만 대표적인 제품은 역시 맥주이다. 그중 하노이 맥주와 쭉박(Truc Bach) 맥주가 유명하다. 쭉박 맥주는 1958년 하노이 양조장이 복원되고 체코의 맥주 전문가들을 초빙하여 만든 첫 번째 맥주로 체코의 사츠 (Saaz) 홉을 사용한 것이 특징이다. 하노이 맥주는 2005년에 출시되었지만 현재는 HABECO 제품 중 생산량의 70%를 차지할 만큼 가치가 큰 맥주이다.

베트남에는 SABECO와 HABECO 이외에도 하이네켄 아시아 태평양 양조장과 사이공 무역 그룹이 합작으로 세운 베트남 브루어리가 있다. 여기서 판매되는 맥주는 하이네켄과 타이거 맥주 등 국제적인 맥주이다. 베트남 맥주의 시장 점유율을 보면 SABECO가 대략 40%를 차지한다. 그밖에 하이네켄이 25% 안팎, HAVECO가 20% 안팎을 차지하고 있다(2016년 시장 조사 기준).

만약 베트남에 간다면 베트남 지역 맥주를 추천하고 싶다. 최근 한국에서 각광받고 있는 다낭에는 라루라는 라거가 있고, 다낭에서 차로 두 시간 가량 떨어진 베트남 마지막 왕조의 도읍지, 후에에는 후다라는 라거가 있다. 라벨에 호랑이가 그려져 있는 라루는 SABECO의 설립자인 빅토르 라루와 이름과 같은데 아로마가 깊은 라거의 맛이다. 현재는 하이네켄이 소유하고 있다. 후다는 후에 양조장에서 생산하는 지역 맥주로 접하기는 쉽지 않지만 최근 칼스버그가 소유하면서 조금 더 대중화되었다.

Photocredit ⓒ Zui Hoang

🍺── 산 미구엘로 대통단결, 필리핀의 맥주

필리핀은 하나의 맥주 회사가 전체 시장점유율의 90%를 차지하는 다소 기형적인 시장을 형성하고 있다. 그 회사는 우리에게 너무나도 널리 알려진 산 미구엘이다. 필리핀은 1521년 마젤란이 발견하여 1898년 미국–스페인 전쟁으로 미국에 할양되기까지 오랜 기간 스페인의 식민지였다. 마젤란은 세계 여행 도중 필리핀 세부에 도착하여 원주민들을 기독교로 개종시키면서 그들을 복종시켰다. 하지만 세부의 앞바다에 있는 막탄 섬의 추장인 라푸라푸의 저항으로 마젤란이 살해되면서 탐사가 중단되었다. 그로부터 40여 년이 지난 1564년, 스페인의 새로운 군대가 필리핀을 점령하면서 스페인 식민지의 역사가 시작되었다. 산 미구엘 양조장은 스페인의 식민지 아래에 있던 1890년, 마닐라의 유명한 사업가인 바레또에 의해 설립되었다. 바레또는 스페인 왕실로부터 필리핀에서의 양조 허가권을 얻어낸 후 20년간의 왕실 보조금을 받는 후원으로 산 미구엘 양조장을 설립하였다. 산 미구엘은 바레또가 거주했던 마닐라의 지역 이름이기도 하고, 스페인 바르셀로나 현지에 있는 양조장의 이름이기도 하다. 산 미구엘은 초기 라거 맥주에 주력하면서도 더블 보크나 스타우트 등 다양한 맥주를 생산해 냈다. 필리핀이 미국의 식민지가 되었던 1900년 이후 필리핀에서의 맥주 수요가 크게 증가하면서 산 미구엘도 전성기를 맞게 되었다. 1913년의 기록을 보면, 수입 맥주가 12%에 불과하고 나머지 88%는 모두 산 미구엘의 맥주였다고 한다. 1914년부터는 홍콩, 상하이, 괌 등 주변의 나라에 맥주를 수출하면서 내수뿐만 아니라 세계적인 맥주로도 명성을 날리기 시작하였다. 1948년에는 최초의 해외 공장을 홍콩에 설립하였으며, 1964년에는 산 미구엘 코퍼레이션으로 사명을 변경하고 현재에 이르고 있다.

국내에서의 산 미구엘 맥주는 미디엄 바디의 페일 필젠이 가장 유명하지만, 필리핀 현지에서는 다양한 타입의 산 미구엘 맥주를 우리 돈 천 원 내외로 저렴하게 구입할 수 있다. 만약 필리핀에 간다면 다양한 산 미구엘 맥주를 경험해 보기를 추천한다. 페일 필젠 이외의 대표적인 산 미구엘 맥주로 다크 라거인 산 미구엘 세르베사 네그라, 라이트 버전인 산 미구엘 라이트가 있다. 그밖에 레드 호스, 산 미구엘 드래프트, 산 미구엘 슈퍼 드라이, 산 미구엘 프리미엄, 산 미구엘 스트롱 아이스 순으로 가장 많이 팔리고 있다.

Photocredit ⓒ Pedro Nieves

카스도 일본 거냐는 물음에
한국 맥주의 역사를 들려주었다

어느날 술자리에서 후배 녀석이 물었다.

"처음처럼도 일본 소주라면서요? 이제 소주도 못 마시겠네…."

후배 녀석은 마지막은 독백처럼 말했다. 이 말을 듣고 처음엔 어리둥절했다. 왜 그럴까? 곰곰이 생각해 보니 알 수 있을 것 같았다. 처음처럼이 롯데주류의 소주이다 보니 일본 지분이 들어가 있다고 생각한 것 같았다. 그렇다면 클라우드 맥주도 같은 취급을 받아야 할 텐데. 사실 관계를 따져 보고 싶었다. 그리고 최근 많이 듣는 질문 중에 하나가 "카스도 일본 거예요?" 라는 물음이다. 나의 브런치로 유입되는 키워드에서도 종종 등장한다. 카스는 오비맥주가 생산하고 있는데, 사실 오비맥주는 이미 외국 자본에 넘어간 지 오래다. 그렇다면 카스는 한국 맥주일까? 외국 맥주일까? 지금은 다른 외국 자본이 많이 들어와 있지만 한국 맥주는 일본과의 아픈 역사에서 시작했다. 현대에 와서 일본과의 연관성은 많이 사라졌어도 한국의 주류 맥주회사들이 모두 일본 맥주를 수입하고 있기도 하다.

오비맥주

오비맥주는 국내에서 카스와 오비 라거, 카프리 등을 생산하는 대표적인
맥주 양조장이다. 오비맥주의 기원은 일제강점기로 거슬러 올라간다. 조선이
1876년 강화도 조약으로 개항되기 이전까지는 한반도에는 제대로 된 맥주가
없었다. 조선왕조실록에도 맥주(麥酒)라고 칭한 술이 있었으나 지금과 같이
맥아와 홉을 사용한 맥주는 아니었고 말 그대로 보리로 만든 술을 지칭하는
말이었다. 개항 후 일본에서 삿포로 맥주가 처음으로 수입되었고, 곧이어 에
비스 맥주, 기린 맥주가 들어왔으나 당시에는 일부 상류층 사이에서만 마실
수 있는 술로서 대중과는 거리가 멀었다. 그래도 맥주의 수요는 점점 늘어가
1910년에는 서울에 일본 맥주 출장소가 생겼고, 1920년대에는 전체 수입되
는 술 중에서 맥주의 비중이 가장 높았다. 수입에만 의존했던 지형에서 일본
은 우리의 땅에 그들의 자본과 기술력으로 맥주를 생산하기에 이르렀는데, 그
중 하나가 바로 1933년 영등포에 일본의 기린맥주가 세운 조선의 소화기린맥
주(일본명 쇼와기린)이다.

2차 세계 대전이 점점 치열한 양상으로 치닫게 되면서 맥주의 생산과 판
매는 더욱 어려워졌다. 일본의 한국에서의 수탈은 점점 심해졌고, 그 와중에
국내에서 곡식을 조달하여 맥주를 만드는 것은 힘든 일이었다. 해방 이후에도
한동안 맥주를 정상적으로 생산하지 못했다. 해방 이후 1948년 12월 소화기
린맥주는 상호를 동양맥주주식회사로 변경하였고, 상표를 오비맥주로 변경하
였다. 1949년 주류전매법이 통과되면서 정부는 미군정으로부터 주류를 제조
하고 판매하는 권한을 독점적으로 가져왔다. 그러던 중 한국전쟁이 발발하였

다. 적산 기업을 민간인에 불하하는 정책에 따라 동양맥주는 1952년 5월에 고
(故) 박두병의 두산그룹에 불하되어 민간기업으로 출발하였다. 하지만 전란
의 피해로 전쟁 중에는 정상적인 공장 가동이 어려웠고, 정상적으로 재가동하
기 시작한 것은 1953년 7월 휴전 협정이 체결된 이후부터이다.

오비맥주는 1950년대 이후 줄곧 국내의 맥주 시장을 이끌었다. 그러나
1991년 모기업 두산전자의 낙동강 페놀 유출 사건이 터지고, 그 시기를 파고
든 하이트 맥주의 천연암반수 전략에 밀려 1990년대 중반부터 2000년대 초
반까지는 2위로 밀려난 적도 있었다. 다시 1위를 탈환하게 된 것은 2011년도
의 일이었다. 그런데 이 시기는 오비맥주의 인수 합병의 시기이기도 하다. 우
선, 1998년 벨기에의 맥주 회사인 인터브루 사에 지분의 50%와 경영권을 매
각했다. 벨기에 회사가 된 오비맥주는 1999년도에 카스맥주를 인수하면서 다
시 몸집을 키웠다. 카스는 본래 한국에서 소주로 유명한 진로기업과 미국의 맥
주 회사 쿠어스가 50:50의 지분으로 설립한 진로쿠어스의 맥주였다. 당시 꾸
준히 인기를 끌어 점유율 15% 이상을 상회하기도 하였으나 모기업의 경영난

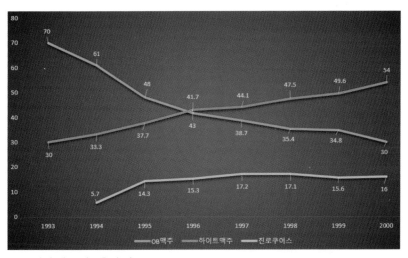

1990년대 맥주 점유율 추이

으로 결국 오비맥주에 매각되었다.

　조금 복잡할 수 있지만 오비맥주의 소유권에 관한 이야기를 조금 더 들여다보자. 두산 그룹이 오비맥주를 벨기에 회사에 매각한 이유는 사업구조를 소비재 중심에서 중공업 중심으로 재편하기 위해서였다. 오비맥주를 매각한 돈은 결국 한국중공업 인수에 흘러들어갔다. 2001년 두산은 남은 지분을 모두 인터브루에 매각하였다. 그런데 벨기에의 인터브루는 2004년 브라질의 암베브와 합병하여 인베브가 되었다가, 2008년에는 미국의 앤하이저-부시와 합병하여 AB InBev라는 회사로 재탄생하였다. 하지만 이 과정에서 막대한 빚을 져 유동성 위기에 직면했다. 이러한 위기를 해결한 방법은 수많은 맥주에서 일부분을 가지치기하는 것이었다. 2009년 AB InBev는 오비맥주를 글로벌 사모펀드 그룹인 콜버그 크래비스 로버츠(KKR)에 매각하였다. 하지만 사업이 안정화되고 자금이 확보되자 아시아 시장의 공략 거점으로 삼고자 오비맥주를 다시 사들였다. 2014년도의 일이다. 그리고 현재 오비맥주의 주인은 벨기에, 브라질, 미국의 합작 회사인 AB InBev이다.

　그런데, 재미있는 사실은 오비맥주가 수입하는 일본 맥주는 오비맥주의 전신인 기린 맥주가 아니라 산토리 맥주라는 것이다. 심지어 산토리 맥주를 독

오비맥주의 다양한 맥주들

점 수입하고 있다. 이것은 본사인 AB InBev가 산토리 맥주와 제휴관계가 있기 때문이다. 그밖에 오비맥주가 수입하는 맥주는 본사 AB InBev의 맥주 대부분이다. 버드와이저, 코로나, 스텔라 아르투아, 벡스, 레페, 호가든, 하얼빈, 구스 아일랜드 등이다.

하이트진로

오비맥주가 설립된 1933년 12월보다 조금 앞서 일본의 대일본맥주가 일본인과 조선인의 자본 비율 7:3으로 영등포에 국내 최초의 맥주 회사인 조선맥주주식회사를 설립했다. 당시의 일본은 대일본맥주와 기린맥주가 경쟁하는 구도였고, 마찬가지로 한국에서도 두 회사가 경쟁하듯 같은 해에 맥주회사를 설립한 것이다. 해방 후 1948년 조선맥주는 상표를 크라운맥주로 변경하였고, 1952년 정부의 적산 기업 불하 정책에 따라 민간기업이 되었다.

1950년대까지는 조선맥주가 오비맥주를 앞섰다고 하나 정확한 자료가 남아있지는 않고, 적어도 1970년대 이후 한국의 맥주는 줄곧 오비맥주가 조선맥주를 앞서 있었다. 이것이 뒤집어지게 된 계기는 1991년에 있었던 두산전자의 낙동강 페놀 유출 사건[1]이다. 국회에서는 진상 조사위원회가 열렸고, 각 시민단체는 수돗물 오염 대책 위원회를 결성하였으며, 시민들은 두산 제품을 불매하기 시작하였다. 두산전자는 조업 정지를 당했으나 페놀 사고가 단순 과실, 고의성이 없었다는 이유로 조업을 재개할 수 있었다. 하지만 같은 해 4월 22일 또다시 페놀이 유출되는 2차 사고가 발생하여 국민들의 분노가 최고조에 다다랐다. 결국 두산그룹 회장이 경영 일선에서 물러나고 환경부 장관과 차관이 경질되기에 이르렀다. 페놀 유출 사건으로 인해 일어난 오비맥주 불매 운동은 조선맥주에게 반사 이익을 선사했다. 조선맥주는 페놀 사건 이후 지하 150미

---

1 1991년 3월 14일에 경상북도 구미시의 낙동강에서 30톤의 페놀 원액이 유출되어 상수원을 오염시킨 사건.

터 천연암반수로 만든 하이트 맥주를 출시하며 공격적으로 마케팅에 나섰다. 하이트 맥주병에 맥주를 가장 맛있게 마실 수 있는 온도를 알 수 있도록 온도계 그림을 단 점이 신선한 요소로 손꼽혔다. 또한 국내 최초로 효모를 열처리가 아닌 마이크로 필터로 걸러냈다는 점도 소비자에게 어필했다.

조선맥주는 하이트 맥주로 승승장구하여 1996년에는 드디어 업계 맥주 점유율 1위를 탈환하였고, 1998년에는 아예 사명을 조선맥주주식회사에서 하이트맥주주식회사로 변경

하였다. 오비맥주가 다시 1위를 탈환한 것은 2011년이었다. 2015년 하이트맥주는 소주로 유명한 진로 기업과 통합하여, 지금의 하이트진로 그룹을 출범하였다. 하이트와 진로 모두 1973년에 기업공개를 한 바 있다. 한때 진로 기업의 자회사인 진로쿠어스는 카스를 무기로 오비맥주에 인수되었고, 모기업인 진로 기업은 소주를 무기로 하이트맥주에 합병되었는데, 진로의 자회사였던 진로쿠어스는 카스를 무기로 오비맥주에 인수된 것이 재미있다.

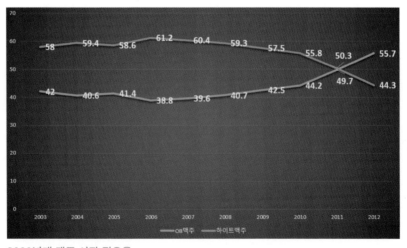

2000년대 맥주 시장 점유율

하이트진로의 연혁을 살펴보면
오비맥주보다 더 혁신적인 이미지를
준다. 새로운 제품 개발도 오비맥주
보다 앞선다. 국내에서 최초로 흑맥
주를 출시하기도 하였고, 최근에는

테라라는 신제품을 출시하기도 하였다. 그밖에 하이트, 맥스, 에스, 드라이 d
가 모두 하이트진로의 맥주이다. 하이트진로는 현재 기린 이치방 시보리를
100% 수입하고 있다. 한때는 경쟁사의 맥주였지만, 오비맥주가 산토리를 수
입하고 있으니 어쩔 수 없는 선택이었는지도 모른다. 그 외에도 프랑스의 크
로넨버그1664블랑, 태국의 싱하, 호주의 포엑스, 미국의 발라스트 포인트 등
을 수입하고 있다. 오비맥주가 구스 아일랜드를, 하이트진로가 발라스트 포인
트를 수입하고 있는 것이 마치 두 회사가 미국 크래프트 맥주 수입에서도 경
쟁하고 있는 것 같아 흥미롭다.

중국에는 소설 삼국지가 있고,
한국에는 맥주 삼국지가 있다

축구에는 삼각 패스가 있고, 연애에는 삼각관계가 있다. 김밥에는 삼각 김밥이 있고, 소설에는 삼국지가 있다. 적어도 삼각이 되어야 균형감이 있고 팽팽한 긴장감이 있다. 소설가 이외수 씨와 술 한 잔 할 때 그는 '한국 축구가 잘하려면 삼각형을 잘 그려봐야 한다'고 말하곤 했다. 소설가가 축구에 대해서 얼마나 알겠냐고 할 수도 있겠지만 나에겐 꽤 설득력이 있었다. 연인 둘만이 나오는 달콤한 사랑 이야기는 드라마가 되지 않는다. 그 둘을 파고드는 경쟁자가 있어야 진정한 드라마가 될 수 있다. 그렇기 때문에 삼각관계야말로 드라마의 단골 소재로 쓰이는 것이다. 어릴 적에는 초한지보다 삼국지를 좋아했다. 두 팀이 밀고 밀리는 전쟁은 쉽게 질렸지만 세 팀이 균형을 이루고 있는 호각세는 몇 번을 읽어도 질리지가 않았다.

한국에도 맥주 삼국지가 있었다. 기간으로만 따지면 그리 길지 않지만, 그것도 세 차례 있었다. 최근의 맥주 삼국 시대는 2014년에 시작하여 겨우 6년밖에 되지 않는다. 한국에 최초로 맥주 회사가 설립된 1933년부터 약 87년간, 동시대에 세 개의 맥주 회사가 존재했던 적은 총 십여 년 밖에 되지 않는다. 대부분은 오비맥주(구 동양맥주)와 하이트진로(구 조선맥주)의 양강의 시대였다. 하지만 여기에 도전장을 던진 제3의 맥주 회사가 있었다. 바로 1975년에 이젠벡을 내놓은 한독맥주, 1994년에 CASS를 생산한 진로쿠어스, 그리고 2014년에 출시된 롯데주류의 클라우드이다.

🍺 ── 한독맥주의 이젠벡

'바로 이제부터 이젠벡' vs '친구는 역시 옛 친구, 맥주는 역시 OB'.

이것은 새로운 맥주를 강조하는 이젠벡 맥주와 맥주는 역시 옛 것이 좋다는 오비맥주의 광고 카피이다. 이젠벡 맥주는 기존에 없는 새로운 맥주의 세계를 열었지만 맥주 양강의 견제와 수출 실패로 인한 경영난, 부도덕한 오너로 인해 짧은 시간 흔적만 남기고 사라졌다.

한독맥주는 1972년 6월 독일(당시 서독)의 이젠벡 사가 49%의 지분을 투자하고 전량을 수출한다는 조건으로 국내 맥주 제조 면허를 취득하고, 1973년 6월 섬유업체인 삼기물산(주)이 이젠백사와 합작하여 한독맥주 주식회사로 설립한 회사이다. 처음엔 인도네시아와 홍콩을 상대로 계약을 체결하고 수출도 했다. 하지만 공장도(47원)보다 낮은 수출가격(42원)으로 출혈수출을 하고 빈병 회수까지 힘들어 부도 위기에 몰렸다. 이러한 경영상의 이유로 수출이 아닌 국내 출시로 전환했는데, 1974년 3월 정부는 이젠벡이 국내 시판을 할 경우 인가를 취소하겠다고 으름장을 놓았다가, 1975년 1월 신문에서는 국내 시판을 허용하겠다고 한 기사가 보인다. 이젠벡 맥주가 처음에는 수출용으로 세금을 면제받아 국내 시판을 불허하였으나, 면제했던 세금을 모두 완납하자 국내 시판을 허용한 것이다.

대리점 모집하는 한독맥주

전량수출 조건으로 설립되었던 한독맥주(대표 이준석)가 최근 국내대리점을 모집하고 있어 관련업계의 비상한 관심을 끌고 있다. 15일 관련

업계에 따르면 서울에서만 2백명의 대리점 희망자가 몰려들었다는 것. 회사측이 내세우는 대리점 조건은 점포를 갖추고 보증금 2천만 원을 납부해야 하며 이 방면에 경험이 있을 것 등으로 돼 있다.

중앙일보 1974년 3월 15일 기사 발췌

출처: mnews.joins.com

mnews.joins.com/article/1371647

mnews.joins.com/article/1395995

당시 이젠벡은 연간 410만 상자를 생산할 수 있는 규모의 시설을 갖추고 있었다. 7백만 상자를 생산할 수 있었던 동양맥주에 비해 결코 뒤지지 않는 양이었다. 1975년 이젠벡 맥주는 국내 시판 후 3개월 간 15%의 점유율을 보이며, 품귀현상이 일어날 정도로 선풍적인 인기를 끌었다. 하지만 당시 맥주 양강인 동양맥주(주)와 조선맥주(주)는 공판체계를 최대한 활용하여 판매 경로를 방어하고 화학주라는 소문을 퍼트려 공동의 적을 1년 반 만에 도산시켰다. 하지만 사실 이런 경쟁사의 전략보다는 불법 융자와 사기 계약서로 스스로 망가졌다고 봐야 한다. 한독맥주의 이준석 사장은 은행 융자를 받기 위해 1975년 7월에 회사의 간부들과 짜고 회사의 주권을 위조해 그것을 담보로 전북은행 서울지점 등 7개의 금융기관에서 대출을 받았다. 또 삼기물산에서 한국외환은행(현 KEB하나은행)장의 직인 등 120개의 공사기관의 인장을 만들어 홍콩 영사 확인의 연불수출계약서를 위조해 한국외환은행에서 무담보로 융자를 받았다. 이러한 대출 사기 사건으로 은행장들이 무더기로 물러나게 됐고, 결국 한독맥주는 1976년 부도를 냈다. 1977년 한독맥주는 조선맥주에 매각되었고 한국의 첫 번째 맥주 삼국지는 겨우 6년 만에 막을 내리게 되었다.

이젠벡은 이젠벡 필스, 엑스포트, 프리바트, 알트, 복, 총 5종의 맥주를 출시하였다고 한다. 한국에 복 맥주도 있었다니, 지금도 그렇지만 당시로서는 더

더욱 파격적인 일이었다.

💀 ── 진로쿠어스의 CASS

지금의 CASS는 오비맥주의 효자 맥주이지만 시작은 진로쿠어스의 맥주였다. 진로쿠어스는 1992년에 소주로 유명한 진로기업과 미국의 대표 맥주 회사인 쿠어스가 50:50의 합병 비율로 설립한 회사이다. 한국에서 두 번째 맥주 삼국지를 열었다는 의미가 있을 것이다. 1994년 5월에 CASS라는 브랜드의 맥주를 출시하였다. CASS는 빙점 여과(Cold filtering), 첨단 기술(Advanced technology), 부드러운 맛(Smooth taste), 소비자 만족(Satisfying feeling)을 나타내는 영문의 이니셜을 따서 만들었다고 한다. CASS는 당시 인기스타였던 최민수와 김혜수를 내세운 광고와 비열처리 맥주라는 차별화 전략으로 시장을 공략했다. 처음 진출한 년도에 점유율 5.7%의 성적을 거둔 후, 오비맥주에 인수된 1999년도까지 줄곧 15% 이상의 점유율을 유지하였다.

1990년대의 맥주 시장은 격변의 시기였다. 줄곧 1위를 놓치지 않았던 오비맥주가 모기업의 자회사인 두산전자의 페놀 유출 사건으로 하이트맥주에 역전을 당했다. 하이트맥주는 이 틈을 놓치지 않고 물을 강조한 천연암반수 맥주인 하이트 맥주를 출시하여 오비맥주를 추월할 수 있었다. 하이트 맥주가 처음 출시된 1993년도에는 오비맥주와 하이트맥주의 점유율은 7:3이었으나, 그 격차를 줄이더니 1996년에는 결국 하이트 맥주가 43%, OB맥주가 41.7%로 점유율 역전을 시켰다. 이때 CASS의 점유율은 15.3%였다. 하이트맥주는 2006년도에 점유율 61.2%로 최고 정점을 찍은 후 내리막길을 걷다가 2012년도에 오비맥주에 점유율을 내어 주었다.

꾸준히 15% 대의 점유율을 유지하던 진로쿠어스는 1997년의 IMF 때 모기업의 경영 악화로 위기를 맞았다. 경영난에 허덕인 진로그룹은 임원의 감축과 부장급 이하의 직원 30%를 영업직원으로 돌리는 등 수를 썼으나 부도를 막지는 못했다. 결국 진로쿠어스는 법정 관리를 신청하고 매각을 추진했다. 진로쿠어스의 매각에 미국의 쿠어스 사와 국내의 롯데와 오비맥주가 뛰어들었다. 하지만 쿠어스는 한국의 불공정한 매각 절차를 문제 삼아 입찰을 포기하였고, 롯데는 신격호 회장의 결심에 의해 인수를 포기하였다. 결국 1999년 12월 오비맥주가 단독 입찰하여 4천8백억 원에 인수하였다. 오비맥주는 진로쿠어스 맥주를 CASS맥주로 바꾸고 상품명도 그대로 쓰면서 지금까지 판매하고 있다. 2000년대에 들어 오비맥주는 하이트 맥주를 누르고 업계 1위를 재탈환하는데, 이 승리에는 입양한 양자의 힘이 절대적이었다.

🍺 —— 롯데주류, 클라우드

2000년대 중후반, 아사히맥주와 롯데가 공동으로 오비맥주를 인수할 것이라는 소문이 파다했다. 하지만 롯데는 오비맥주 인수를 포기하고 독자 노선으로 전환하여 2014년 롯데주류에서 맥주를 생산하였다. 국내 맥주시장 점유율 2.7%에 해당하는 규모의 맥주 공장을 충북 충주에 완공하고 연간 생산량 5만㎘를 달성했다. 당시 시장점유율이 오비맥주가 60%, 하이트맥주가 40%인 상황에서 아사히 맥주와 기술 제휴한 프리미엄 맥주, 클라우드를 선보였는데 출시 100일 만에 2700만 병을 판매하였다. 클라우드는 프리미엄 맥주임을 강조하였는데, '발효 원액 그대로 … 거품까지 깊은 맛'이 당시의 광고 카피였다. 또한 '물을 타지 않은' 맥주라고 광고하였다. 물을 타지 않았다는 것은 맥주 공법과 관련이 있다. 기존의 맥주들은 상대적으로 높은 도수에서 맥주를 발효시킨 후 맥주의 도수를 낮추기 위해 물을 추가하는 방식인 하이 그래비티 공법을 사용하였는데, 클라우드는 발효 과정을 마치면 바로 원하는 알코올 함량을 얻을 수 있는 오리지널 그래비티 공법을 사용하였다. 한마디로 원하는 맥주의 도수를 얻기 위해 맥즙을 만들어 내는 단계에서 물을 넣느냐, 발효 후 물을 추가해 넣느냐의 차이가 있는 것이지 둘 중 어느 것이 더 낫다고는 말할 수 없다. 이러한 점 때문에 한때 과장 광고의 논란이 있기도 하였다. 그러나 맛은 기존 국산 맥주들과는 확연히 다르다. 카스나 하이트처럼 시원하게 목을 넘어가는 청량감은 부족했지만, 대신 부드러운 거품 아래 맥주 특유의 쌉쌀한 맛과 향이 강하다. 2018년 글로벌 리서치 회사 유로모니터의 조사에 의하면, 2017년 국내 맥주 시장은 카스가 45.8%로 부동의 1위를 차지하고 있으며, 그 뒤로 하이트가 17.3%, 맥스가 7%를 차지하고 있다. 클라우드는 3.8%를 차지하고 있는 걸로 나타났다. 앞선 두 번의 삼국 시대를 합해도 한국 맥주 삼국시대는 겨우 15년을 넘지 못한다. 클라우드는 이제 7살이 되었다. 지금의 한국 맥주 삼국 시대가 언제까지 이어질지 사뭇 궁금하다.

Photocredit ⓒ Hyeongmin

·PART 4·

맥주와 브랜드

부르고뉴의 마지막 상속녀, '두체스 드 부르고뉴'

어릴 적 즐겨 보았던 만화영화 '플랜더스의 개'의 배경은 아름다운 언덕 위에 풍차가 한없이 돌고 있는 전형적인 네덜란드였다. 맥주를 알기 전까지 네로와 파트라슈가 우유를 배달하던 곳이 네덜란드가 아닐 거라고는 생각지도 못했다. 하지만 맥주를 조금 배우고 나니 벨기에가 맥주의 역사에 있어서, 특히 맥주의 다양성에 있어서 얼마나 많은 기여를 했는지에 대해 이해하게 되고, 벨기에 중에서도 플랜더스 지방의 맥주에 대해서는 두고두고 감사하게 되었다. 그리고 네로와 파트라슈가 살던 곳이 네덜란드가 아니라 벨기에라는 사실도 덤으로 알게 되었다. 벨기에는 플랜더스라는 북부 지역과 왈롱이라는 남부 지역, 두 개의 문화권으로 이루어져 있다. 왈롱은 주민의 40%가 프랑스에 합병하는 것을 찬성할 정도로 프랑스어권에 가깝다. 반면 플랜더스는 역사적으로 벨기에와 네덜란드, 프랑스의 역사가 공존했던 곳이었다. 그런데 이곳 플랜더스 서쪽에는 벨기에 맥주 중에서도 아주 유명한 맥주 스타일이 있다. 이곳의 이름을 따서 명명된 스타일, 이곳이 아니면 그 이름도 붙일 수 없으니 바로 플랜더스 레드 에일이다. 참고로 플랜더스는 영어 발음이고 네덜란드어로는 플란데런, 프랑스어로는 플랑드르라고 발음한다. 이 글의 서두에서는 플랜더스로 썼지만, 역사적 사실을 설명할 때는 그 역사에 맞는 이름인 플랑드르를 사용하였다.

1970년대 플랜더스의 빨간 맥주에 처음으로 '플랜더스 레드 에일'이라고 이름을 붙인 마이클 잭슨(10년 전에 죽은 팝의 황제가 아니다. 맥주의 황제이다)은 플랜더스 레드 에일을 '세계 어느 양조장에서도 필적할 만한 것이 없고, 양조 시설 자체가 고고학적인 사찰(There is nothing comparable in any brewery elsewhere in the world, and the whole establishment is a temple of industrial archaeology.)'이라며, 이 스타일을 매우 독창적이고 전통적인 것으로 인정했다.

플랜더스 레드 에일을 상업적으로 처음 판매한 곳은 1821년의 로덴바흐 양조장이다. 가장 유명한 플랜더스 레드 에일이지만 한국에서는 바틀샵에나 가야 구할 수 있다. 대신 한국에서 가장 쉽게 구할 수 있는 것이 두체스 드 부르고뉴이다. 최근 홈플러스에서 8,900원에 구입한 적이 있다. 대체 이 맥주가 어떤 맥주이길래 이리 사설이 길었을까? 예전에 적은 간단한 테이스팅 노트를 옮겨 본다. 거듭 말하지만 내 혓바닥은 길긴 해도 감각이 뛰어난 편은 아니다. 어떤 맥주인지 대략적인 힌트만 얻었으면 좋겠다.

맥주명 : 두체스 드 부르고뉴

ABV : 6.2%

외관 : 짙은 밤색에 투명하게 붉은 기운이 있으나 아주 붉거나 검은 느낌은 아님. 거품은 거의 없는 수준.

향 : 식초나 홍초 같은 시큼한 향

풍미 : 퀴퀴한 지푸라기 같은 맛으로 시작해서 시큼한 포도의 끝맛이 느껴짐. 체리 같은 짙은 과일 향도 느껴짐. 끝맛만 보면 드라이한 레드 와인 같음. 스파클링 와인인데 레드 와인 같은 느낌.

입안의 느낌 : 가볍거나 중간 정도의 느낌, 탄산감도 적당함.

총평 : 맥주에서 와인의 풍미를 느낄 수 있음.

이 맥주를 같이 마신 나의 아내는 이렇게 한마디를 보탰다.
"지루한 와인보단 개성 있는 맥주를 마시는 것이 낫네!"

두체스 드 부르고뉴는 벨기에 플랜더스 지방의 서쪽에 위치한 베르헤게
양조장(1875년 설립)에서 생산하는 플랜더스 레드 에일 스타일의 맥주이다.
이 맥주는 두 번 발효한 후 18개월 동안 오크통에 숙성하여 만든다. 최종 상품
은 8개월 된 미숙성 맥주와 18개월 장기 숙성한 맥주를 섞어 만드는데, 오크

통의 상주균에 의해 만들어진 시큼함과 산도의 밸런스를 잡기 위해서이다. 숙성기간과 블렌딩 방법의 차이는 있겠지만 대부분의 플랜더스 레드 에일은 이렇게 만들어진다.

두체스 드 부르고뉴 병은 하나의 작품같다. 라벨에는 오른손 위에 새를 얹고 다른 손으로는 옷깃을 잡은 채 우수에 잠겨 있는 여인이 그려져 있다. 대체 이 여인은 어떤 사연이 있어 병 속에 담겼을까?

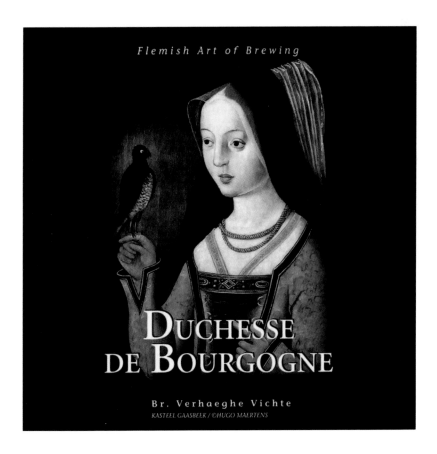

🐑 — 부르고뉴의 마지막 상속녀

이 여인은 부르고뉴 공국의 마지막 상속녀인 마리이다. 맥주의 이름인 두체스 드 부르고뉴는 부르고뉴의 공작부인이라는 뜻으로 곧 마리를 의미한다. 맥주를 이야기하다 웬 역사 이야기지 하겠지만, 부르고뉴의 역사를 이해하면 벨기에 플랑드르 지역의 역사를 이해할 수 있고, 플랑드르의 역사를 이해하면 이들이 만든 맥주도 이해할 수 있을 것이다. 그러고 나면 이 맥주에 왜 이런 이름을 붙였는지 이해가 될 것이다.

부르고뉴는 공국으로 프랑스 신하의 신분인 공작이 다스리는 지역이었다. 오늘날의 관점으로 생각하면 프랑스라는 국가 안에 있는 자치령 정도로 여겨질지 모르겠지만 사실은 그렇지 않다. 부르고뉴는 당시 프랑스, 잉글랜드와 동등한 국가의 입장이었으며 심지어 프랑스를 실질적으로 지배하기도 하였다. 부르고뉴가 그대로 하나의 국가가 되었다면 지금의 유럽은 달라져 있을지 모른다. 부르고뉴 공국은 영국과 백년전쟁을 치른 프랑스의 왕인 장 2세의 아들 대담공 필리프 2세로부터 출발하였다. 필리프 2세는 아버지와 전투에 동행하면서 크고 작은 전쟁을 치렀다. 전쟁 중에 영국에 포위되어 부자가 함께 런던 탑에 갇히기도 하였다. 이런 효심 깊은 아들은 불행히도 첫째가 아니었고, 대권 상속의 제일 마지막 순위인 넷째, 막내였다. 국왕은 목숨 걸고 자신과 함께한 막내아들에게 왕위를 물려주진 못했지만 대신 부르고뉴 지역을 선사하고 공작에 봉했다. 이후 필리프 2세는 플랑드르의 마르그리트와 정략결혼을 하여 부르고뉴의 영토를 플랑드르까지 확장했다.

부르고뉴는 대담공 필리프 2세부터 담대공 샤를 1세까지 약 100년간 프랑스와 끊임없이 싸우면서 한편으론 영국과 동맹 관계를 맺는 등 프랑스 전역에 강력한 영향력을 행사했다. 아버지 장 2세는 아들 필리프 2세에게 이 지역을 선사했을 때 이렇게 자손 간에 싸움이 일어날 줄은 몰랐을 것이다. 부르고뉴와 프랑스의 싸움은 부르고뉴의 담대공 샤를이 죽으면서 끝났다. 샤를은 로렌 지방을 차지하기 위해 싸우다가 스위스의 강력한 용병에 의해 비참하게 죽었다. 그런데 샤를에게는 왕위를 물려줄 아들이 없었다. 그래서 부르고뉴의 많은 영토를 그의 유일한 딸인 마리가 상속했다. 맥주의 라벨에 그려져 있는 초상의 주인공 말이다(마리다).

부르고뉴의 마지막 상속녀, 부르고뉴 공작부인 마리는 1457년에 벨기에의 브뤼셀에서 태어났다. 마리가 부르고뉴의 엄청난 재산을 상속받았을 때의 나이는 19세였다. 결혼 적령기가 다 된 이 상속녀가 누구와 결혼하느냐에 따라 부르고뉴의 땅이 누구에게 갈지가 결정되는 것이었다. 당시 부르고뉴는 프랑스와 신성로마제국의 사이에 있었고, 후보자로도 프랑스 왕 루이 11세와 신성로마제국 황제 프리드리히 3세가 나섰다. 프랑스 루이 11세는 부르고뉴를 무력으로 빼앗겠다는 어리석은 생각으로 선수를 쳐 군사를 동원하여 부르고뉴를 공격하였지만 실패했다. 자연스럽게 부르고뉴는 신성로마제국에 돌아갔고 마리는 프리드리히 3세의 아들 막시밀리안과 결혼하였다. 마리와 막시밀리안 사이에는 필리프라는 아들이 태어났는데(유럽 왕실의 이름 돌려쓰기 지긋지긋하다. 이 필리프는 앞서 언급한 대담공 필리프와 구분하여 미남공 필리프라 불렸다), 필리프는 카스티야(지금의 에스파냐) 공주 후안나와 결혼하여 그 유명한 신성로마제국의 황제 카를 5세를 낳았다. 카를 5세는 태어날 때부터 신성로마제국의 영토와 합스부르크 영토, 에스파냐 영토 그리고 부르고뉴 영토까지 손에 쥐고 태어난 그야말로 금수저였다. 승마를 좋아했던 마리는 1482년, 남편 막시밀리안과 말을 타다 낙마하여 사망했다. 그녀의 나이 고작 26세였다.

부르고뉴 하면 바로 부르고뉴 와인이 떠오른다. 그래서일까? 두체스 드 부르고뉴는 와인과 같은 풍미를 가진 맥주이고 스타일도 와인의 빨간색을 연상시키는 플랜더스 레드 에일이다. 부르고뉴, 와인 그리고 부르고뉴의 마지막 상속녀. 이 모든 것을 두체스 드 부르고뉴 한 병이 담고 있다.

Marie Adélaïde de Savoie(1685–1712), Duchesse de Bourgogne, Pierre Gobert, 1710

'필스너 우르켈'은
어쩌다 일본 맥주가 되었나

　최근 들어 본의 아니게 논란의 중심에 선 맥주가 있다. 평소 맥주에 관심 있는 삶을 살다 보니 많은 지인들이 내게 묻는다. '필스너 우르켈이 왜 일본 맥주냐'고. 결론부터 말하자면, 필스너 우르켈은 체코에서 가장 많이 생산되는 맥주이지만 지금은 아사히맥주의 지주 회사인 아사히 그룹 홀딩스가 소유하고 있기 때문이다. 세계의 맥주 회사들은 최근 수십 년 동안 어떤 산업 분야보다도 극심하고 격렬한 인수 합병의 시기를 겪고 있다. 한국에서 가장 많이 팔리는 오비맥주의 카스는 한국 맥주일까? 기네스는 과연 아일랜드 맥주일까? 벨기에 맥주로 유명한 스텔라 아르투아나 호가든, 레페는 벨기에 맥주일까? 이쯤 되면 눈치챘겠지만 모두 아니라는 답이 나올 것이다. 맥주를 생산하는 지역은 그대로여도 그것을 소유하는 기업은 바뀌었다. 황금색의 맑고 청량한 라거의 시대를 연 필스너 우르켈도 이 회오리를 피하지 못했다. 필스너 우르켈의 역사를 따라가 보려고 한다. 그리고 그 뒷면에 숨겨진 인수 합병의 역사도.

　라거의 역사, 더 크게 본다면 맥주의 역사는 필스너가 발명되기 이전의 시대와 이후의 시대로 나뉜다고 해도 과언이 아니다. 필스너가 발명되기 이전의 맥주는 까맣게 볶은 맥아의 색을 닮아 검고 어둡거나 붉었다. 밝고 옅은 황금색의 필스너가 나왔을 때 반신반의하며 마셨던 당시의 사람들은 맥주의 색만큼이나 청량한 맛에 크게 감동했다. 맥주는 입으로도 마시지만 눈으로도 마신 다고 했던가? 이 맑고 청량한 맥주는 투명한 맥주잔도 덩달아 유행시켰다. 검 붉은 맥주를 굳이 보면서 마시고 싶다는 생각은 들지 않아도, 황금색 투명한 빛에서 탄산 가스가 보글보글 올라오는 모습은 그대로도 아름답지 않은가? 아무튼 이 황금색 맥주는 맥주의 향후 지형을 바꾸어 놓았는데 현재 세계에 서 가장 많이 팔리는 10가지 맥주는 모두 필스너 혹은 필스너에서 파생된 페 일 라거 스타일이다.

필스너 우르켈(Pilsner Urquell). 영어로 읽으면 필스너 우르켈이지만, 독 일어로 읽으면 필스너 우어크벨에 가깝다. 독일어에서 지명에 'er'이 붙으면 그 지역의 사람 혹은 그 지역에서 생산된 물건을 말할 때가 많은데, 독일 맥주 에도 이렇게 이름 지어진 것들이 많다. 예를 들어 에딩거 Erdinger는 에딩에 서 생산된 맥주, 크롬바커 Krombacher는 크롬바크에서 생산된 맥주를 말한 다. 필스너는 필젠 지방에서 생산된 맥주를 뜻한다. 우르켈은 '원천 original'이 라는 뜻의 독일어이다. 그렇다면 필스너 우르켈은 우리말로 하면 '원조 필젠 의 맥주'쯤으로 해석된다.

필스너는 원래 플젠 지방에서 생산된 맥주만을 의미하는 고유한 이름이었 다. 그런데 이 맥주의 인기가 좋다 보니 옆 나라 독일에서 여러 양조가들이 따 라서 양조하기 시작하였다. 그러자 필스너는 고유한 맥주 이름보다는 홉을 강 조한 황금색 라거 맥주를 모두 일컫는 대명사가 되어버렸다. 이에 플젠 지방 의 양조가들이 독일 법원에 소송을 냈는데 판결의 결과는 플젠 지방의 필스너 는 원조로 인정하지만, 필스너가 너무 대중적으로 되어버려서 라거의 스타일 을 나타내는 맥주 한 종류로 쓸 수 있다는 것이었다. 그래서 체코에서는 플 젠스키 프라즈드로이로 쓰지만 독일로 수출할 때는 '내가 원조야'라는 의미의 독일어를 필스너 우르켈이라고 사용하게 된 것이다. 이것이 독일뿐만 아니라 전 세계에서 사용하는 맥주 이름이 되었다.

한편, 라거 맥주는 원래 독일에서 처음 양조되었는데 체코에서 필스너가 발명된 것도 재미있다. 플젠 지방의 맥주가 원래부터 맛이 좋았던 건 아니었다. 1840년 이전에 이 지역에서 생산된 맥주는 따뜻한 온도에서 발효된 에일이었고, 어둡고 탁했으며, 품질이 일정하게 나오지 않았다. 얼마나 맛이 없었는지 플젠 시의회는 36개의 맥주통을 버리라고 명령했고, 시민들은 맥주를 길바닥에 뿌리는 퍼포먼스를 했다. 결국 플젠 지방의 시민들은 좋은 맥주를 만들기 위해 협력하기로 하고 시민 양조장을 새로 만들었다. 그리고 라거 맥주의 원조인 독일에서 라거 맥주의 기술자인 요제프 그롤을 영입했다.

요제프 그롤은 독일 바이에른 지방의 양조업자로 당시 제들마이어가 이룩한 라거 맥주의 양조 기술을 갖고 있었다. 라거 맥주는 하면발효의 맥주로, 발효를 위해서는 탱크를 섭씨 4~9도에서 식히는 것이 필요한데 그롤은 플젠의 기후가 바이에른의 기후와 유사하여 겨울철 얼음을 저장하면 일 년 내내 하면발효를 지속할 수 있을 것이라 생각했다. 1842년 그롤은 체코에서 재배되는 모라비아 맥아와 사츠 홉, 플젠의 연수 그리고 뮌헨에서 가져온 효모를 사용해 지금과 같은 필스너 타입의 맥주를 만들었다. 필스너는 시대의 유행과 맞아떨어져 점점 유럽 대륙으로 퍼져 나갔다.

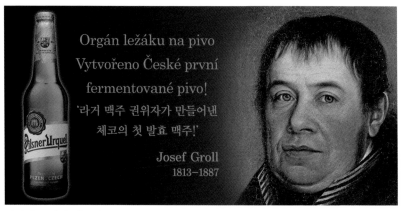

Orgán ležáku na pivo
Vytvořeno České první
fermentované pivo!
'라거 맥주 권위자가 만들어낸
체코의 첫 발효 맥주!'

Josef Groll
1813–1887

당시에는 이런 내용의 포스터로 홍보하지 않았을까?

필스너 우르켈이 일본 맥주가 된 사연에는 대단히 복잡하고 치열한 글로벌 맥주 회사들간의 인수 합병 역사가 있다. 그 주인공은 사브밀러와 AB InBev 이다. 조금 복잡할 수 있으니 이것을 이해하려면 정신 바짝 차려야 한다. 사브밀러는 1895년에 설립한 남아프리칸 브루어리와 밀러 브루잉 컴퍼니가 합병한 회사이다. 이 회사는 1999년 필스너 우르켈의 지분을 사들여 이때부터 필스너 우르켈이 사브밀러의 소유가 되었다. 한편, AB InBev는 2015년 사브밀러를 사들여 AB InBev SA/NV가 되었는데, 당시 맥주 회사 1위와 2위 간의 합병으로 공룡 기업이 탄생하는 순간이었다. 그런데 AB InBev의 인수 합병의 이력은 더욱 화려하다. 세계적으로 가장 많이 팔리는 버드와이저를 생산하는 미국의 대표 맥주 회사는 1871년에 설립한 앤하이저-부쉬 컴퍼니이다. 그런데 이 회사는 2008년 벨기에와 브라질의 다국적 기업인 인베브(InBev)에 매

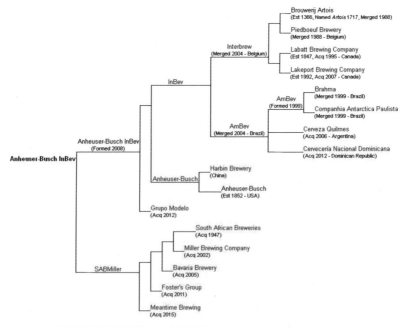

AB InBev의 인수/합병도(출처: 위키피디아)

각되었다. 인베브 또한 스텔라 아르투아, 호가든 등으로 유명한 벨기에 맥주 회사 인터브루와 브라질의 국민 맥주 브라흐마를 생산하는 암베브(Ambev)가 2004년에 합병한 기업이다.

다시 2015년으로 돌아가서, AB InBev가 사브밀러를 사들이면서 필스너 우르켈은 잠시 동안 AB InBev의 소유가 되었다. 하지만 이 합병으로 AB InBev가 미국에서 독과점 기업이 되는 바람에 일부 맥주를 매각하라는 정부의 명령을 받아들일 수밖에 없었다. 그 대상이 바로 필스너 우르켈을 포함한 체코, 슬로바키아, 폴란드, 루마니아, 헝가리 등의 동유럽 맥주였다. 2016년 AB InBev는 아사히 그룹에 필스너 우르켈이 포함된 동유럽 맥주를 미화 78억 달러에 팔았다. 아사히 그룹은 국내 시장의 한계를 해외 시장으로 돌파하려는 노력의 일환으로 이미 서유럽의 일부 맥주를 보유하고 있었는데 동유럽 맥주까지 소유하게 된 것이다.

그리하여 현재 아사히 그룹이 소유하고 있는 유럽 맥주는 영국의 풀러스.

Photocredit ⓒ 350543

AB InBev의 맥주들

이탈리아의 페로니, 네덜란드의 그롤쉬, 체코의 필스너 우르켈과 코젤, 감브리너스 등 매우 다양하다.

Photocredit ⓒ Nathan Dumlao

일본 회사 소유의 이탈리아 맥주, 페로니

Photocredit ⓒ Umit Canbolat

일본 회사 소유의 네덜란드 맥주, 그롤쉬

'올드 라스푸틴'을
마실 때 하고 싶은 이야기

누군가와 올드 라스푸틴 한 병을 나눠 마신다면 하고 싶은 이야기가 있다. 이 맥주의 라벨을 가만히 보고 있으면 한 남자와 그 남자의 주변에 여러 가지 의미가 담겨 있는 글자들이 보인다. 하나는 OLD RASPUTIN이라는 맥주의 이름이고, 또 RUSSIAN IMPERIAL STOUT라는 맥주의 스타일이며, 마지막으로 NORTH COAST BREWING이라는 맥주를 만든 양조장 이름이다. 모든 맥주의 스토리는 재미있지만(그래서 나는 맥주의 스토리를 쓰고 있지만) 이 세 개의 스토리는 더더욱 재미있을 것이다.

🍺 ── 러시아 제정을 무너뜨린 요승 라스푸틴

올드 라스푸틴의 라벨에 그려진 이 남자, 이마에 손을 얹고 우수에 젖은 깊은 눈으로 당신을 노려보고 있다. 이 남자는 러시아 제정을 몰락시킨 장본인 그리고리 라스푸틴이다. 라스푸틴은 러시아 제정 로마노프 왕조 말기, 즉 19세기 후반과 20세기 초반에 걸쳐 러시아 황실을 농락한 사이비 종교인이었다. 비루하고 미천했던 신분의 그는 사이비 종교와 최면술 그리고 누구보다 뛰어난 성적 능력으로 대중들의 환심을 사고 러시아의 귀부인들의 마음을 사로잡

Photocredit ⓒ Bernt Rostad

았다. 결국에는 니콜라이 2세의 황후 알렉산드라의 총애를 받는 비선 실세가 되어 국정을 농락하고 정치에 깊이 관여하였다. 니콜라이 2세와 알렉산드라 사이에는 혈우병을 가진 황태자 알렉세이가 있었는데, 일설에 의하면 황태자의 피가 멈추지 않자 라스푸틴이 그의 최면술로 피를 멈추게 하여 황후의 절대적인 신임을 얻었다고 한다.

20세기 초반 러시아는 혼돈의 한가운데 있었다. 1차 세계대전이 발발하자 니콜라이 2세는 몸소 군대를 이끌고 출전하였고, 내정은 알렉산드라 황후가 담당하였지만 사실상 라스푸틴의 몫이었다. 그는 수상과 대부분의 장관을 임명하고 파면하는 등 권력의 최고 정점에 있었으며 부정과 부패를 일삼았다. 심지어 민중들 사이에서는 라스푸틴이 알렉산드라 황후의 섹스 파트너라는 소문이 파다했다. 혹은 알렉산드라 황후가 라스푸틴의 성 노리개라는. 옆의 그림은 당시 민중들 사이에서 떠돌던 카툰인데, 라스푸틴이 황후의 젖가슴을 움

켜쥐고 있는 모습이다. 민중들이 보는 황후가
대략 이 정도였다.

　러시아 황실의 권위는 땅에 떨어졌고 라
스푸틴에 대한 민중들의 증오는 상당했다. 결
국 황제의 친척뻘쯤 되는 유스포프 장군이 라
스푸틴을 살해하였다. 유스포프는 라스푸틴
을 집으로 초대해 독이 든 식사를 대접하였으
나 라스푸틴은 맛있게 먹기만 하고 죽지는 않아 결국 권총을 뽑아 그에게 쐈
다. 라스푸틴은 총을 맞고도 바로 죽지 않고 유스포프에게 달려들어 목을 조
르려고 했다. 유스포프는 그를 마구잡이로 때려죽였고 시신은 양손을 밧줄로
묶어 근처의 강가에 버렸다. 며칠 후 그의 시신이 발견되었는데 그의 성기가
도려진 채 잘려 있었다. 니콜라이 2세는 두 달 뒤 폐위되었고 그해 10월, 볼셰
비키 혁명이 일어났다. 이듬해, 니콜라이 2세와 황후 알렉산드라는 처형되었

Grigori Rasputin(1869-1916)

다. 라스푸틴은 한 명의 황제를 몰락시킨 정도가 아니라 300년 동안 이어졌던 러시아의 제정을 무너뜨린 것이다.

라스푸틴의 이야기는 길지만, 가볍게 살펴본 이 정도만 봐도 우리나라의 누가 생각나지 않는가? 실제로 미국의 뉴욕타임스는 2016년 기사에서 최순실(과 그리고 최태민)을 한국의 라스푸틴이라고 빗대어 말했다. 그래서 한때 올드 라스푸틴이 한국에서 '최순실 맥주'로 유명세를 타기도 한 것이다.

🍺 —— IPA를 닮은 극단의 맥주, 러시안 임페리얼 스타우트

맥주의 스타일을 이야기할 때 나라의 이름이 붙여져 있다면 저마다의 사연이 있는 것이다. 가령 앞서 IPA가 인도에 거주하는 영국인에게 배송하려 홉을 잔뜩 넣고, 다른 맥주 재료도 과도하리만치 사용하여 도수를 높인 '인디아 페일 에일'이라는 이야기를 들려드렸었다. IPA는 현재 미국 크래프트 업계에서 가장 유행하는 맥주 스타일이 되었는데 그래서인지 일부 사람들은 인디아를 아메리칸 인디아로 오해하곤 한다.

러시안 임페리얼 스타우트 또한 IPA와 매우 유사한 작명 센스를 가진 맥주이다. 18세기 초 영국의 포터는 러시아의 황실과 귀족들 사이에서 매우 인기가 좋았다. 영국에 유학 갔던 러시아 귀족들이 영국에서 마신 포터를 잊지 못하고 수입해서 마신 것이다. 하지만 러시아까지 가야 하는 이 영국산 맥주는 유럽의 북해와 발트해를 거쳐 오랜 기간 항해해야 했으니 특단의 조치가 필요했다. 물론 특단의 조치란 IPA처럼 맥주의 재료와 홉을 과도하게 사용하는 것이었다. 1760년대 영국의 앵커 브루어리가 이러한 포터 맥주를 만들고 이를 러시안 임페리얼 스타우트라 하였다. 맥주의 이름에 붙여진 임페리얼(황제)은 보통 '강하다'라는 의미가 담겨 있고, 스타우트 또한 스타우트 포터(강한 포터)를 줄여서 사용한 말이니, 얼마나 강한 맥주인지 짐작할 수 있다.

러시아 여황제인 예카테리나 2세가 이 맥주를 좋아해 계속 영국에서 수입해서 마셨다.

러시안 임페리얼 스타우트는 나폴레옹 전쟁으로 영국과 유럽의 무역이 중단되면서 영국 내수로 판매되기도 했지만 서서히 판매가 감소되면서 거의 자취를 감추게 되었다. 거의 사라진 이 맥주 스타일을 되살려낸 것은 조금은 엉뚱하게도 미국의 크래프트 브루어리였다. 미국의 크래프트 브루어리는 사라진 레시피를 찾아내 재해석하고 재창조하였다. 그리고 더욱 극단적으로 만들었다. 러시안 임페리얼 스타우트는 대부분 알코올 도수가 8%에서 12% 정도이고, 맥주의 색을 참조하는 SRM은 30에서 40 정도로 매우 어두우며, 맥주의 쓴맛을 나타내는 IBU는 50에서 90 사이로 강하다.

참고

SRM(Standard Reference Method)은 맥주의 색상을 측정하는 방법으로 0에서 40 사이의 숫자이다. 대개 페일 라거가 2~3 정도로 밝으며, 임페리얼 스타우트가 40 정도로 어둡다.

IBU(International Bitterness Unit)는 맥주의 쓴맛을 나타내는 용어로 범위는 0에서 무한대이다. 대개 밀맥주가 5~16 정도이며, 임페리얼 IPA가 100에 가깝다.

🍺 —— 1988 세대를 대표하는 노스 코스트 브루잉

미국 캘리포니아 북부 지방의 포트 브래그는 태평양에 근접해 있는 작은 마을로 일 년 내내 온화한 날씨를 가진 지역이다. 이곳에 올드 라스푸틴을 생산하는 맥주 양조장, 노스 코스트 브루잉 컴퍼니가 자리 잡고 있다. 노스 코스트 브루잉은 1988년 마크 루드리치가 톰 알렌, 더그 무디와 함께 공동으로 시작하였다. 1988년은 미국 크
래프트 브루어리 역사에서 아마 가
장 중요한 해일지도 모른다. 1980년
대 미국에서는 갑자기 크래프트 브
루어리가 우후죽순 생겨났는데, 유
독 1988년에만 56개의 브루어리가
새로 생겨나 이들을 '1988세대' 브
루어리라고 명명하고 있다. 노스 코
스트 브루잉도 1988세대로 1세대 크
래프트 브루어리 중 하나이다. 1970

년대 중반 루드리치는 아내와 함께 영국의 데본으로 이사했다. 그는 그곳에
서 지역 양조장의 품질 좋은 맥주도 마시고, 당시 영국에서 일었던 CAMRA
(Campaign for Real Ale) 운동을 직접 목격할 수 있었다. 미국으로 돌아온 그
는 좋은 맥주를 만들기 위해 캘리포니아의 북부의 멘도치노 해안에 자리를 잡
았다. 바로 포트 브래그가 있는 도시이다.

　　1988년 첫해에는 Old No.38이라는 스타우트와 스크림쇼 필스너, 레드 씰
에일까지 3종의 맥주를 만들어 400배럴 정도를 팔았다. 현재는 12가지 핵심
브랜드를 포함하여 18가지의 맥주를 팔고 있다. 이중 스크림쇼가 아직까지
도 생산량의 35~40% 정도를 차지하는 베스트셀러이다. 두 번째 베스트셀러
가 바로 앞서 등장했던 올드 라스푸틴이다. 올드 라스푸틴의 생산량은 대략
20~22%를 차지하고 있다.

　　미국 브루어리 협회 BA(Brewers Association)에 의하면, 2018년 노스 코
스트 브루잉은 판매량 기준으로 미국 크래프트 브루어리 중에서 46위를 차지
하였다. 연간 생산량은 65,000배럴이다. 그리고 올드 라스푸틴은 최근 tast-
ings.com에서 개최한 세계 맥주선수권대회에서 심사위원들로부터 94점을 받

아 금메달을 획득한 바 있다.

맥주명 : 올드 라스푸틴

ABV : 9.0%

외관 : 짙은 갈색에 가까운 검은색. 갈색 거품이 풍부하게 올라옴.

향 : 매우 강렬하고 풍부하고 복잡한 향. 에스프레소, 다크 초콜릿 향과 약간의 과일 향이 느껴짐.

풍미 : 커피나 다크 초콜릿 같은 맥아의 풍미와 건포도 같은 검은 말린 과일에서 나오는 프루티함이 느껴짐. 알코올도 꽤 강함.

입안의 느낌 : 입안에 담으면 묵직, 쫀득한 느낌.

총평 : 처음엔 꽤 강하게 느껴졌으나 이 스타우트를 마신 이후에 세상의 다른 스타우트는 시시해졌음. 맥주에 이런 모습을 상상하는 것은 우습지만, 추운 겨울날에 맥주잔을 호호 불면서 마셔야 할 듯.

러시안 임페리얼 스타우트는 러시아 황실의 사랑을 받고 성장한 맥주이다. 특히 러시아 제국을 이룩한 표트르 대제와 전성기를 일궈낸 예카테리나 2세의 사랑을 한몸에 받았다. 찬란한 제국의 이름을 가진 맥주 스타일에 제국을 망가뜨린 인물의 이름을 사용한 이 맥주, 왠지 모를 아이러니와 패러독스가 담겨 있다.

'듀벨',
이것은 진정 악마의 맥주다

악마라고 불리는 맥주가 있다. 아  니다. '~라고 불린다'는 의미에는 원 래의 이름이 따로 있는 것이니까, 이 맥주는 그냥 악마라고 불러야 할 것 같다. 왜냐하면 맥주 이름이 곧 '악마'이기 때문이다. 맥주 분류상 벨지안 골든 스트롱 에일에 분류되는 이 맥주는 적당히 쌉쌀한 맛과 절제된 플레이버, 독 특한 홉의 캐릭터를 가진 맥주이다. 필스너 맥주의 인기에 대항하기 위해 나 왔다는데 역시나 편하게 마실 수 있어 악마의 맛이라기보단 천사의 맛에 가깝 다. 악마의 탈을 쓴 천사 듀벨, 이것은 에일의 반격이다.

듀벨

앞서 듀벨은 적당히 쌉싸름하고 절제된 향과 아로마, 독특한 홉의 캐릭터 를 가진 맥주라고 설명하였다. 이 모든 것은 듀벨만의 독특한 맥주 제조 과정 에서 나온다. 듀벨의 양조 과정에는 대략 90일이 소요된다. 물을 제외하고 맥 주의 가장 중요한 재료는 보리인데 보리의 발아에만 5일이 걸린다. 사용되는 몰트는 필스너에 주로 사용되고 페일 몰트 중 하나인 필스너 몰트와 거품 유지력이 강하고 바디감이 두터운 카라필스 몰트이다. 홉은 기본적으로 슬로베니아의 스티리안 골딩 홉과 체코의 사츠 홉 두 가지를 사용한다. 듀벨은 20℃에서 26℃ 사이의 탱크에서 1차로 발효한다. 이때 사용되는 효모는 듀벨의 주인인 무어가트가 1920년대 더 좋은 재료를 찾기 위해 스코틀랜드에서 가져온 변종 효모이다. 이후 −2℃로 냉각한 저장 탱크에서 숙성한 후 병에 넣는다. 병에 넣을 때는 설탕과 효모를 추가해 병 안에서 또 한 번 발효시킨다. 이 병들은 24℃의 따뜻한 지하실로 2주간 옮겨지고, 그러고 나서 차가운 지하실로 옮겨 6주간 숙성한다. 병에서의 추가 발효로 맥주의 도수를 높이고 긴 숙성 기간 덕분에 원숙하고 안정된 맛이 난다.

듀벨 무어가트 양조장

듀벨은 벨기에의 듀벨 무어가트 양조장에서 만든다. 듀벨 양조장은 1871년 얀-레오나르트 무어가트와 그의 와이프가 자신의 이름을 따서 만든 양조장이다. 당시에는 벨기에에만 3,000개의 양조장이 있었는데 살아남기도 쉽지 않았다. 무어가트는 수차례 시험과 실패를 겪으면서 영국식 상면발효 에일을 만들어 그 지역에서 소박하게 인기를 끌었다. 주로 브뤼셀 중산층의 사랑을 받았다고 하는데 이때까지만 해도 지역의 작은 양조장에 불과했다. 양조장이 본격적으로 호황을 맞은 것은 그의 두 아들이 양조장을 물려받은 이후부터이다. 창업자 무어가트에게는 알베르트와 빅토르라는 두 아들이 있었는데 알베르트는 맥주 양조를 책임지고 빅토르는 맥주 판매를 책임지면서 형제간의 갈등 없이 양조장을 안정적으로 운영하였다.

1차 세계 대전이 한창이던 1900년대 초, 두 형제는 영국인의 입맛에 맞는 영국식 에일을 만들면서 대중적인 인기를 끌기 시작하였다. 그러나 이러한 성공에도 불구하고 만족할 수는 없었나 보다. 그들은 영국 맥주 모델을 기반으로 하면서도 완전히 새롭고 특별한 맥주를 만들고 싶었다. 두 형제는 새로운 레시피를 완성하기 위해서는 좋은 재료가 필요하다고 생각했고 영감을 얻기 위해 영국으로 맥주 여행을 떠났다. 그들은 스코틀랜드에서 다소 변형된 에일 효모를 구해 와 체코의 사츠 홉과 슬로베니아의 스티리안 골딩 홉을 섞어 맥주를 만들었다. 1차 세계 대전이 끝난 후 새롭게 완성된 이 맥주에 빅토리 에일이라는 이름을 부여했다. 전쟁의 승리와 맥주의 완성을 자축하는 의미로 붙인 이름으로 보인다.

그런데 빅토리 에일은 어쩌다가 악마가 되었을까? 일설에 의하면 두 형제의 친구이면서 지역의 저명인사인 구두수선공 친구가 빅토리 에일을 마시고 지역 방언으로 이렇게 외쳤다고 한다. '이건 진짜 악마인데(This is a real

Duvel(Devil))'. 이때부터 맥주의 이름은 '악마'를 뜻하는 듀벨이 되었다. 네덜란드어로 Duvel의 발음은 듀벨보다는 두블에 가깝다. 트라피스트 맥주에서 두 배를 의미하는 두벨 Dubbel과는 다른 뜻이다. 듀벨의 도수는 무려 8.5%라서, 평소 4~5%의 평범한 맥주를 마셨을 사람들이 이 맥주를 마시고 비약적으로 악마를 연상했을 법도 하다. 아니면 가볍게 마신 맥주가 다음날 악마를 소환했을지도.

맥주명 : 듀벨
ABV : 8.5%
외관 : 맑고 투명한 황금색, 에일이면서 라거의 외관과 견줄 수 있을 정도로 청량한 느낌. 맥주를 따를 때 조심해야 할 정도로 거품이 풍부함.
향 : 배나 사과와 같은 은은한 과일 향 혹은 풀잎 향, 벨지안 효모의 특성인 프루티함과 스파이시함이 돋보임.
풍미 : 향에서 느껴지는 풍미가 대부분 느껴짐, 탄산도 많은 편이라 마시기도 쉬움, 알코올 도수에 비해 그리 독하게 느껴지지는 않음.
입안의 느낌 : 도수에 비해 가벼운 느낌이며, 탄산도 풍부함.
총평 : 벨기에 에일을 단 하나만 추천하라면 주저 없이 이 맥주를 권함. 벨지안 효모가 가지고 있는 프루티함과 스파이시함을 잘 느낄 수 있음. 높은 알코올 도수에 비해 그리 독하게 느껴지지 않으나 라거처럼 벌컥벌컥 마시는 일은 없으시길.

듀벨은 원래 다크 맥아를 사용하여 어두운 색깔이었다가, 1970년대 페일 라거에 대항하기 위해 레시피를 바꿔 페일 맥아를 사용하면서 지금과 같은 황금색의 블론드 에일이 되었다. 이후 듀벨은 이러한 스타일의 고전이 되어 세계 여러 양조장에 영향을 주었는데 대표적인 것이 벨기에의 델리리움 트레멘

스이다. 이 모든 것이 훌륭한 벨기에 스타일의 블론드 에일이다. 이들 맥주의 전용잔은 모두 튤립 모양이라는 공통점이 있다.

튤립 모양의 맥주잔은 1960년대 후반부터 듀벨에서 처음으로 사용하였다. 이때는 무어가트 집안의 3세대 후손이 경영하던 시대였는데, 그들은 개성 넘치는 맥주에는 개성 넘치는 잔이 필요하다고 생각했다. 와인 잔을 연상시키는 이 혁신적인 튤립 잔에는 330ml의 맥주 한 병을 모두 채울 수 있다. 잔의 둥글고 넓은 윗부분은 맥주의 플레이버와 아로마를 충분히 경험할 수 있도록 된 것이고, 그 아래 좁게 내려가는 부분은 헤드 부분에 거품을 채워 탄산이 오래 유지되도록 도와주는 역할을 한다.

Photocredit © Amin

듀벨 무어가트 양조장은 2000년대 이후부터 현재까지 4세대 후손들이 경영하고 있다. 1923년에 겨우 나무 상자 몇 개 분량 정도만 생산했던 양조장은 현재 전 세계 60개국 이상의 나라에 듀벨을 수출하는 양조장이 되었다. 2015

년 기록에 의하면, 연간 140만 헥토리터를 생산하고 있다.

🍺── 듀벨 트리펠 홉

듀벨 무어가트 양조장은 많은 종류의 맥주를 만들어 내지는 않는다. 실질적으로 듀벨이라는 딱 한 종류의 맥주만 생산한다고 해도 아주 틀린 말은 아니다. 하지만 듀벨을 약간 변형시킨 듀벨 트리펠도 있으니 또 아주 맞는 말도 아니다. 듀벨 트리펠 홉은 주 발효 과정 후에 라거링(저장 숙성) 과정에서 홉을 추가로 넣는데, 이 과정을 드라이 호핑이라고 한다. 예를 들어 2012년에 드라이 호핑으로 사용한 홉은 미국 워싱턴 주의 야키마 계곡에서 재배한 홉으로 자몽과 열대 과일의 신선한 맛을 낸다. 듀벨은 아메리카 페일 에일에 많은 영향을 주었고 미국의 홉은 다시 벨기에 페일 에일에 영향을 준 셈이다. 앞서 듀벨은 두 가지 홉을 기본적으로 사용한다고 하였는데, 여기에 한 가지 홉을 더

Photocredit ⓒ DirkVE

넣어 만든 것이 듀벨 트리펠 홉이다. 재미있는 사실은 매년 리미티드 에디션을 발매하여 세 번째 홉을 다르게 넣는 것이다. 그러므로 매년 듀벨을 마셔야 하는 이유가 있다(그렇지 않아도 매년 마시겠지만). 듀벨 트리펠 홉은 알코올 도수가 무려 9.5%이다. 듀벨은 두 배라는 의미는 아니지만, 트리펠은 세 배라는 말도 틀린 것이 아니다. 즉 트리펠은 세 번째 홉을 넣었다는 것과 세 배 정도 강한 맥주라는 중의적 의미를 갖고 있다.

듀벨 트리펠 홉 리미티드 에디션과 세 번째 홉

Duvel Tripel Hop 2007~2011 : Amarillo

Duvel Tripel Hop 2012 : Citra

Duvel Tripel Hop 2013 : Sorachi Ace

Duvel Tripel Hop 2014 : Mosaic

Duvel Tripel Hop 2015 : Equinox

Duvel Tripel Hop 2016 : HBC-291

Duvel Tripel Hop 2017~2020 : Citra

Duvel Tripel Hop 2019~2020 : Cashmere

알자스의 별을 품은
'에스트레야 담'

프랑스 알자스 지방에 살던 프란츠는 공부보다는 놀기를 좋아하는 소년이었다. 프란츠는 그날도 학교에 가지 않고 있었다. 아멜 선생님이 프랑스어 문법을 질문하신다고 하셨는데 공부를 하지 않았기 때문이다. 잠시 학교를 아예 빠질까 생각했지만 여느 날처럼 느지막이 학교에 가기로 했다. 학교로 가는 길에 동네 아저씨들이 모여 웅성거리고 있는 장면을 봤지만 대수롭지 않게 생각하며 지나쳤다. 교실에 들어서니 역시 동네 아저씨들이 앉아 계셨다. 아멜 선생님한테 크게 혼날 거라고 생각을 했지만, 웬일이지 그날따라 선생님은 크게 야단치지 않았고 부드럽게 말씀하셨다. "자리에 앉거라. 하마터면 너를 빼놓고 수업을 시작할 뻔했구나". 그리고 보니 선생님의 옷도 장학사가 올 때나 입는 정장을 입고 계셨다. 무언가 분위기가 엄숙했다. 선생님은 교단에 올라 말씀하셨다. "여러분, 이 수업이 마지막 수업입니다. 지금부터 알자스-로렌 지방의 모든 학교에서는 독일어만 가르치라는 명령이 베를린에서 왔습니다". 곧이어 프란츠는 자신이 준비한 프랑스 문장을 발표했다. 잘 외우지도 못하고 더듬거리며 읽었지만 선생님은 꾸짖지 않으셨다. "프란츠, 너를 혼내지는 않겠다. 너는 이미 네 마음 깊이 반성하고 있을 테니까. 우리는 시간이 많으니까 내일 해야지, 이렇게 생각한다. 하지만 그건 너만의 잘못은 아니구나. 우리 모두의 잘못이지"라며 프란츠를 위로하였다. 수업이 끝나는 12시 종이 울리고, 훈련에서 돌아온 독일(프로이센)군의 소리가 들리자 선생님은 칠판에 'Viva La France (프랑스 만세)'라고 크게 쓰셨다.

이 이야기는 프랑스의 작가 알퐁스 도데의 '마지막 수업'이라는 소설의 줄거리이다. 도데는 프랑스의 시선으로 알자스를 바라봤지만, 알자스는 사실 독일계 주민이 다수였던 지역이었다. 이 소설은 1871년 프로이센-프랑스 전쟁에서 프로이센에 패한 프랑스가 알자스-로렌 지방을 프로이센에 돌려주었던 시대적 배경을 담고 있다. 여기서 '빼앗겼던'이라는 표현을 쓰지 않고 '돌려주었던'이라고 쓴 것은 바로 이 지역이 프랑스보다는 독일에서 먼저 시작된 지역이기 때문이다. 알자스를 한번 지도에서 찾아보기를 바란다. 알자스를 찾기가 힘들면 알자스에서 가장 큰 도시인 스트라스부르(Strasbourg)를 찾아보면 된다. 이 도시의 동쪽에는 라인강이 흐르고 그 너머에 독일의 동부 지역이 위치해 있음을 알 수 있다. 역사적으로 이곳은 프랑스와 독일이 뺏고 뺏기기를 반복한 지독한 역사를 품고 있는 곳이다. 우리는 현재 일본과 독도를 놓고 영유권 분쟁을 벌이고 있지만 한 번도 독도가 일본 영토였던 적은 없었다. 그런데 그런 곳이 한국과 일본이 번갈아 가며 지배를 했던 땅이었다면 어땠을까? 그곳에 살던 주민들은 어땠을까? 감히 상상하기 힘든 일이다.

알자스와 로렌, 이 두 지방을 묶어 알자스-로렌이라 부르는데, 이 지역 분쟁의 역사는 샤를마뉴 대제의 시기까지 거슬러 올라간다. 프랑스어로는 샤를마뉴, 독일어로는 카를이라 부르는 이 왕은 로마 시대 이후 쪼개진 유럽 대부분의 영토를 점령하고, 800년에 교황 레오 3세로부터 서로마 제국의 황제직을 받은 왕이다. 그렇기 때문에 현재의 프랑스나 독일 모두 그의 유산을 물려받은 셈이다. 그는 제국을 유지하기 위해 끊임없이 노력했지만 그가 죽은 후 제국을 계속 한 덩어리로 묶어두는 것은 불가능했다. 샤를마뉴의 손자들은 결국 제국을 세 덩어리로 나누어 통치하는 게 낫다고 판단하고, 루트비히 왕이 동쪽 지역을, 카를 왕이 서쪽 지역을, 로타르 왕이 중앙을 나눠 가졌다. 이 중앙 지역을 왕의 이름을 따서 로트링겐이라 불렀는데, 이곳이 바로 현재의 로렌 지방이다. 870년 로타르가 죽자 이 지역을 동쪽 지역과 통합했고, 이때부터 대략적인 프랑스와 독일의 국경이 생성되었다. 그 두 나라의 중간에 있는 알자스-로렌 지방을 서로 자신의 영토라 주장하면서, 1,200여 년이나 긴 싸움을 벌였고 1945년 이후 현재는 프랑스의 영토로 유지되고 있다.

800년경 알자스-로렌 지방이 동쪽 지역에 편입된 이후, 이곳은 대체로 독일 영토였다. 당시 독일은 신성로마제국이라는 이름으로 여러 공작이나 제후들이 느슨한 연방을 형성하고 있었는데, 알자스-로렌도 그중 하나였다. 하지만 1600년대 초반 독일 땅에서 30년 전쟁이 벌어졌고, 베스트팔렌 조약으로 처음으로 알자스-로렌의 남쪽 일부가 프랑스 영토가 되었다. 알자스의 가장 큰 도시인 스트라스부르크(스트라스브루의 독일어 이름)가 프랑스에 합병된 것은 1681년의 일이다. 거침이 없었던 프랑스의 태양왕 루이 14세는 선전포고 없이 알자스의 남은 땅을 공격해 스트라스브루크를 스트라스브루로 만들어 버렸다.

1871년 이번에 스트라스부르는 다시 스트라스부르크가 되었다. 나폴레옹 전쟁으로 제국의 동쪽 변방인 러시아까지 쫓겨난 적이 있던 프로이센은 재상 비스마르크를 중심으로 똘똘 뭉쳐 재기에 성공하였고, 오스트리아의 전쟁에서 승리하고, 내친김에 독일 통일의 최대 걸림돌이던 프랑스와 한판 승부를 겨루게 되었다. 그 결과 1871년 1월 파리의 베르사유 궁전의 거울방에서 독일 제국을 선포하는 치욕을 프랑스인에게 선물하였다. 뿐만 아니라 프랑스는 막대한 전쟁 배상금도 물어야 했다. 독일인의 입장에서 그 어떤 배상금보다 값진 것은 바로 알자스-로렌 지방을 다시 찾은 것이다. 도데의 마지막 수업은 바로 이 시기의 알자스-로렌에 남은 프랑스인 입장에서 쓴 소설이다.

스페인의 바르셀로나에는 스페인에서 가장 오래된 양조장인 담(Damm)이 있다. 그 역사는 1876년으로 거슬러 올라간다. 국내에서는 에스트레야 담이라는 라거 맥주가 잘 알려져 있다. 스페인의 날씨는 맥주를 생산하기에 좋은 지역은 아니다. 오히려 맥주보다는 와인이 발전한 나라이다. 유럽에는 맥주를 주로 생산하는 맥주 벨트와 와인을 주로 생산하는 와인 벨트가 있는데, 맥주 벨트가 영국, 아일랜드, 독일, 벨기에 등을 횡으로 연결한 선이라면 와인 벨트는 프랑스, 이탈리아, 스페인 등을 횡으로 연결한 선이다. 지중해에 위치한 스페인은 맥주보다는 와인이 발전하기 적합한 날씨와 환경이다. 맥주로 보면 척박한 스페인에 최초로 맥주 양조장을 설립한 사람이 알자스에서 이주해 온 어거스트 담이라는 인물이다.

담 양조장을 세운 어거스트 담

어거스트 담은 프랑스의 알자스 지역에서 술장사를 하며 살고 있었다. 하지만 이 지역은 앞서 설명했듯이 프로이센과 프랑스 간의 영토 분쟁으로 혼란스러운 곳이었다. 특히 어거스트 담이 살았던 1870년에는 6개월간 프로이센-프랑스 전쟁이 발발하기도 하였다. 알자스 지역이 독일에 점령되자 어거스트 담은 그의 아내와 사촌들을 데리고 알자스에서 바르셀로나로 이주하였다. 그가 왜 스페인으로 갔는지는 알려진 바가 없

사진 출처: 담 홈페이지
(dammcorporate.com)

는데, 아마 프랑스와 독일을 제하고 나니 갈 수 있는 곳이 별로 없었을지도 모르겠다. 아무튼 그는 양조장을 설립했고 중부 유럽의 맥주보다는 가벼운 지중해의 라거 맥주를 만들고, 이 첫 번째 맥주에 스트라스부르거 비어라는 이름을 붙였다. 이 맥주의 레시피는 대체로 유지되었고 맥주의 라벨에 별을 심어 지금의 에스트레야 담이 되었다. 에스트레야는 스페인과 카탈루니아에서 모두 별을 의미하는 단어이다.

에스트레야 담에는 맥아 외에 부재료로 쌀이 포함되어 있는데, 동남아에서는 쌀을 재료로 한 맥주가 흔히 있지만 당시 유럽 맥주 중에서는 독특한 편이었다. 지중해의 따뜻한 날씨 탓에 생산량이 부족한 보리를 대신하여 쌀을 섞어 만든 것이다. 덕분에 맥주의 풍미는 중부 유럽의 맥주보다 가볍고 홉에서 느껴지는 쌉쌀한 풍미보다 맥아와 쌀에서 풍기는 달고 고소한 맛이 있다. 어쩌면 에스트레야 담이 쌀농사가 많은 한국과 동남아시아에서 사랑받는 이유가 아닐까 한다. 에스트레야 담의 원래 알코올 도수는 5.4%이지만 한국에서 판매되고 있는 맥주는 수출용으로 그보다 낮은 4.6%이다. 그리고 수출용에서는 맥아, 쌀 이외에 옥수수도 사용한다.

어거스트 담은 바르셀로나에 양조장을 설립하고 이듬해인 1877년에 사망하였다. 알자스-로렌 지방은 1919년에 다시 프랑스에 넘어갔다. 1차 세계 대전에서 연합국이 승리를 거둔 결과였다. 하지만 2차 세계 대전이 발발하자 재차 독일에 반환되었다가 1944년 11월 이후 또다시 프랑스에 양도되어 현재까지 프랑스 영토로 유지되고 있다.

Photocredit ⓒ Nestor Cañizalez

'바이엔슈테판'으로 알아보는 밀맥주의 스펙트럼

　나의 8살 딸에게 맥주 조기 교육을 시키고 있다. 그렇다고 설마 맥주를 마시게 하는 건 아니고, 맥주의 외관을 보고 라거인지 에일인지 맞추는 놀이를 한다. 이제는 내가 맥주를 마시고 있으면 딸이 곁으로 와서 "아빠, 그거 에일이지?"라며 묻지도 않았는데 말하곤 한다. 나는 이것이 너무 귀여운데 아내는 '잘 하는 짓이다'라며 혀를 찬다. 아무튼 내 딸은 라거는 맑고 투명한 맥주, 에일은 뿌옇고 탁한 맥주라고 생각하고 있다. 밀맥주만 예를 들어봐도 어느 정도는 맞는 말일 것이다. 그런데 밀맥주는 모두 탁하고 뿌옇기만 할 것 같은데, 이 맥주를 보면 조금 갸우뚱하게 된다. 바로 '크리스탈 바이젠'이라는 스타일의 밀맥주이다. 물론 제조는 다른 밀맥주처럼 에일 효모를 사용한 상면발효를 쓰지만, 맥주의 외관과 마실 때의 질감만 보면 밀맥주인데도 맑고 상쾌하고 청량감이 있는 것이 마치 라거 같다. 조금 생소한 밀맥주의 스타일로 바이젠복이라 하는 맥주도 있다. 바이젠복은 밀맥주 스타일과 복비어 스타일이 합쳐진 장르로 일반적인 밀맥주보다 곡물의 풍미가 강하고 도수가 높다. 이처럼 밀맥주의 스펙트럼은 매우 넓다. 일반적으로 불리는 바이젠 외에 병속에 효모가 들어가 있는 헤페바이젠, 흑맥주처럼 어두운 둥켈 바이젠, 효모를 필터링하여 투명한 크리스탈 바이젠, 도수가 높은 바이젠복 등 이런 것들이 모두 밀맥주의 스펙트럼이다.

🍺 ── 바이엔슈테파너 크리스탈 바이스비어

바이엔슈테파너 크리스탈 바이스비어는 밝은 황금색의 투명하고 맑은 맥주이다. 이 밀맥주를 마시지 않고 눈으로만 본다면 그 맑은 정도에 라거라고 착각을 일으킬 정도이다. 라거처럼 목 넘김이 청량한데 독일 밀맥주에서 나는 특유의 바나나 향과 바닐라 향이 난다. 일반적인 라거처럼 거품은 오래 지속되지 않고 대신 톡 쏘는 생동감을 준다. 크리스탈 바이스비어는 밀맥주에서 침전물을 모두 여과시켜 만드는 것으로 일반적인 밀맥주에 비해 워트를 적게 쓴 것이 아니다. 바이엔슈테판 홈페이지에서 제조 노트를 살펴보니 바이스비어, 둥클 바이스비어, 크리스탈 바이스비어 모두 워트의

사진 출처: 바이엔슈테판 홈페이지
(bestbuybev.com/main.html)

하나는 밀맥주인 크리스털 바이스비어이고 하나는 라거 맥주인 벡스이다.
어느 것이 어느 것인지….

비율이 12.7%로 동일했다. IBU는 16으로 쓴맛은 강하지 않다. 알코올 도수는 5.4%이다.

참고

🍺 ── 바이엔슈테파너 비투스

바이엔슈테파너 비투스는 독일에 기원을 둔 복 스타일의 밀맥주이다. 복비어란 일반적으로 사용하는 맥아의 양을 과도하게 사용하여 강하게 우려낸 맥주를 말한다. 그래서 맥아의 맛이 강하고 묵직하며 알코올 도수도 높다. 맥주를 만드는 과정이 당분이 있는 맥아를 효모가 섭취하고 알코올과 이산화탄소를 배출하는 과정이니 더 많은 맥아를 사용했다면 알코올 도수도 높을 수밖에 없는 것이다.

비투스의 제조 노트를 확인해 보니 워트의 비율이 16.5%로 일반적인 바이스비어보다 높다. 보리 맥아와 밀 맥아를 많이 사용해서 그런지 직접 마셔보면 크리스털 바이스비어보다 훨씬 향이 짙고 목 넘김이

사진 출처: 바이엔슈테판 홈페이지
(bestbuybev.com/main.html)

부드럽다. 향은 다른 바이스비어와 비슷한 바나나 향과 바닐라 향이 난다. 거

품은 상당히 오래 지속되는 편이다. 비투스의 색상은 밝은 금색이지만 상당히 탁하다. 크리스탈 바이스비어와 대조해 보면 그 탁함 정도가 극명하다. 일코올 도수는 7.7%이고 IBU는 17이다.

🍺—— 바이엔슈테판 양조장

바이엔슈테판 양조장은 1040년에 설립되어 현재까지 맥주를 생산하는 세계에서 가장 오래된 양조장으로 기네스에 등재되어 있는 곳이다. 바이엔슈테판에서 이를 증명하는 고문서가 발견되기 전까지 최고(古)의 기록은 역시 독일의 베네딕트 수도원인 벨텐부르거(Weltenburger) 양조

장으로 1050년이었다. 천 년이 넘은 역사에서 고작 10년 차이로 타이틀을 빼앗겨 버리다니 억울한 일이다. 그래서일까 아직도 두 양조장은 '가장 오래된'이라는 타이틀을 두고 경쟁을 하고 있는 것처럼 보인다. 바이엔슈테판의 정식 명칭은 독일어로 '바이에리쉐 슈타츠브라우레이 바이엔슈테판(Bayerische Staatsbrauerei Weihenstephan)'으로 바이에른 주립 양조장 바이엔슈테판이라는 뜻이다.

양조장은 뮌헨에서 북쪽으로 40km 정도에 위치한 도시인 프라이징(Freising)에 있다. 1803년 이후 수도원이 세속화되고 뮌헨이 부상하면서 많이 퇴색했지만 프라이징은 한때 바이에른의 주도로서 오랜 기간 그 역할을 했다. 5세기경부터 바이에른 공국의 수도였으며, 중세 초기 독일의 주교구였다. 바로 이러한 곳에 바이엔슈테판 수도원이 있었다. 그리고 그곳에 1040년부터 수도

원에 딸린 양조장이 있었던 것이다.

이곳에 베네딕트회 수도원을 세우고 프라이징 도시를 건설한 인물은 7세기에서 8세기 동안 활동한 성 코르비니안(Saint Corbinian)으로 알려져 있다. 바이엔슈테판을 이야기할 때, 수도원과 수도원이 있는 도시, 그리고 수도원을 건설한 인물은 떼려야 뗄 수 없는 관계다. 그는 원래 옛 프랑크(지금의 프랑스)에서 살았는데, 어머니에 대한 효심이 가득했던 모양이다. 아버지가 죽자 곧바로 어머니의 이름인 코르비아나(Corbiana)를 따서 개명했으니 말이다. 그런 그는 어머니가 죽자 오를레앙에 있는 성당에 머무르면서 은둔자로서 14년을 살았다. 하지만 그의 명성을 알아보고 사람들이 몰려들기 시작했고, 그는 이런 번잡함을 피해 성 베드로가 묻혀 있는 로마로 떠났다. 로마로 가는 길에 재미있는 일화가 있다. 코르비니안이 로마로 가는 길에 곰을 만났고 그 곰이 코르비니안의 말을 죽여 짐을 옮길 수 없게 되었다. 이에 코르비니안은 곰에게 짐을 싣도록 명령했고, 그 덕에 로마까지 안전하게 도착할 수 있었다.

St. Corbinian of Freising and the Bear, Kosmas Damian Asam, 1725

로마에 도착한 후 곰을 풀어주었는데 곰은 원래의 숲으로 되돌아갔다는 것이다. 코르비니안의 곰은 이후 프라이징의 심벌이 되었다.

성 코르비니안

로마에 도착한 그는 로마 교황 그레고리 2세의 총애를 받았다. 교황은 그의 능력을 알아보고 12명의 사제를 내어주면서 바이에른에 가서 복음을 전파하라고 명령했다. 725년 성 코르비니안과 일행은 프라이징에 도착해 네르베르크(Nährberg) 언덕에 베네딕트 수도원을 세웠다. 그리고 자의든 아니든 수도원의 전통에 따라 양조가 시작되었다. 1040년, 수도원장인 아르놀트는 프라이징 시로부터 맥주를 양조하고 팔 수 있는 라이선스를 얻었는데, 이를 기록한 것이 현재까지 남아 있는 최초의 공식 기록이다.

바이엔슈테판 양조장은 다른 독일의 양조장과 마찬가지로 여러 차례 위기를 겪고 파괴되고 재건되기를 반복하였다. 특히 독일의 30년 전쟁 동안 이곳에서 스웨덴과 프랑스가 전쟁을 치르기도 하였고, 나중에는 오스트리아와 스페인이 전쟁을 치른 곳이기도 하다. 하지만 수도원은 쉽게 포기하지 않았고 매번 수도원과 양조장은 새롭게 일어났다. 하지만 1803년 독일의 세속화 과정에서 수도원은 해체되었다. 세속화란 중세의 기독교의 가치와 제도가 무너지고 비종교적인 가치와 세속적 제도로 변화하는 과정을 말한다. 이 과정으로 수도원은 해산되었고 수도원이 가진 재산은 바이에른 정부에게 넘어갔다.

바이엔슈테판 수도원은 해체되었지만 양조는 계속되었다. 수도원이 있던 자리는 현재 뮌헨 공과대학이 들어섰는데, 그 대학 캠퍼스 안에 맥주 양조장이 있고, 대학에는 맥주 양조와 관련된 학과가 있다. 바이엔슈테판은 천 년의 전통만 있는 것이 아니다. 바이에른 주의 주립 양조장이지만 관행에 따라 민간이 운영하고 있고, 전통에만 얽매이지 않고 최신 기술이 결합된 현대적 기업으로 운영되고 있다. 그 좋은 예가 2018년도에 시에라 네바다와 협력하여 만든 브라우팍트(Braupakt)라는 맥주이다. 바이엔슈테판의 천년 전통과 미국의 크래프트 도전 정신이 만들어낸 맥주라 할 수 있는데 독일 할러타우 홉과 미국산 홉을 함께 사용하였다. 이 맥주의 라벨에는 코르비니안의 곰이 그려져 있다.

바이엔슈테파너 크리스탈 바이스비어는 라거를 좋아하는 사람에게 추천하고 싶은 밀맥주이고, 바이엔슈테파너 비투스는 밀맥주를 좋아하는 사람에게 더 묵직한 밀맥주로 추천하고 싶다.

Photocredit ⓒ Bernt Rostad

'파울라너'와 '에딩거',
무엇이 같고 무엇이 다를까?

유독 비슷해 보이는 두 개의 밀맥주가 있었다(이 글을 모두 읽으면 아니게 될 테지만). 파울라너와 에딩거이다. 오래전부터 한국에서 가장 대중화된 독일식 밀맥주가 바로 이 두 맥주가 아닐까 싶다. 지금이야 근처 마트에서 매우 다양한 독일식 밀맥주를 접할 수 있지만 이삼십여 년 전만 해도 한국에 수입된 밀맥주라곤 그리 많지 않았다. 당시에는 벨기에식 밀맥주와 독일식 밀맥주의 차이는커녕 심지어 밀맥주가 무엇인지도 모르던 시절이었다. 이 두 맥주는 약간 시큼하면서도 향긋하다는 공통점이 있다. 라거만 좋아하는 친구가 있다면 밀맥주 입문용으로 추천해주고 싶은 맥주이다. 이 두 맥주의 공통점을 더 찾자면 맥주의 이름 뒤에 '~er'로 끝나는 접미어가 있다. 독일 맥주를 보면 비트부르거(Bitburger), 아잉거(Ayinger), 크롬바커(Krombacher) 등 끝에 '~er'이 붙은 맥주 이름이 유독 많음을 알 수 있다. 보통 'er'이 붙으면 그 도시에서 만든 맥주나 그 지역의 사람들을 의미한다. 파울라너는 파울라(Paula) 출신의 사람들, 에딩거는 에딩에서 만든 맥주라는 의미이다. 파울라너는 독일 최대의 맥주 축제인 옥토버페스트에 페스트 비어를 제공하는 6개 양조장 중의 하나이며 독일에서 6번째로 가장 많이 팔리는 맥주이다. 한편 에딩거는 전 세계에서 가장 많이 팔리는 밀맥주이다. 그밖에 파울라너와 에딩거는 무엇이 같고 무엇이 다를까? 엠블럼이 비슷하다는 것? 맥주 라인업이 비슷하다는 것? 이외에는 그다지 닮지는 않은 것 같다. 역사부터가 차이가 깊다.

파울라너

에딩거

🍺── 파울라너와 에딩거의 역사

파울라너의 역사는 1634년까지 거슬러 올라간다. 그 기록은 바로 파울라너의 복맥주 살바토르의 기록이기도 하다. 뮌헨에 있는 파울라너의 수도사들은 시기가 정확하게 밝혀지지 않은 어느 때에 남부 이탈리아에서 이주해 왔다. 그들은 수도회의 엄격한 규율에 따라 살았는데, 특히 사순절 기간에는 음식이 모두 금지되고 오로지 물만 마실 수 있었다. 파울라너들은 이 시기를 견디기 위해 좋은 아이디어를 냈는데, 그것이 바로 평소에 마시는 것보다 더 강한 맥주를 만드는 것이었다. 액체는 사순절 기간에도 금지하지 않았으니, 맥아를 넉넉히 넣어 만든 맥주가 액체 빵 역할을 할 것으로 기대했기 때문이다. 처음에는 이렇게 만든 맥주를 수도원 내부에서만 소비했다. 하지만 자신들이 소비하고 남은 맥주들이 쌓이자 주변의 가난한 사람들에 나눠주었다. 때로는 수도원을 찾은 여행자들에게 대접하기도 했고, 때로는 수도원에서 선술집을 운영해 그 수익으로 수도원을 유지 보수하기도 하였다. 파울라너의 맥주는 점점 뮌헨 사람들의 사랑을 받았는데, 이러다 보니 뮌헨의 민간 양조장들이 불만을 가질 수밖에 없었다. 아무래도 수도원의 맥주가 민간 양조장의 맥주보다 품질이 좋다 보니 민간 양조장이 타격을 입은 것이다. 민간 양조장들은 이러한 볼멘소리를 편지에 담아 시 의회에 보냈다. 이 기록이 바로 파울라너가 언급된 첫 번째 공식적인 기록이다. 이때가 1634년이다.

반면, 에딩거의 역사는 파울라너의 역사에 비하면 걸음마 수준이다. 에딩거는 이름에서 알 수 있듯이 독일의 에딩에서 만든 맥주라는 뜻이다. 도시 에딩은 뮌헨에서 북동쪽으로 약 50km 근처에 있는 인구 3만의 작은 도시이지만, 세계에서 가장 큰 밀맥주 양조장을 보유하고 있다. 바로 1886년에 설립된 바이스 브로이하우스이다. 이름에서 알 수 있듯이 양조장이 설립된 초기부터 '우리는 밀맥주만을 양조하겠다'라는 의지로 만들어진 양조장이다. 바이스 브로이하우스가 에딩거 바이스브로이로 바뀐 것은 1935년이다. 같은 해 양조장의 상무이사였던 프란츠 브롬바흐라는 인물이 양조장을 사들인 후 지금까지 그의 가족들이 양조장을 운영하고 있다.

파울라너는 1818년에 처음으로 옥토버페스트에 참가하였다. 옥토버페스트는 원래 1810년 바이에른 공작의 아들 루트비히 1세와 테레제 공주의 결혼식을 축하하기 위해 벌인 경마 경기였다. 이후 매년 이어지는 독일인의 축제에 맥주가 빠질 수가 없었던 것이다. 지금은 경마 경기는 사라지고 맥주 축제만 남았다. 옥토버페스트에 참가하는 맥주는 파울라너를 포함하여 아우구스티너, 하커-쇠르, 호프브로이, 뢰벤브로이, 슈파텐브로이, 모두 여섯이다. 파울라너는 1944년 세계 대전 전쟁 중에 대부분의 양조 시설이 파괴되어 1950년에 완전히 새롭게 재건되었다. 그러다가 1979년 독일의 사업가인 슈테판 쇠르그후베르가 대다수의 지분을 사들여 현재까지 그의 가족이 운영하고 있다. 파울라너는 2016년 기준으로 연간 백만 헥토리터를 생산하며 전 세계 70개 국 이상에 수출하고 있다.

　에딩거는 현재 1935년에 양조장을 사들인 브롬바흐의 아들 베르너가 운 영하고 있다. 그는 에딩거 맥주를 세계적인 밀맥주로 만든 장본인이다. 그는 처음부터 에딩거 수출에 힘을 쏟았다. 처음에는 이웃 국가인 오스트리아와 이 탈리아를 공략하기 시작하여 지금은 전 세계 90여 개국 이상에 에딩거를 수출 하고 있다. 에딩거는 연간 생산량이 180만 헥토리터가 넘고, 세계에서 가장 큰 밀맥주 양조장이라는 수식어를 가지고 있다.

☺── 파울라너와 에딩거의 복비어
Round 1. 파울라너 살바토르 vs 에딩거 피칸투스

　파울라너는 모든 스트롱 비어의 아버지라 불리는 살바토르(Salvator)로

부터 시작되었다. 그는 복비어[1] 보다 더 강한 도펠[2] 복(Doppelbock)의 창시자이기도 하다. 대다수의 상업적인 도펠복은 '-ator'로 끝나는 이름을 가지고 있다. 이는 도펠복의 아버지인 살바토르에 대한 헌정이거나 아니면 인기에 편승하고자 하는 목적으로 사용한 것이라고 한다. 대표적인 도펠복에는 아잉거의 셀레브레이터(Celebrator), 슈파텐의 옵티마토르(Optimator)가 있다. 그 옛날 수도사들은 평소보다 더 진한 맥주를 마시면서 사순절의 금식 기간을 이겨냈다. 이런 이유로 도펠복은 '액체 빵'으로 불리기도 하였다. 살바토르는 구세주라는 뜻인데 말 그대로 수도사들에게 '구세酒'가 아니었을까?

파울라너에 도펠복이 있다면 에딩거에는 바이젠복이 있다. 바이젠복은 밀맥주 계열의 복비어로 도펠복처럼 강하고 몰티함이 풍부하면서도 밀맥주에 느낄 수 있는 프루티함과 묵직함도 가지고 있다. 에딩거의 바이젠복의 이름은 피칸투스(Pinkantus)이다. 바이젠복의 원조는 1907년에 뮌헨의 슈나이더 바이쎄 양조장에서 처음으로 만들어진 아벤티누스(Aventinus)이다. 복비어가 '-ator'로 살바토르에게 헌정하듯이 바이젠복에서는 '-us'로 끝나는 맥주 이름을 짓는 경향이 있다. 아벤티누스, 피칸투스 이외에도 바이엔슈테판의 비투스(vitus)가 있다.

🍺 ── 파울라너와 에딩거의 바이스비어
Round 2. 파울라너 헤페바이스비어과 에딩거 바이스비어

파울라너의 헤페바이스비어와 에딩거의 바이스비어는 모두 상업적인 독일 바이스비어를 대표한다. 바이스비어는 색이 옅고 탄산감이 있으며, 효모에서는 나는 바나나와 풍선껌 같은 향이 느껴진다. 독일 양조 전통에 따르면, 발

---

1 맥아와 재료를 넉넉히 사용하여 아주 강하고 풍부한 몰티함을 내는 라거 계열의 맥주
2 도펠(Doppel)은 독일어로 더블을 의미한다. 앞서 트라피스트 맥주 편에서 나왔던 두 배를 의미하는 두벨 Dubbel과도 비슷하다.

아된 밀이 최소 50% 이상 들어가야 바이스비어라 부를 수 있다. 헤페란 독일
어로 '효모', '이스트'라는 뜻과 '침전물', '찌꺼기'라는 뜻이 있다. 헤페바이스비
어는 효모가 남아 있는 밀맥주로 병 속에 침전물이 고여 있다. 그래서 바이스
비어는 맥주를 잔에 따르는 법도 일반 맥주와는 다르다. 파울라너 홈페이지에
는 맥주를 80% 정도를 천천히 잔에 따르고, 맥주가 남은 병을 360°로 천천히
흔들어 맥주에 남아 있는 효모를 섞어 주고, 다소 걸쭉하게 된 남은 맥주를 잔
에 마저 따라 거품으로 헤드를 만들어 주어야 맛이 있다고 하고 있다.

🍺── 파울라너와 에딩거의 둥켈
Round 3. 파울라너 헤페바이스비어 둥켈과 에딩거 둥켈

파울라너의 헤페바이스비어 둥켈과 에딩거 둥켈 모두 둥켈 바이스비어이
다. 독일어로는 둥켈보다 둥클에 가깝게 들리는데 둥켈(Dunkel)은 어둡다, 거
무스름하다는 뜻이 있다. 일명 흑맥주로 통용되는 맥주의 스타일에는 상면발
효 방식의 스타우트와 포터가 있고, 하면발효 방식의 둥켈과 슈바르츠비어가

있다. 상면발효 흑맥주가 진득하고 묵직하다면 하면발효 흑맥주는 그보다 더 가볍고 청량감이 있다. 독일에서 전통적으로 만든 밀맥주는 밝은색의 현대 바이스비어보다 어두운, 둥켈에 가까운 색이었다. 밝은 밀맥주는 1960년대부터 인기를 끌기 시작하여 전통적인 어두운 밀맥주를 몰아냈다. 둥켈의 색이 어둡다 보니 쓴맛이 더할 것 같지만 사실은 그렇지 않다. 바이스비어나 둥켈의 쓴맛 정도는 비슷한 수준이다. 대신 둥켈에서는 구운 빵이나 캐러멜 같은 몰트함이 더 느껴진다.

⬚── 파울라너와 에딩거의 무알콜 맥주
Round 4. 파울라너 헤페바이스비어 무알콜과 에딩거 알코올 프리

한때 건강상의 이유로 맥주를 마시지 못한 적이 있었다. 이때 나에게 한 줄기 희망은 무알콜 맥주였다. 파울라너와 에딩거가 바이스비어로 가장 유명하지만, 특이하게도 무알콜 맥주 분야에서도 저마다의 타이틀을 가지고 있다. 하나는 세계 최초이고 하나는 세계 최대라는 타이틀이다. 파울라너는 1986년에

세계 최초로 무알콜 바이스비어를 출시하였다. 또한 이듬해인 1987년에는 세계 최초로 하면발효 방식의 무알콜 맥주도 출시하였다. 현재는 파울라너 헤페바이스비어 무알콜이라는 이름의 맥주로 판매하고 있다. 반면, 에딩거는 2001년에 스포츠 마니아들의 갈증을 해소할 음료로 에딩거 알코올 프리를 출시하였다. 이 맥주는 5년 후에 무알콜 맥주 분야의 시장 점유율 1위를 차지하였다. 무알코올 맥주이지만 맥주 맛을 흉내 낸 보리음료 같은 국내의 무알코올 맥주와는 결이 다르고, 0.3%~0.4%의 알코올은 존재한다.

파울라너와 에딩거 비교

	파울라너(Paulaner)	에딩거(Erdinger)
엠블럼		
위치	독일 뮌헨	독일 에딩
첫 맥주 기록	1634년	1886년
연간생산량	100 만 헥토리터	180 만 헥토리터
주요 특징	옥토버페스트에 참가	세계 최대 밀맥주 양조장
복비어 비교	도펠복의 원조 살바토르 (7.9%)	바이젠복, 피칸투스 (7.3%)
바이스비어	파울라너 헤페바이스비어 (5.5%)	에딩거 바이스비어 (5.3%)
둥켈	파울라너 헤페바이스비어 둥켈 (5.3%)	에딩거 둥켈 (5.3%)
무알콜	파울라너 무알콜 (0.3%)	에딩거 알코올 프리 (0.4%)

'슈렝케를라',
이 맥주를 소시지 없이 마신다는 것은

　　일명 스모크 비어라고 하는 독일의 라우흐비어(rauchbier)를 제대로 마셔 본 기억이 나지 않는다. 오래전 일본에서 라우흐비어 스타일 맥주를 마셔 보고, '이 맥주 특이한데' 하는 정도였다. 그때는 이미 다른 맥주를 충분히 마시고 있었기 때문에 라우흐비어가 특별히 나의 뇌리 속에 각인되지는 않았다. 그리고 이후에는 국내 수제 맥주를 통해서 몇 차례 마셔 본 정도. 그런데 갑자기 라우흐비어가 내가 자주 이용하는 맥주공방에서 'So Hot' 해졌다. 누군가 부산의 한 수제 맥주 양조장에서 라우흐비어를 마시고 커뮤니티에 글을 올렸는데, 꼬리에 꼬리를 무는 댓글이 이어진 것이다. 물론 거기엔 나도 포함되어 있었다. 생각보다 이 맥주 스타일에 대해 아는 바가 없었다. 마침 찾아간 바틀샵에 슈렝케를라라는 독일 정통의 라우흐비어가 있길래, 두 병을 사 들고 공방에 들렸다. 공방 선생님을 비롯하여 마침 양조를 하고 있는 홈 브루어 친구들과 나눠 마셨다.

맥주명 : 슈렝케를라

ABV : 5.4%

외관 : 다크 브라운 컬러와 갈색의 거품.

향 : 훈제 베이컨, 훈제 소시지, 훈제 나무, 가다랑어포 등 사람마다 훈제의 향이 다르게 느껴질 수 있으나 확실한 건 '훈제'의 향이라는 점. 대신 홉의 향은 거의 없다시피 함.

풍미 : 향과 유사한 풍미, 안주 없이 마셔도 안주를 먹은 느낌이랄까? 하지만 훈제 요리를 안주 삼아 마시면 풍미가 더 강하게 느껴짐.

입안의 느낌 : 중간 정도의 가벼움. 적당한 탄산감. 라거의 느낌.

총평 : 맥주 그 자체만을 마셔도 좋지만, 이 맥주는 역시 입안에 훈제 요리를 넣고 함께 삼키는 것이 제 맛.

우선, 이 맥주 스타일에 대해 알아 두어야 할 점이 있다. 라우흐비어는 훈제 맥아를 사용하여 맥주의 향과 풍미에 훈연 향이 난다는 점이다. 라우흐(rauch)는 독일어로 '연기'라는 뜻이다. 맥아를 건조시키는 과정에서 너도밤나무를 태운 연기가 입혀져 훈제의 맛이 난다. 그래서 이 맥주의 가장 좋은 파트너는 훈제 소시지라고 잘 알려져 있다. 서울에 있는 수제 맥주 전문 펍인 브로이하우스 바네하임의 김정하 대표가 푸드 페어링에 대해 말할 때 예를 든 것이 바로 이 맥주였다. 그러면서 스모크 비어에는 훈제 소시지나 훈제 베이컨, 훈제 장어, 훈제 족발 등과 어울린다고 했다. 그런데 나는 이 맥주를 소시지 없이 마시겠다며 도발했다. 그전에 우리는 소시지 대신 훈연 족발을 하나 주문한 상태였다. 하지만 맥주를 테이블 위에 두고 대치 중인 상황에서 한 시간 넘게 배달음식을 기다린다는 것은 내 혀와 내 목구멍에게 너무 미안한 일이었다. 그래서 나는 먼저 맥주 한 잔을 마시기로 했던 것이다.

"저는 족발 오면 마실게요." 공방 선생님이 말했다.

결과적으로 선생님이 옳았다. 선생님이 한 말은 경험에서 나온 것이었다. 나는 이렇게 뱉고 말았다.

"이런 젠장~, 족발 오면 마실걸!!!"

코로 훈연 향을 들이마시고, 한 모금 입안에 가득 품었다가, 그대로 목구멍으로 넘겼다. 그랬더니 갑자기 훈제 소시지가 순식간에 먹고 싶어졌다. 무의식적으로 거친 말이 튀어나올 정도로 강한 욕구였다. 그제야 김정하 대표가 말한 푸드 페어링 원칙이 떠올랐다. 맛을 극대화시키는 매칭은 이해했지만, 맛의 균형을 맞춘다고? 균형을 맞추기 위해서는 반대 특성을 조합해야 하는 것이 아닐까, 생각하고 있었다. 하지만 반대 특성으로 매칭하는 것은 균형을 맞추는 것이 아니라 균형을 파괴할 수도 있다는 점을 이번에 알 듯했다. 훈제 맥주라고 하지만 그것이 완전한 훈제 소시지의 맛은 아니다. 내 느낌은 볶음 우동 위에 올려져 있는 가다랑어포의 향 같은 것이었다. 훈제 맥주는 훈제 소시지의 뉘앙스가 있는 것이다. 그러니까 훈제 맥주를 통해 느낄 수 있는 훈제 소시지의 맛은 원재료에 비하면 극히 적다. 훈제 맥주를 마시면서 훈제 소시지의 맛에 시동을 건다고 할까? 예를 들어 훈제 소시지가 100%의 맛이라고 하면, 훈제 맥주는 10% 정도의 맛일 것이다. 10%를 먼저 맛보니 나머지 90%가 생각난 것이고, 훈제 소시지를 마저 먹게 된다면 110%가 된다. 이것이 실패하지 않는 푸드 페어링의 기본일 것이다.

라우흐비어의 원조로 유명한 도시는 독일의 밤베르크이다. 밤베르크는 바이에른 주의 가장 북쪽에 있으며 뉘른베르크에서 차로 1시간 정도 걸린다. 지금은 인구가 십만도 안 되는 작은 도시이지만 역사적으로 중요한 곳이다. 밤베르크는 신성로마제국의 황제 하인리히 2세가 1007년에 가톨릭 교구로 세운 주교령이자, 현재 독일 가톨릭의 중심지 중 하나이다. 이 도시에는 하인리히 2세가 세운 밤베르크 대성당을 비롯하여 종교와 관련된 많은 건축물이 남아있어서 이곳은 유네스코가 지정한 반드시 보존해야 할 세계문화유산으로 등재되어 있다. 그리고 맥주 팬이 꼭 기억해야 할 점은 라우흐비어의 원조, 슈렝케를라 양조장이 이곳에 있다는 것이다.

　슈렝케를라 역사의 첫 페이지는 1405년까지 거슬러 올라간다. 슈렝케를라의 건물을 '푸른 사자의 집(House of the Blue Lion)'으로 언급한 문서가 발견되었기 때문이다. 이때의 슈렝케를라는 여관업도 하고 펍에서 맥주를 팔기도 하는 태번이었다. 하지만 1618년부터 1648년간 독일을 쑥대밭으로 만든 30년 전쟁 동안 다른 곳과 마찬가지로 이 양조장도 완전히 파괴되었다. 슈렝케를라가 재건된 것은 1678년이다. 이후 양조장의 소유자는 여러 번 바뀌었고 18세기 중반에 요한 볼프강 헬러에 의해 인수되었다. 그는 밤베르크 외곽에 맥주 저장을 위한 오래된 셀러를 소유하고 있었는데, 이 셀러를 도시의 한가운데로 옮기고 근처로 양조장을 이동시켰다. 그리고 양조장 이름을 헬러브로이라고 하였다. 그러니까 이때까지만 해도 슈렝케를라라는 이름은 등장하지 않았던 것이다.

　헬러브로이에서 판매하는 맥주가 슈렝케를라가 된 것은 안드레아스 그라저(Andreas Graser)라는 사업가가 새로운 주인이 된 1877년이었다. 그는 사고로 약간의 장애가 있었고 균형을 잡기 위해 지팡이를 짚고 걸으며 팔을 흔들었는데, 그 모습 보고 사람들이 '슈렝케른(schlenkern)'이라고 했던 것이다. 독일어로 '슈렝케른'은 '흔들어대다, 흐느적거리다'라는 뜻이 있다. 그러니까 슈렝케를라는 양조장의 주인을 지칭하는 말이었

고(절름발이), 또한 그 양조장에서 만든 맥주(절음발이네 맥주)를 뜻하는 말이었다. 그런데 재미있는 사실은 이 펍에서 맥주를 마시고 나오는 사람들이 술에 취해 주인처럼 비틀거리며 팔을 휘젓고 걸어 다니는 슈렝케를라(이때는 술주정뱅이라는 뜻이 된다)가 된다는 것이다. 그리하여 슈렝케를라는 헬러브로이에서 가장 유명한 맥주가 되었고, 오랫동안 이 이름이 널리 사용되었다. 맥주병의 라벨에는 지팡이에 기대어 한 손에 맥주잔을 들고 있는 슈렝케를라의 모습이 그려져 있다. 술에 취해 기분 좋은 우리 아버지 같은 느낌도 든다.

슈렝케를라는 지금도 자체의 몰트 하우스에서 직접 맥아를 만들어 사용한다. 200년 전만해도 각 양조장에서 자체의 몰트 하우스를 두고 직접 맥아를 만들었지만, 현대의 양조장은 상업 몰트 하우스에서 다양한 유형의 맥아를 구입해서 사용한다. 슈렝케를라 양조장은 현대의 양조장과 대비되는 행보를 하고 있는 것이다. 슈렝케를라 양조장의 몰팅 과정은 이렇다. 우선 보리를 물에 담가 싹을 틔우고 7일 동안 발아시킨다. 그 후 발아를 멈추기 위해 녹색 맥아를 건조시킨다. 이때 너도밤나무 장작으로 공기를 가열하는데 이 연기가 맥아에 훈연 풍미를 부여하는 것이다. 라우흐비어에 대한 오해 중에, 어느날 양조장에 화재로 불에 타버린 아까운 맥아를 사용하니 훈연 풍미가 가득한 맥주가 나왔다는 이야기가 있다. 하지만 이 이야기가 어디서부터 유래되었는지는 알수 없다. 전통적인 양조 과정에서는 가마에 장작으로 불을 지피고 맥아를 건조시키는 것이 일반적이었고, 이때 연기의 풍미가 맥아에 스며들었다. 산업혁명을 거치면서 몰팅 기술이 발달했고, 나무를 대신해 석탄이나 석유를 사용하게 되면서 더 이상 맥아에 연기가 스며들지 않게 되었다. 그러니까 라우흐비어는 아직도 전통적인 맥아 건조 방식을 유지해서 훈연 향이 나는 것이지 우연한 사고에 의해 발명된 것이 아니다. 현재 독일의 밤베르크에는 이렇게 전통적인 방법으로 라우흐비어를 생산하는 양조장이 단 두 개만 남아있다. 그곳은 슈렝케를라와 스페치알이다.

한때 수입이 끊겼던 이 맥주는 (주)도아인터내쇼날에서 다시 수입하고 있지만, 일반 마트에서는 구하기기 쉽지는 않다. 이 맥주를 마시려면 주변의 바틀샵으로 달려가 봐야 할 것이다.

오키나와 재건에 앞장선 '오리온' 맥주

　최근 일본과의 악화된 관계 속에서 일본 여행을 자제하고 있다. 하지만 일본 본토가 아닌 오키나와를 생각하면 그들의 아련한 역사 때문에 안타깝긴 하다. 오키나와는 한국처럼 일본에 의해 침략당한 슬픈 역사가 있기 때문이다. 만약 그곳이 일본에 의해 지배당하지 않았다면 지금 우리와 같았을 것이고, 우리가 일본에 해방되지 않았다면 우리는 그들과 같은 운명이었을지 모른다.

　오키나와에는 원래 15세기에서 16세기를 걸쳐 전성기를 구가했던 류큐라는 작은 독립 왕국이 있었다. 류큐 왕국은 중국과는 조공무역을 하고 일본, 조선, 동남아시아의 나라들과는 중개무역을 하는 안정적인 나라였다. 특히 중국의 물품을 수입하여 일본에 수출하고, 일본에서는 차나 다시마, 건조한 해산물 등을 수입하여 중국 각지에 팔면서 탄탄한 경제 기반을 갖추고 있었다. 또한 예절과 평화를 중시했던 나라였기 때문에 임진왜란 때 조선 침공을 위한 물자를 조달해 달라는 도요토미 히데요시의 요구를 들어주지 않았다고 한다. 하지만 이 사건으로 인해 류큐의 역사는 완전히 뒤바뀌어 버렸다. 전쟁이 끝난 후 도요토미의 뒤를 이은 도쿠가와 막부가 임진왜란 때 도와주지 않은 것에 대한 보복으로 류큐를 침략한 것이다. 에도 막부 말기에 이르러서는 미국과 유럽 서구 열강들이 류큐에 머무르면서 일본의 개항을 요구했다. 이에 메이지 정부는 류큐가 서구 국가들에 의해 점령당할 것이 두려워, 그나마 남아 있던 류큐의 왕을 쫓아내고 이곳을 완전히 일본의 행정 구역의 하나로 삼았다. 태평양 전쟁의 시기에 오키나와는 미국에게는 일본 본토를 공략하기 위한 전초 기지였고, 일본에게는 본토 방어를 위한 최후의 보루였다. 1945년 3월에 미군은 이곳에 지상군을 투입하여 큰 전투를 치렀는데, 83일간의 전투는 오키나와의 모든 것을 빼앗아 갔다. 오키나와의 가장 큰 도시인 나하는 다섯 차례의 집중 폭격으로 시가지의 90퍼센트가 소실되었다. 류큐의 국왕이 살던 슈리성과 그 일대에는 포탄이 대략 20만 발, 폭탄은 1,000톤, 그리고 수천 발의 박격포가 떨어졌다. 또한 류큐 왕국의 건축물도, 수많은 훌륭한 공예품도 모두 재가 되었다. 오키나와 출신의 군인 3만 명 외에 무려 9만 명의 민간인이 사망했고, 심지어 한반도에서 강제 연행된 종군 위안부 만 명도 희생되었다. 전쟁이 끝나고 오키나와는 승전국 미국의 소유가 되었다. 오키나와가 반환된 건 1972년의 일인데, 류큐 왕국의 독립이 아니라 일본으로의 반환이었다.

슈리성을 오르는 언덕길의 성문 중 하나인 즈이센몬

태평양 전쟁 이후 류큐국의 심장인 슈리성은 서서히 복원되어 시민들과 외국인들이 찾는 각광받는 관광지가 되었다. 그리고 2000년에는 복원된 성이 아닌 옛 성터가 세계문화유산에 등재되었다. 하지만 안타깝게도 2019년 10월의 대화재로 슈리성의 모든 것이 또 한 번 소실되었다.

오리온맥주는 이런 오키나와의 역사를 품고 있다. 일본에서 1%도 안 되는 시장점유율을 가지고 있는 이 맥주는 오키나와에서 무려 50% 이상의 점유율을 차지하고 있다. 오리온맥주는 전후 오키나와의 사회와 경제를 부흥시키겠다는 의지로 설립되어 현재는 오키나와를 대표하는 기업이 되었다. 그러므로 오리온맥주를 이야기할 때 오키나와 역사를 이야기하지 않을 수 없는 것이다.

오키나와의 맥주를 이야기하면서 빼놓을 수 없는 인물이 한 명 있다. 오리온맥주를 설립하고 오랜 기간 회사를 경영하여 오리온맥주를 그야말로 오키나와의 대표 맥주로 만든 구시켄 소세이라는 인물이다. 오키나와에는 어려웠던 전후 시기에 오키나와를 재건한 4명의 사업가가 있는데, 이 재계의 유력 사업가를 총칭하여 오키나와

오리온맥주의 창업자, 구시켄 소세이

사대 천왕이라 부른다. 오리온맥주의 구시켄사장도 그중 한 명이다.

1896년에 태어난 구시켄은 22세의 나이에 일본 본토로 건너가 오사카의 조선소에서 일했다. 그는 여기서 번 돈 220엔을 가지고 오키나와로 돌아와 한동안 경찰로 살았다. 오키나와 전투가 발발하고 미군에 포위되면서 자결을 시도하기도 했으나 불발되어 포로가 되었고, 전후에는 경찰서장과 미야코 민정지사까지 역임하였다. 여기까지는 맥주와 전혀 상관없는 인생이었다.

그가 맥주 산업에 뛰어든 건 은퇴 후다. 은퇴 후 새로운 인생을 살기로 결심

한 그는 동생과 함께 된장과 간장을 제조하고 판매하는 사업을 시작했다. 당시만 해도 오키나와의 된장과 간장은 90% 이상이 일본 본토에서 수입된 것이었다. 구시켄은 류큐 은행의 대출을 받기도 하고 미군 정부의 지원을 받기도 해서, 결국에는 오키나와 내의 점유율을 간장에서 70%, 된장에서 58% 정도로 끌어올렸다. 하지만 그는 오키나와를 재건하기 위한 다른 사업을 생각하고 있었다. 그러던 중 우연히 오키나와 민정 장관이었던 벤셔의 강연을 듣고 맥주 사업에 뛰어들기로 결심하였다.

벤셔는 상공회의소 총회에서 '앞으로 오키나와 산업의 기둥은 시멘트와 맥주가 될 것이다'라고 말했다. 시멘트는 건물이나 도로 등을 건설하는 하드웨어 측면에서, 반면 맥주는 사람들에게 희망과 의욕을 주는 소프트웨어 측면에서 필요성을 강조한 것이었다. 이때 구시켄의 나이는 이미 60세를 넘어섰다. 하지만, 구시켄은 된장과 간장 사업으로 발효와 효모에 대한 지식은 이미 있으니 일본 본토의 인맥을 활용한다면 충분히 해볼 만하다고 생각했다.

소련이 인공위성 스푸트니크 1호를 발사한 1957년, 오키나와에서는 또 다른 별이 떠올랐다. 바로 오키나와맥주 회사가 설립된 것이다. 회사 설립은 구시켄 사장과 발기인 29명이 함께 하였다. 원래는 독자적으로 만들 생각은 아니었고, 일본 본토의 맥주 회사와 합작하려고 하였다. 그래서 구시켄 사장은 기린맥주에 기술 제휴를 제안했으나, 기린맥주가 오키나와의 수질이 좋지 않다는 이유와 맥주 설비를 지정된 업체에서 구입해야 한다는 조건을 들어 기술 제휴는 중단되었다. 그리하여 오키나와기린맥주회사가 될 뻔했던 회사는 오키나와맥주 주식회사가 되었다. 그리고 그로부터 2년 후 오키나와맥주 주식회사는 오리온 맥주를 발매하였다. 이 첫 맥주의 인기는 대단해서, 오키나와맥주회사는 2년간의 강렬한 인상을 남기고 오리온맥주 주식회사로 이름을 바꾸었다(2002년 오리온맥주는 기린맥주가 아닌 아사히맥주와 제휴를 맺었다. 그리고 최근 한국에 수입된 오리온 맥주는 오키나와 맥주라는 타이틀로 출시되고 있다).

오리온이라는 이름에는 재미있는 사연이 있다. 바로 시민들이 공모하여 만든 소중한 이름이라는 것이다. 당시 오키나와 맥주는 대중들에게 친근하게 다가갈 수 있고 부르기 쉬운 이름을 찾다가 이를 일반인들에게 공모하였다. 상금이 고액이기도 했지만 시민들의 응모 열기는 대단해서 무려 2,500건 이상의 접수를 받았다. 1등 상금이 당시 미화로 83달러 정도였고, 이 상금을 수상한 1등 당선작이 바로 오리온이다. 오리온이라는 별자리는 남쪽에 있어 남쪽의 오키나와의 이미지와 일치하고, 별은 사람들의 꿈과 동경을 상징하므로 오키나와의 재건을 꿈꾸는 오키나와인의 희망이 되기에 적합한 이름이었다. 또한 당시 오키나와를 통치하고 있던 미군의 최고 사령관이 쓰리 스타였기 때문에 선정되었다고도 한다.

앞서 기린맥주는 오키나와의 수질이 나쁘다는 이유로 기술 제휴를 거절하였지만, 구시켄 사장은 오키나와의 좋은 물을 찾아다녔다. 오키나와 섬은 산호초가 융기한 섬이라 대부분의 물이 경수이고 알칼리성이 강해 맥주를 만들기에는 적합하지 않았으나, 산이 있는 오키나와 북부의 도시 나고에서 연수를 채취할 수 있었다. 구시켄 사장은 일본 내에서 술의 권위자로 알려진 도쿄대학의 사카구치를 찾아가 이 물의 검사를 의뢰하였고, 그 결과 오키나와의 물로도 좋은 맥주를 만들 수 있다는 결론을 얻게 되었다. 현재도 오리온맥주의 양조공장은 오키나와의 나고 시에만 있다. 나고 공장에는 오리온 해피 파크도 있어서 맥주 양조장을 견학하고 오리온 맥주의 역사를 볼 수 있다.

1959년 5월 17일, 마침내 오리온 맥주가 발매되었다. 갈색 병에 황금색 라벨을 가진 오리온 맥주는 나고 공장에서 출하되어 나하 시내로 화려하게 보내졌다. 구시켄 사장과 나고 시민들은 일약 축제의 분위기에서 맥주를 가득 채운 트럭들을 바라봤다. 맥주의 가격은 35센트로 일본 본토의 맥주가 55센트인 것에 비해 저렴했다. 처음에는 아사히, 삿포로, 기린과 같은 일본 본토의 대기

업 맥주의 공세로 고전했다. 하지만 오키나와의 더운 날씨에 맞는 미국식 페일
라거로 전환하고 엄청난 영업 활동으로 이를 극복하였다. 오리온맥주의 영업
방식은 한마디로 전 직원을 활용한 인해전술과 구시켄 사장의 폭 넓은 인맥이
었다. 오리온맥주의 전 직원은 오키나와의 술집을 돌아다니면서 오리온 맥주
를 주문하고 다녔다. "오리온 맥주 있어요? 오리온 맥주 주세요." 이런 모습이
아니었을까. 그리고 구시켄 사장은 (한때 경찰서장이었던) 자신의 인맥을 총
동원해 지역의 단체가 오리온 맥주를 마시지 않고 있다면 일일이 전화를 걸어
오리온 맥주를 마시라고 설득했다. 이러한 전략은 매우 주효해 오리온맥주의
점유율은 가파르게 상승했다.

사진 출처: 오리온맥주 홈페이지(orionbeer.co.jp)

1960년에는 병으로 된 드래프트 맥주를 발매하였다. 드래프트 맥주는 여
전히 오리온맥주의 시그니처인데, 당시 대부분의 맥주가 살아있는 효모를 제
거하기 위해 맥주를 끓였다가 식히는 방법을 사용한 반면 드래프트 맥주는 이
러한 열처리를 하지 않아 신선하다는 입소문이 퍼지면서 크게 성공하였다. 처
음에는 병에 라벨을 부착하지 않고 스티커에 고무줄을 끼워 병목에 걸어서 판
매했는데, 이것이 뜻하지 않은 히트를 쳤다. 스티커를 모아 2센트에 다시 팔
수 있었기 때문이었다.

1972년에는 오키나와가 일본에 반환되었다. 일본 본토에 복귀한 후 오키나와에서의 주세를 감면하는 조치가 취해졌다. 우대 세율은 5년간의 한시적인 조치였지만 5년마다 재검토하여 연장할 수 있었다. 지금도 오키나와에서 출하하는 맥주는 본토에 비해 20% 정도의 주세가 경감되고 있다.

1973년에는 캔 맥주를 출시했다. 이때의 캔은 지금과 같은 알루미늄 캔이 아니라 스틸 캔이었다. 알루미늄 캔은 1971년 아사히 맥주가 처음 도입했고, 오리온은 1977년에 도입했다.

2002년에는 아사히맥주와 제휴를 맺었다. 당시 왜 기린이 아니고 아사히냐는 주주들의 비판이 꽤 있었다고 한다. 이 제휴로 아사히는 나고 공장에서 아사히 슈퍼 드라이를 생산할 수 있게 되었고, 오리온맥주는 아사히를 통해 오키나와 외에서도 오리온 맥주를 판매할 수 있게 되었다.

그동안 오리온 캔맥주 디자인에는 수차례 변화가 있었다. 2015년에 드래프트 맥주 발매 55주년을 기념하여 리뉴얼한 캔맥주의 디자인이 지금까지 이어지고 있는데, 샴페인 골드의 바탕에 빨간색 별이 세 개 그려져 있고, 그 밑에 ORION이라고 크게 쓰여 있다. 아래에는 빨강, 스카이 블루, 남색 세 개의 물결 모양이 놓여 있다. 샴페인 골드는 맥주의 색을 의미하고, 빨강, 스카이 블루, 남색의 물결 모양은 각각 오키나와의 태양과 하늘, 바다를 상징한다.

최근에 오리온맥주가 매각된다는 소식이 들려왔다. 아시아 최대의 금융 그룹인 노무라 홀딩스와 미국의 투자 펀드인 칼라일 그룹이 오리온맥주를 공동으로 인수한다는 기사였다. 한때 오키나와를 독점하다시피하던 점유율은 최근 50% 정도로 떨어졌다. 나는 이것도 높은 수치라 생각하지만, 확실히 이제는 오키나와 시민들의 맥주라기보다는 관광객들이 찾는 맥주로 변화된 듯하다. 맥주 소비는 감소하고 있고, 환경은 빠르게 변화하고 있다. 주주들은 대부분 나이가 들어서 주식을 현금화하고 있다. 이 모든 것들이 결국에는 노무라 칼라일의 자금이 필요할 수밖에 없었다는 분석이 나오고 있다. 오랫동안 오리온 맥주를 사랑해 온 나로서는 안타까운 일이지만, 앞으로 어떻게 전개될지는 알 수 없는 일이다. 오리온 맥주의 건투를 빈다.

오리온의 다양한 맥주들

오리온맥주의 역사. 2019년 최근의 오리온 맥주까지 맥주 라벨의 역사가 담겨 있다.
사진 출처: 오리온맥주 홈페이지(orionbeer.co.jp)

맥주에서 짠맛이 난다고?
'유자 고제'

얼마 전 국내 크래프트 맥주 양조장 취재를 위해 부산에 있는 갈매기 브루잉에 방문했다. 갈매기 브루잉은 한국에서 미국식 맥주를 내세우는 국내 2세대 크래프트 맥주 양조장이다. 양조장의 대표 스티븐 올솝은 스코틀랜드에서 태어나 영국에서 자라고 미국식 맥주를 즐겨 마셨다고 한다. 미국식 크래프트 맥주는 '이거다'하는 스타일은 딱히 없고 매우 광범위하다. 앞선 편에서 다뤘듯이 미국에서 크래프트 맥주란 '비교적 작은 규모에서, 외부의 자본에 의존하지 않고, 전통에 따라 새롭게 해석하여 만든 맥주'라고 한다. 그렇기 때문에 창의성과 혁신을 가졌다면 미국식 맥주라고 할 수 있다. 그렇다고 맥주의 범주를 크게 벗어나면 곤란하다. 전통에 따라 양조해야 하기 때문이다.

갈매기 브루잉에서 미국식 크래프트 맥주라 할 만한 것들은 여럿 있다. IPA라면 적어도 이 정도의 쓴맛은 제공해야 한다는 갈매기 IPA와 스타우트의 어느 범주에 넣어야 할지 모를 정도로 매우 혁신적인 에스프레소 바닐라 스타우트, 이런 맥주들은 충분히 미국식 크래프트 맥주답다. 그리고 여기 내가 주목하고 있는 맥주 하나가 있다. 이름 그대로 유자를 사용한 고제 스타일의 '유자 고제'라는 맥주이다.

고제(Gose)란 신맛이 나는 사우어 계열의 맥주로, 특이하게도 짠맛이 나는 게 특징이다. 맥주에 짠맛이라니? 상상이 안 갈지 모르겠으나 우리가 심심한 음식을 먹을 때 소금을 살짝 치면 맛이 살아나는 것처럼, 맥주의 신맛(이 맥주는 확실히 시다)에 아주 소량의 짠맛을 넣으면 그 맛도 살아난다. 조금 더 리프레쉬하고 산뜻해지는 것이다.

황금빛 유자 고제

이 고제는 원래 독일에서 태어난, 역사가 깊은 맥주이다. 고제라는 이름은 독일 니더작센의 고슬라라는 작은 마을의 고제라는 강에서 나왔다. 중세 1,000년 경 신성로마제국의 황제였던 오토 3세가 이 지역에 맥주 양조권을 허가하고 맥주를 만들라고 지시하였다. 니더작센은 작센 지방의 서쪽에 위치해 있고 바다에 접해 있는 저지대(Nieder, Lower) 지역이었다. 그런데 고제 강은 천연에서 발생하는 염분과 풍부한 미네랄을 포함하고 있어서, 생각지도 못하게 짠맛이 나는 맥주가 탄생했다.

작은 마을에서 태어난 고제는 인근의 큰 도시인 라이프치히에 소개되어 한동안 번영을 누렸다. 17~18세기에 안할트 데사우 공국을 통치한 군주이자 프로이센에 초빙되어 군대를 양성한 장교였던 레오폴트 1세(신성로마제국의 황제 레오폴트 1세가 아니다)는 자신의 고향에 고제 양조장을 설립했다. 그리고 그는 근처에 있는 대도시 라이프치히에 고제를 팔기 시작했다.

맥주의 수요가 늘어나면서 라이프치히에는 고제를 전문으로 파는 펍인 고젠셴케(Gosenschenkes)가 생겨나기 시작했다. 1800년대에 라이프치히에만 80여 개 이상의 고센셴케가 있을 정도로 성행했다고 전해진다. 이중에서 가장 유명한 곳은 라이프치히 근처의 작은 마을 될니츠에 있는 리터구츠인데, 이곳의 주인 요한 고틀립 괴데케가 1824년에 고제를 만들었다. 당시 이 마을의 주민은

사진 출처: 리터구츠 홈페이지
(leipziger-gose.com)

2,000명이 되지 않음에도 불구하고 고제 양조장은 세 개나 됐다.

영원히 계속될 것만 같았던 고제의 인기는 필스너의 출현과 함께 (바이스비어나 포터와 마찬가지로) 내리막길을 걷기 시작했다. 결정타를 날린 것은 양차 세계 대전이었다. 특히 2차 세계 대전이 발발하자 딱 하나 남아 있던 리터구츠 양조장마저 문을 닫게 되었다.

1945년, 전쟁은 끝났다. 독일은 동서로 나누어지게 되었고 고제의 도시였던 라이프치히는 동독에 포함되었다. 동독 정부는 리터구츠 양조장의 문을 굳게 닫아 버렸다. 이후 세월이 흘러 다른 양조장들은 국유화가 되었지만 어떻게 된 영문인지 고제 양조장만은 국유화가 되지 않았다.

1949년, 리터구츠에서 일한 적이 있던 프리드리히 뷔츨러는 고제 양조 기술을 이미 알고 있었고, 라이프치히의 다른 양조장에서 소량의 고제를 양조하

기 시작했다. 하지만 이미 고제의 인기는 너무 사그라들어서 또다시 문을 닫을 수밖에 없었다(1966년). 하지만 다행이랄까? 고제 양조장은 사라졌어도 뷔츨러가 가지고 있던 레시피는 살아남았다.

1986년, 로타르 골드한은 폭격으로 망가진 고젠센케였던 '오네 베뎅켄'을 발견하였다. 골드한은 뷔츨러에 의해 전해진 레시피를 이어받아 고제를 다시 부활시켰다. 여기에 공산주의 시대에 직장을 잃은 미생물학자인 하트무트 헤네바흐 박사가 합류하여 충분한 자료를 모으고 레시피를 발굴하였다. 오네 베뎅켄은 독일어로 '주저 없이'라는 뜻이다. 영어로 'Without a doubt'에 해당한다. 하지만 주저 없이 부활할 것 같았던 고제는 완전히는 부활하지 못했다.

현재, 라이프치히에는 4개의 고제 양조장만 남아있다고 한다. 고제의 본고장치고는 너무나 초라한 수치이다. 리터구츠 외에 유명한 고제는 반호프(bayerischer bahnhof)이다. 콧수염이 근사한 아저씨가 손을 가리고 수줍게 웃고 있는 듯한 라벨이 인상적이다. 병의 좁고 긴 목은 자연 발효 시 코르크 마

Photocredit ⓒ Bernt Rostad

반호프 고제

개의 역할도 한다고 들었다.

1988년, 미국에서 크래프트 맥주 양조장이 폭발적으로 생겨난 해였다. 고제를 진정으로 재발견한 것은 오히려 이 시기 미국의 크래프트 맥주 양조장이었다. 그들은 무언가 새롭게 재창조할 맥주 스타일을 찾고 있었는지도 모르겠다. 그러다 그들의 눈에 들어온 것은 고제였다. 고제의 산뜻함에 과일을 첨가하니 더욱 프루티하고 상쾌한 맥주가 된다는 것을 발견했다. 시에라 네바다 브루잉의 '오트라 베즈'는 라임과 용설란으로 고제 스타일의 에일을, 식스 포인트 브루어리의 '야머'는 바닷소금과 코리앤더(고수)의 씨앗을 사용해 조금 더 고전적인 고제를 양조했다.

부산의 갈매기 브루잉이 2016년 출시한 유자 고제는 이런 면에서 미국식 고제라고 부를 만하다. 유자 고제는 올솝 대표가 양조장을 인수하고 처음으로 본인의 레시피대로 만든 맥주이다(현재 갈매기 브루잉의 모든 맥주는 올솝에 의해 레시피가 바뀌거나 새로 생겼다). 올솝은 자신의 집 베란다에서 홈브루잉을 하던 시절부터 고제를 양조했다. 올솝이 첫 번째 맥주로 유자 고제를 선택한 이유는 유자의 신맛과 쌉쌀함이 사우어와 너무 잘 어울렸기 때문이다. 사라져 가는 고전적인 맥주를 발굴하여 재창조한 유자 고제, 이것이 바로 미국식 크래프트 맥주의 정신에 부합하는 맥주인 것이다.

갈매기 브루잉

·PART 5·

맥주와 한국

한국 수제 맥주 시대를 열다
– 바이젠하우스

1988년 뉴욕에 브루클린 브루어리를 설립한 스티브 힌디는 '크래프트 맥주 혁명(원제 The Craft Beer Revolution)'이라는 책을 써 미국 크래프트 맥주의 역사를 조명한 바 있다. 힌디는 젊은 시절 AP 통신의 중동 특파원으로 근무하면서 홈 브루잉을 배우고, 고국에 돌아와 이민자들의 고향 브루클린에 양조장을 세웠다. 그러면서도 그는 선배 양조가들의 크래프트 맥주 정신을 잊지 않았다. 힌디는 이 책에서 앵커 브루잉(1965년)의 프리츠 메이텍을 크래프트 맥주 브루어리의 효시라고 소개했고, 비록 실패로 끝났지만 뉴 알비온 브루잉(1976년)의 도전 정신을 흠모했다. 그리고 앞선 선배들의 도전은 곧이어 크래프트 맥주 성공 시대를 이끌었다고 했다. 1980년에 설립한 시에라 네바다 브루잉과 1984년의 보스턴 비어 컴퍼니는 크래프트 맥주로 억만 달러를 벌었다.

현대의 맥주 씬에서 미국은 크래프트 맥주의 성지라고 한다. 전 세계 크래프트 맥주는 미국에 의해 스타일이 재정립되었고, 전통적인 맥주 강국인 독일이나 영국마저 미국의 맥주 스타일을 수입하고 있다. 현재 미국에는 약 5천여 개의 크래프트 브루어리가 있고, 크래프트 맥주 점유율이 14%를 넘는다. 크래프트 맥주의 나이는 환갑을 향해 가고 있다. 크래프트 맥주의 열렬한 팬으로서 부러울 따름이다. 그런데, 한국의 크래프트 맥주도 역사다운 역사가 있을까? 한국의 양조장으로만 스토리를 만들어 낼 수 있을까? 한국조세재정연구원의 2018년도 조사에 의하면 국내 크래프트 맥주의 점유율은 1%를 넘지 않고, 나이는 아직 성인식도 치르지 못했다. 하지만 이러한 짧은 역사와 낮은 점유율 속에도 어딘가에는 그들만의 스토리가 살아 숨 쉬고 있을 거라고 믿고 있었다. 그 숨은 이야기를 들으러 공주의 바이젠하우스를 찾았다.

2002년, 대한민국은 자국에서 열리는 대회에서 한국의 월드컵 역사상 첫 승을 기대했다. 처음엔 딱 1승이었다. 월드컵에 출전하여 1승만 할 수 있다면 브라질이 우승하든 말든 남부럽지 않은 것이었다. 하지만 한국은 예선에서만 2승을 거두었다. 욕심은 더해져 내친김에 8강도, 4강도, 결승에도 오르기를 기대했다. 그 폭주는 결국 월드컵 4강에서 멈추었지만 이 해는 한국 축구 역사의 변곡점이 되기에 충분했다. 그런데 한국의 2002년은 축구에서만 변곡점이 된 것은 아니었다. 그동안 묶여 있었던 대중문화, 예술, 그리고 각종 규제가 풀리기 시작한 것도 이때였다. 정부는 국제적인 행사를 앞두고 선진국 수준의 비즈니스 여건을 마련했고, 대중들은 길거리로 쏟아져 이전에 없던 '길거리 문화'라는 새로운 대중문화를 만들었다. 그리고 맥주 산업에서도 새로운 정책과 문화가 어우러진 변곡점이 조용히 만들어지기 시작했다. 지금보다 제한적이긴 했지만 소규모 맥주의 제조가 허용되었고, 양조한 곳에서 맥주를 팔 수 있는 브루펍 영업이 가능해졌다. 당시에는 이것을 하우스 맥주라고 불렀다. 새로운 맥주에 대한 호기심은 맥주 팬들을 하우스 맥주 양조장으로 이끌었다. 카브루, 세븐브로이, 트레비어, 플래티넘 크래프트 맥주 등 한국 크래프트 브루어리의 1세대들은 이러한 분위기 속에서 기반을 다질 수 있었다. 그리고 대전에는 또 다른 1세대 브루어리 바이젠하우스가 태어나고 있었다.

　　2000년대 초반까지 인터넷 쇼핑몰로 부를 쌓았던 바이젠하우스의 임성빈 대표는 2002년 독일 바이에른 지방 여행 중에 처음으로 밀맥주를 마셔보았다고 한다. 바이스비어라는 말조차도 생소했던 그에게 맥주에서 풍겨 나오는 향긋함은 매우 낯설고 놀라운 것이었다. 이제껏 한국에서 마신 맥주와는 차원이 전혀 다른 것이었다. 그때의 임팩트가 얼마나 강했던지 그 길로 맥주로 창업을 결심했다. 그동안 잘해오던 분야를 던지고 새로운 모험을 택한다는 결단은 쉽지 않은 일이었지만 그는 단 1년 만에 성공했다. 2003년 한국의 전문 업체를 통해 국산 장비를 사들이고 독일에서 마스터 브루어리를 초빙하여 대전 월평동에 양조장과 결합된 브루펍을 오픈하였다. 제대로 된 독일식 밀맥주를 국내의 맥주 팬들에게 소개한 것이다. 처음에는 성공적으로 굴러갔다. 아니 처음 2~3년은 적어도 그렇게 보였다. 당시 주세법이 개정되면서 바이젠하우스 이외에도 대전에만 5개의 브루펍이 있을 정도로 수제 맥주[1]는 인기를 끌었다.

---

1 당시는 크래프트 맥주보다는 수제 맥주라고 부르는 시절이었다.

수제 맥주가 조금 비싸긴 했지만 월드컵으로 인해 새로운 문화를 갈망하게 된 대중들의 지갑을 열기 위한 요소로 충분했다. 바이젠하우스는 밀맥주 이외에 독일식 라거인 헬레스와 둥켈 흑맥주를 만들었다. 일명 '바헬둥(바이스 헬레스 둥켈)'이라고 하는 조합이다. 다른 브루펍에서는 '필바둥(필스너 바이스 둥켈)'이라는 라인업도 선보였다. 헬레스 대신 필스너를 넣은 것이다.

그런데, 이렇게 탄탄대로만 달릴 것 같았던 수제 맥주는 2005년부터 서서히 사양길로 접어들게 되었다. 양조 시설과 결합된 펍에서만 맥주를 팔 수 있으니 유통이 힘들고, 대량 생산이 안 되다 보니 확장에 한계가 온 것이다. 게다가 대중의 수제 맥주에 대한 관심도 시들어졌다. 바이젠하우스도 마찬가지였다. 독일에서 초빙한 브루마스터는 양조 전문 기술을 남기고 고국으로 떠났다. 이제부터는 국내의 양조가들이 맥주를 만들 수밖에 없었다. 진정한 의미의 한국의 크래프트 양조 시대가 된 것이다. 처음에는 전수받은 양조 기술로 맥주를 만들어도 품질이 일정하게 나오지 않았다고 한다. 이 시기 대전에만 다섯 개의 브루펍이 있었지만 바이젠하우스를 제외하고는 모두 문을 닫았다. 비단 대전이 아니더라도 통계청 조사만 봐도 전국적으로 얼마나 어려웠는지 알 수 있다. 통계청 조사에 의하면 2005년에 정점을 찍은 소규모 맥주 면허는 118개에서 2013년 61개까지 매년 서서히 떨어졌다.

바이젠하우스는 원가를 낮추고 품질을 유지하면서 '악으로 깡으로' 이 시기를 이겨냈다. 최근 종량세가 시작되었지만, 한국의 맥주는 1971년 종가세로 바뀐 이후부터 줄곧 원가의 비율에 따라 세금을 매겼다. 즉 원가가 높으면 맥주의 가격이 높아질 수밖에 없는데, 문제는 원가에는 맥주의 재료비뿐만 아니라, 시설비, 집세, 인건비 등이 모두 포함된다는 것이다. 그래서 바이젠하우스는 당시 기준 7~8억이 드는 외산 양조 장비를 구입하는 대신 국산 장비를 사용하여 1.5억으로 절감했다. 이로 인해 바이젠하우스는 다른 브루어리보다 싼 가격으로 맥주를 판매할 수 있었다. 이 시기를 이겨낸 또 하나의 전략은 무

제한 맥주 서비스였다. 얼핏 보면 손해가 나는 장사일지도 모르나, 테이블 평균적으로 봤을 때 손해는 아니라고 판단하고 강행했다. 바이젠하우스는 이를 악물고 버텨내고 견뎌 냈다. 그리고 2014년 또 한 번의 주세법 개정으로 인해 기회가 찾아왔다.

2014년, 주세법이 다시 한번 개정되면서 소규모 양조장과 결합된 펍에서만 유통할 수 있었던 맥주는 양조장을 벗어나 외부 유통이 가능해졌다. 이것은 마치 '마당을 나온 암탉' 같았다. 이제 크래프트 맥주는 전국의 프랜차이즈 매장에서, 마트에서, 편의점에서 구입할 수 있게 되었다(편의점에서 구입할 수 있게 된 것은 좀 더 나중의 일이다). 2014년까지 61개로 줄었던 소규모 맥주 면허는 2015년에 79개로 늘어나면서 전국 크래프트 맥주 대중화의 시대를 예고하고 있었다. 이 시기 즈음하여 생겨난 크래프트 브루어리를 한국에서는 2세대 브루어리라 부른다. 이런 상황을 지켜보던 바이젠하우스는 대중 크래프트 맥주의 시대가 올 것이라 믿었다. 그리고 2013년 5월에 월평동의 15

평 양조장을 벗어나 대전 도룡동에 70평의 양조장을 새로 지었다. 하지만 수요는 생각보다 빨리 폭발했고, 1년도 안 되어 도룡동의 시설도 수요를 충당할 수 없을 정도가 되었다. 빠르게 적당한 토지를 찾고 시설을 확장하여 만든 양조장이 지금의 공주 우성면에 있는 양조장, 일명 금강 브루어리이다. 그리고 3년 후 공주 브루어리라는 제2 공장을 짓게 되었다.

바이젠하우스를 한마디로 뭐라고 설명할 수 있을까? 국내 크래프트 맥주 1세대라고만 하기에는 설명이 너무 직선적이고, 국내 1세대를 대표하는 브루어리는 바이젠하우스 말고도 여럿 있다. 물론 이것만으로 충분하다고 생각한다. 대한민국 크래프트 맥주의 개척과 도전정신보다 더 값진 것이 무엇이 있을까? 그런데 나는 여기에 한 가지 더하고 싶다. 내가 느낀 바이젠하우스는 지역과 함께 성장해 가는 그야말로 '로컬 브루어리'라는 것이다. 대표적인 것이 지역명을 알리는 맥주의 네이밍이다. 브루어리가 있는 공주의 우성(牛成)면은 조선의 왕 인조가 이괄의 난으로 피난 중에 소에게 물을 먹였다고 해서 붙여진 이름인데, 바이젠하우스는 이 이름을 그들의 IPA에 붙여 '우성 IPA(Bullock Castle IPA)'라 하였다. 내가 양조장을 찾아갔던 길은 유성에서 금강을 따라 공주로 가는 길이었는데, 이 이름들이 모두 맥주에 담겨 있다. 유성 페일 에일, 금강 골든 에일, 공주 밀맥주가 그것이다. 나는 우성면 '방문'리의 시골 꽃길을 따라 양조장을 '방문'하면서 줄곧 꽃향기 가득한 '방문' IPA를 떠올렸다.

바이젠하우스와 지역의 상생은 비단 네이밍뿐만 아니다. 이곳 공주는 예로부터 밤으로 유명한 곳이다. 특히 공주의 마곡사를 찾는 관광객들 중에는 일부러 근처 사곡 마을에 들러 밤막걸리를 사 가는 사람들도 있을 정도로, 사곡면은 전국에서도 손에 꼽히는 밤막걸리의 고장이다. 바이젠하우스는 지역의 밤을 재료로 사용하여 '밤마실'을 만들었다. 맥주를 처음 마셔본 사람도 그윽한 밤 향기에 취할 수 있는 맥주이다. 그런데 마시기는 쉬워도 밤을 재료로 사용한 맥주 제조는 그리 쉬운 과정이 아니었다. 그 제조 과정 뒤에 숨어 있는 에피소드를 바이젠하우스의 권경민 브루마스터에게 들을 수 있었다.

"처음에는 밤을 쪄 줄 수 있는 지역 업체를 찾아다녔습니다. 그런데 찐밤으로는 충분한 군밤 향이 나지 않았습니다. 찐밤을 다시 굽고 통밤을 잘라 줄 업체를 찾았으나 아무도 그렇게 작업하지 않으려 하더군요. 하는 수 없이 찐밤이 들어오는 날이면 양조사들이 모두 모여 하나씩 토치 라이터로 굽고 밤을 잘게 잘라냈습니다."

한 잔의 맥주가 이런 어려운 과정으로 만들어지는 줄은 몰랐다. 물론 지금은 다르지만, 밤을 하나하나 굽고 잘라내던 양조사들의 노력이 대단하다. 지역의 특산품을 사용한 맥주로는 2019년에 대한민국 주류대상에서 대상을 수상한 모모에일도 있다. 모모는 복숭아라는 뜻으로, 홉으로 복숭아 향을 흉내낸 맥주와는 깊이가 다른 맥주이다.

말이 나온 김에 바이젠하우스의 브루마스터에 대해 소개해 볼까 한다. 권경민 브루마스터는 독일 뮌헨 공대의 바이엔슈테판에서 양조학을 전공한 후 2014년부터 바이젠하우스에 합류했다. 지금은 바이젠하우스의 모든 양조를 진두지휘하고 있다. 생활맥주와 컬래버로 만든 '걸작 IPA'가 대표적인 그녀의 '걸작'이다. 대한민국 최초의 여성 브루마스터이기도 하다. 그녀에게 바이젠하우스의 시그니처 맥주와 가장 최근에 출시한 맥주를 소개해 달라고 부탁하니, 시그니처 맥주로는 공주 밀맥주를, 최근 출시된 맥주로는 흑설 맥주를 소개해 주었다. 공주 밀맥주(5.0%, IBU 10)는 '프린세스'와 지역 '공주'라는 중의적인 의미를 가진 밀맥주로 과하지도 덜하지도 않고 대한민국 밀맥주의 표준으로 부를 만하다. '흑설(8.3% IBU 30)'은 흑맥주이며 요즘 유행하는 흑당과 밀크티가 조화로운 임페리얼 스타우트이다. 임페리얼 스타우트치고는 알코올 도수가 그리 높지 않고 쓴맛도 높지 않다. 대신 친구를 임페리얼 스타우트의 세

오른쪽에서 두 번째 여성분이 권경민 브루마스터이다.

계로 끌어들이기에 이만한 맥주는 없는 듯하다.

바이젠하우스는 2019년 말 병맥주를 출시하여 매우 분주하다. 이제 더 많은 맥주 팬들이 바이젠하우스의 역사를 맛보기를 기대한다.

미국식 크래프트 맥주의 꿈을 쫓는 갈매기
– 갈매기 브루잉

"Remember when Korean beer lovers had to choose between mass-produced domestic beers and imports then Galmegi Brewing began a craft brewery revolution. I am Steven Allsopp. I first brewed Galmegi Brewing beer six years ago to prove that I could make a world-class American style craft beer. Today craft brewery like Galmegi Brewing are making great beer. Sure we're small compared to the giant mass-produced Korean breweries. they spill more beer than I make all year that's the nature of a craft brewery like Galmegi Brewing quality not quantity. I'm proud that Galmegi Brewing has been voted the best beer in Korea for years running. My friends asked me the other day if I was successful. I don't know I said admiring the thick rich and deep beer of my Galmegi Brewing but I sure love my work."

"국내의 맥주 팬들이 대기업 맥주와 수입 맥주를 마시던 시기에 갈매기 브루잉은 크래프트 맥주를 시작했습니다. 나는 스티븐 올솝입니다. 나는 세계 수준의 미국식 크래프트 맥주를 만들기 위해 6년 전 갈매기 브루잉을 설립했습니다. 이제는 우리와 같은 크래프트 맥주 양조장이 뛰어난 맥주를 만들고 있습니다. 물론 우리는 한국의 대기업 맥주에 비하면 작습니다. 그들은 우리가 일 년 내내 만들어 내는 것보다 훨씬 더 많은 맥주를 생산해 냅니다. 하지만 '양이 아니라 질', 이것이 우리와 같은 크래프트 맥주 양조장들의 특성입니다. 갈매기 브루잉은 한국에서 몇 년 동안 최고의 맥주로 선정되었습니다. 얼마 전 나의 친구가 물었습니다. "넌 성공했니?"라고요. 제가 나의 맥주를 감탄하고 있는지는 모르겠지만 확실한 것은 나의 일을 사랑한다는 것입니다."

이 글은 1990년대 중반 보스턴 비어 컴퍼니의 짐 코크가 본인의 육성으로 했던 라디오 광고를 패러디하여 만든 글이다. 이 글에서는 나는 보스턴 비어 컴퍼니를 갈매기 브루잉으로, 짐 코크를 스티븐 올솝으로 바꾸었다. 그 밖에는 거의 손을 대지 않고 원문 그대로이다. 그럼에도 불구하고 이 문장이 보스턴 비어 컴퍼니가 아닌 갈매기 브루잉을 표현하는 데도 전혀 이상하지가 않다. 오히려 너무 자연스러워 나조차도 놀라웠다.

보스턴 비어 컴퍼니가 창립될 당시, 미국의 맥주 시장은 지금의 한국 맥주 시장과 비슷했다. 버드와이저로 대표되는 옥수수가 들어간 밍밍하기 짝이 없는 부가물 라거나, 벡스 등의 독일에서 수입된 라거를 마시는 사람들에게 창립자 짐 코크는 새로운 라거를 제시했다. 집안 대대로 내려오는 할아버지의 레시피를 재해석하여 만든 사무엘 아담스 보스턴 라거는 당시 거의 자취를 감췄던 비엔나 라거였다. 이 묵직하고 향이 깊은 맥주는 대히트를 쳤다. 아니, 그동안의 미국인들은 새로운 맥주에 갈증을 내고 있었는지도 모르겠다. 이후 보스턴 비어 컴퍼니는 승승장구했다. 연간 생산량은 400만 배럴을 넘었다. 하지만 짐 코크는 자신의 브루어리가 여전히 크래프트 브루어리로 남길 바랐다. 미국 브루어리 협회는 크래프트 브루어리의 연간 생산량 기준을 200만 배럴에서 600만 배럴 이하의 양조장으로 수정했다. 그만큼 보스턴 비어 컴퍼니가 크래프트 맥주 씬에서 차지하는 비중이 컸기 때문이었다. 보스턴 비어 컴퍼니는 크래프트 브루어리로는 처음으로 1조 원이 넘는 회사가 되었다.

갈매기 브루잉은 부산에서 처음 시작한 2세대 양조장으로 미국식 맥주를 표방하고 있다. 내가 갈매기 브루잉을 주목한 이유가 바로 이것이다. 한국에서 2세대 양조장으로서의 사명, 그리고 미국식 맥주의 창의성과 혁신. 갈매기 브루잉의 대표는 스티븐 올솝이다. 그는 양조장의 설립에 기여한 인물은 아니지만, 항상 갈매기 브루잉의 지근거리에 있었다. 올솝은 스코틀랜드에서 태어나 영국에서 자랐다. 18세부터 23세까지 대학 생활 동안 미국식 맥주를 주로 마시며 크래프트 맥주에 폭발적인 관심을 가지기 시작했다. 올솝은 대학을 졸업할 무렵 해외에서 살고 싶었는데, 여러 나라를 조사해 보니 그중 한국이 마음에 들었다고 한다. 한국에 오고 나니 한국인의 친절함, 한국의 문화, 한국의 음식 모든 게 만족스러웠다. 그러나 그도 예상하지 못한 것이 있었다. 한국의 맥주 때문에 고국에서 마신 맥주를 그리워하는 향수병에 걸릴 줄이야. 맥주는 올솝의 인생에서 가장 크게 차지하는 부분이었다. 올솝의 집안은 대대로 맥주를 빚어 왔던 집안이었고, 조상 중에 영국의 IPA를 개발한 인물도 있을 정도였다. 올솝이 한국을 찾은 2009년 후반에도 하우스 맥주라고 불린 수제 맥주가 있었지만 맥주를 만든 양조장에 연결된 펍에서만 맥주를 판매할 수 있다는 법 조항에 걸려 지금보다도 유통이 더 어려웠던 시절이었다. 편의점에는 이름만 다르지 결국은 카스와 하이트인 맥주가 6종이 있었다. 수입 맥주는 수도 적었고 다양성이 부족했다.

이때 올솝과 가까이 지낸 친구는 현재 갈매기 브루잉의 헤드브루어인 라이언 블락커이다. 둘은 어느날 밤 광안리 해변에 앉아 한숨을 쉬며 탄식했다고 한다.

"한국은 다 좋은데 맥주 때문에 견딜 수가 없어"

"그럼, 차라리 우리가 만들어 볼까?"

그날 취중에 했던 얘기는 진담이 되었고, 다음날 바로 인터넷 쇼핑몰에서 홈브루잉 키트를 5만 원에 구입했다. 여기저기 찾아보니 맥주 재료도 쉽게 구입할 수 있었다. 그날로 둘은 홈브루잉에 완전히 빠져 버렸다. 주말에는 모든 시간과 뼛속까지의 열정을 끌어모아 맥주를 만드는 데 보냈다. 그러다 보니 같은 취미를 갖고 있는 친구들을 만나게 되었다. 당시 친구들은 홈브루잉을 일찍 시작해서 위탁 양조라는 것을 하고 있었다. 그들은 먼저 펍을 오픈하여 위탁 양조한 맥주를 판매하고 있었는데 이 펍이 갈매기 브루잉의 시초가 되었다.

갈매기 브루잉은 부산 최초의 2세대 수제 맥주 양조장이다. 1세대 양조장과 2세대 양조장은 어떤 차이가 있을까? 양조장 취재를 통해서 알게 된 몇몇 사실이 있다. 물론 누군가는 이런 분류에 동의하지 않을 수도 있겠지만.

우선 한국의 수제 맥주 양조장은 2002년 개정된 주세법으로 인해 태어났다. 이전에는 일반 맥주 제조 면허만 있었다가 소규모 맥주 면허가 탄생한 것이다. 시기적으로 이때쯤 설립된 양조장을 1세대라고 부른다. 예를 들자면 경기도의 카브루, 울산의 트래비어, 대전의 바이젠하우스 등이다. 반면 2세대 양조장은 2013년 또 한 번 개정된 주세법의 혜택을 받았다. 2002년 개정된 주세법은 소규모 양조가 가능했지만 맥주를 만든 곳에서만 판매할 수 있다는 제한이 있었는데 2013년 개정된 주세법에서는 브루 펍 밖으로 맥주의 유통이 허용되었다.

1세대와 2세대는 비즈니스와 제조에 있어서도 차이가 있다. 이런 것은 동기의 차이에서 비롯된다. 1세대 양조장의 오너들은 사업적인 가능성을 보고 이 분야에 뛰어들었다. 하지만 인프라도, 인력도, 제도도 부족한 한국에서 본인들의 의지만으로 사업을 할 수 없었다. 그래서 외국산 장비를 구입했고 외국인 브루마스터를 초빙했고 자연스럽게 당시 맥주 선진국이었던 독일의 영향을 많이 받았다. 따라서 1세대 양조장은 필스너, 바이젠, 둥켈이라 불리는 독일식 맥주 삼총사, 일명 '필바둥'을 주로 생산했다. 1세대 오너에게 들어보면 당시 일정한 품질을 유지하는 것이 무엇보다 힘들었다고 한다.

하지만 2세대는 비즈니스보다 맥주에 보다 집중했다. 한마디로 맥주가 좋아서 열정과 지식을 가지고 시작한 것이다. 그러다보니 이미 실력을 갖추고 출발했거나, 외국에서 경험을 쌓고 시작했거나, 또는 아예 외국인들이 운영한다. 어메이징 브루잉, 핸드앤몰트, 플레이그라운드 브루어리 등이 2세대 양조장에 속한다. 부산에는 유독 2세대 양조장이 많은데 갈매기 브루잉, 고릴라 브루잉, 와일드웨이브 브루잉 등이 있다. 외국인이 시작한 양조장은 대전의 더랜치 브루잉. 서산의 칠홉스 브루잉. 부산의 갈매기 브루잉, 고릴라 브루잉 등이 있다.

이 글을 보고 1세대는 올드하고 너무 사업적이라고 생각하면 안 되겠다. 1세대라고 독일식 맥주만 고집하는 것은 아니다. 동기의 차이를 말한 것뿐이지 어느 양조장이건 비즈니스를 생각하지 않고 제대로 된 운영을 할 수 없다. 그리고 맥주의 품질, 크래프트 정신을 우선으로 생각한다. 1세대에게는 긍지와 자부심이 있다. 그들은 수제 맥주 암흑기에 거대 공룡과 싸워 이겨낸 공로가 있고 그것은 골리앗을 물리친 다윗과도 같다. 그 진흙탕 같은 전장은 다져졌고 그 단단한 토양 위에 2세대들이 꽃을 피우고 열매를 맺은 것이다.

다시 갈매기 브루잉의 이야기를 해보자. 내가 갈매기 브루잉을 말할 때 꺼낼 수 있는 키워드는 2세대, 미국식, 외국인, 이 세 가지이다. 갈매기 브루잉이 설립된 시기는 2014년 1월이다. 2013년에 개정된 주세법이 큰 역할을 한 것이다. 자본이 증자되고 시설이 갖춰져 최종적으로 면허를 취득한 것은 그해 4월이다. 갈매기 브루잉이 양조장을 갖추기 전부터 집시 양조를 하면서 함께했던 양조가들의 일부는 와일드웨이브 브루잉의 대표가 되었고 또는 헤드브루어가 되었으며, 고릴라 브루잉의 브루어가 되었다. 갈매기 브루잉은 부산의 2세대를 대표하지만 마치 부산의 다른 브루어리들을 지원하는 허브 브루어리, 메타 브루어리와 같은 역할을 한 것이다.

갈매기 브루잉이 추구하는 맥주 스타일은 미국식 크래프트 맥주이다. 독일에는 맥주순수령이 있고 영국엔 캐스크 에일이 있다. 체코는 필스너 스타일을 창조했고, 아일랜드는 스타우트로 유명하다. 벨기에는 맥주의 다양성이 발전한 나라다. 미국식 크래프트 맥주를 한마디로 정의하기는 힘들다. 미국 브루어리 협회는 미국 크래프트 맥주를 규모가 작은 곳에서, 맥주 양조 전통을 이어서 만들되, 혁신이 있어야 한다고 정의하고 있다. 이런 미국식 크래프트 맥주를 대표하는 스타일은 APA(아메리카 페일 에일), IPA(인디아 페일 에일), 스타우트 등이다.

갈매기 브루잉의 시그니처 맥주는 '갈매기 IPA'로 역시 미국식 IPA를 표방하고 있다. 갈매기 IPA의 도수는 6.5%이고, 처음 향을 들이키면 솔 향, 건포도 향, 감귤계의 시트러스 향, 자몽 향 등이 복합적으로 쏟아진다. 맛을 보면, 부드럽지만 강한 쓴맛에 이끌린다. 한국인들은 맥주의 강한 쓴맛을 그리 좋아하지 않아 많은 한국의 IPA들이 쓴맛을 줄이고 조금 더 대중적으로 다가가는

면이 있다. 하지만 갈매기 IPA는 '모름지기 IPA라면 이 정도 쓴맛은 가져야해'라며 가이드라인을 제시하고 있는 듯하다. 올솝에게 갈매기 IPA가 미국식 맥주인 이유를 물었다. 그는 세 가지로 대답했다. 첫 번째는 배치를 완성했을 때당분의 밸런스가 드라이하다는 것이다. 두 번째는 강한 쓴맛을 추구한다는 점이다. 이 점에 있어서는 절대 물러서지 않는다고 했다(그는 실제로 'sorry'하지 않는다는 표현을 썼다). 그리고 마지막으로 향이 진한 미국식 홉을 사용했다는 점이다. 그런데 이런 고집은 성공을 거둔 듯하다. 갈매기 IPA는 갈매기브루잉의 진정한 에이스 갈매기가 됐으니까.

갈매기 브루잉의 두 번째 에이스는 에스프레소 바닐라 스타우트이다. 커피와 맥주는 비슷한 점이 많다. 둘 다 콩과 보리라는 곡물을 사용한다는 점도그렇고, 로스팅한 곡물에서 나오는 향과 풍미가 있다는 점도 그렇다. 이런 점에서 착안했을까? 올솝은 상업 양조를 시작하기 전에 오랫동안 홈브루잉 경험을 쌓았다. 그렇게 실력이 쌓이자 책을 보지 않고도 그동안의 경험과 지식만을 가지고 양조를 할 수 있게 되었고, 비슷한 시기에 커피 스타우트를 착안했다. 초콜릿 향이 가득한 스타우트에 커피와 같은 강한 맛이 나면 좋겠다고생각하여 만든 것이다. 에스프레소 바닐라 스타우트는 두 번째 배치 이후 초기 레시피를 변경한 적이 없을 정도로 자부심이 대단하다.

에스프레소 바닐라 스타우트의 양조 과정은 이렇다. 발효 과정이 끝날 즈음에 커피 원두를 판매하는 로스터리에게 전화를 건다. 그럼 커피 로스터리가바로 배송해 준 갓 볶은 신선한 원두를 탱크에 넣는다. 발효 후에 홉을 첨가하여 향을 입히는 것을 '드라이 호핑'이라고 하는데, 올솝은 이것을 '드라이 커핑'이라며 웃으며 얘기했다. 커피는 2~3일 동안 맥주에 향을 입히며 천천히 가라앉는다. 그러면서 맥주에 강한 커피 향이 배는 것이다.

갈매기 브루잉의 혁신은 어디까지일까? 매우 참신한 기획이 2019년도에있었다고 한다. 올솝은 구스 아일랜드의 헤드브루어인 다리오와 친구 사이이

다. 둘은 만날 때마다 밤늦도록 진토닉을 마셨다. 둘은 농담삼아 진을 재료로 한 맥주를 만들면 재미있겠다고 생각했고 그것을 실제로 실천했다. 그렇게 하여 갈매기 브루잉과 구스 아일랜드의 콜라보가 시작되었다. 진은 주정에 주니퍼베리라는 노간주나무의 열매를 사용해 만든 증류주이다. 주니퍼베리는 부드러우면서 약간 솔 향이 나는 식물로 진에 독특한 향을 입힌다. 이번 콜라보에서는 진에 들어가는 6가지 식물을 사용해 봤다. 최대한 진을 표현하기 위해서였다. 시험 배치를 여러 번 겪었는데 결국에는 9.5%의 스트롱 에일이 탄생했다. 정말 진토닉을 마시는 느낌이었다고 한다.

그런데 진과 맥주의 콜라보라니, 나는 맥주의 맛을 떠나 여러모로 흥미로웠다. 진의 역사는 길고 다채로운 이야기가 있다. 진은 주네브로(genevre)라고도 하고 네덜란드어로 예네이버(yenever)라고도 한다. 진은 네덜란드에서 전 국민이 즐겨 마시는 술이었다. 네덜란드 출신의 윌리엄 3세가 영국 왕이 되자 영국에서도 즐겨 마시는 술이 되었다. 윌리엄은 남아도는 곡식 문제를 해결하기 위해 진을 장려했다. 18세기 런던은 세계에서 가장 큰 도시였는데, 당시의 인구만 60만 명이 넘을 정도였다. 빈부의 격차도 상당했고 가난한 사람들이 넘쳐났다. 그들이 현실을 잊고 살아갈 수 있는 원동력은 술이었고, 그중 으뜸은 가장 저렴한 진이었다. 문제는 진이 지금도 4~50도에 이르는 고도수이지만 18세기에는 80도에 달했다는 것이다. 심지어 영국의 서민들은 진을 파인트 잔에 마셨다. 그러다 보니 진은 '선량한 술'이 아닌 '해로운 술'이 되었다. 영국 사회에서 이제 진은 골칫거리가 된 것이다. 진을 마시기 위해 딸을 들판의 배수로에 방치하고, 그것도 모자라 딸의 목을 조르고 밤새도록 진을 마신 어머니의 이야기가 영국의 판례에 남아 있다. 영국 정부는 이제 진을 통제하기 시작했고 진 대신 맥주를 권장했다. 맥주는 많이 마셔도 비교적 취하지 않는 술이기 때문이었다. 이런 진과 맥주의 콜라보라니 내가 관심을 가질 수밖에. 어쩌면 이런 역사도 재해석하여 맥주로 만들어 내는 것, 이것 또한 크래프트 맥주의 정신일지 모른다.

갈매기 브루잉은 이제 배럴 에이지드 맥주에 도전하고 있다. 배럴 에이지드 맥주는 배럴(나무통)에서 일정 기간 숙성한 맥주를 말한다. 배럴은 레드 와인, 화이트 와인, 위스키, 럼 등 다양한 배럴이 있어 어떤 배럴에 어떤 맥주를 보관하느냐에 따라 다양한 맥주가 나온다. 사우어 맥주는 와인 배럴을 사용하면 미친 듯한 신맛이 나올 것이고, 위 헤비를 버번 배럴 혹은 셰리 배럴에 숙성시키면 스코틀랜드 위스키가 떠오를 것이다. 원래 향이 복잡하고 묵직한 임페리얼 스타우트를 배럴에 숙성시키면 더욱 더 다채로운 맛이 날 것이다. 갈매기 브루잉은 이 글을 쓰는 시기에 20통의 배럴을 수입하는 계약을 마쳤다. 올솝은 앞으로 버번 배럴, 와인 배럴, 셰리 배럴 등 다양하게 구매해 시험해 볼 예정이라고 한다. 실험적으로 만들 것이지만 확실히 잘 될 거라고 올솝은 믿고 있다. 도전과 모험이 담긴 갈매기 브루잉의 새로운 맥주 라인업을 기대한다.

갈매기 브루잉의 헤드브루어 라이언(왼쪽)과 대표 스티븐 올솝(오른쪽)

이 맥주의 신맛은 무엇에서 왔을까?
– 와일드웨이브 브루잉

언젠가 아내와 신맛이 나는 맥주 한 병을 나눠 마신 적이 있다. 나는 신맛 맥주를 좋아하는 편이어서 상당한 기대를 안고 아내에게 권했다. 그런데 아내의 반응은 내 기대를 처참하게 무너뜨렸다.

"윽~ 어우, 이거 맥주 맞아? 내 생애 최악의 맥주야!"

아내는 냄새부터 자기와 맞지 않는다고 했다. 맥주에서 신맛은 상한 맛이 아니냐고 했다. 본인 생애 최악의 맥주라고 했던 신맛 맥주는 바로 사우어 계열의 맥주였다. 그런데 이 맥주를 맛본다면, 아내도 더는 최악의 맥주 타령은 하지 않을 것 같다. 맥주 전문 잡지 비어포스트에서 매년 실시하는 대한민국 맥주 소비자 리포트에서 2016년, 2017년, 2018년 3년 연속 소비자 만족도 1위를 차지한 맥주 양조장이 있다. 그리고 이 양조장의 시그니처라 할 수 있는 맥주, 그것은 놀랍게도 '설레임'이라는 불리는 사우어 맥주이다.

나는 처음 이 소식을 들었을 때 다소 놀라웠다. 한국에서 대중적이지 않은 맥주 스타일인데다, 맛이라면 전문가 부럽지 않은 '절대 혀'를 가지고 태어난 내 아내에게 최악의 맥주라는 인상을 준 스타일이 대한민국 소비자들이 뽑은 최고의 맥주라고? 궁금했다. 도대체 이 맥주를 대중들은 어떻게 받아들이는 것인지. 이 맥주의 매력은 무엇인지. 오랫동안 가슴에 담고 있었던 질문을 풀기로 마음먹고 부산의 양조장에 찾아갔다. 와일드웨이브의 김관열 대표와 이준표 앰버서더(前 와일드웨이브 헤드브루어)가 반갑게 맞아주었다. 그리고 사우어 맥주에 대한 비밀을 풀어주었다. 그런데 이번 글은 조금 어려울 수도 있겠다. 사우어 맥주를 이해하려면 아무래도 맥주 양조에 관한 지식이 조금은 필요하기 때문이다.

먼저 사우어 맥주에 대한 정의를 내려 봐야 할 것 같다. 사우어 맥주는 현대 맥주와 고대 맥주가 어떻게 만들어지는지를 알면 이해하기 쉽다. 현대 맥주라 하면 효모의 역할, 즉 알코올과 탄산을 만들어내는 주체를 알고 배양된 순수 효모를 쓰기 시작한 후의 맥주를 말하는데, 이런 맥주의 정형은 생각보다 오래되지 않았다. 효모의 역할을 알기 전까지는 발효는 과학이 아니라 마법이었고, 루이 파스퇴르가 효모의 역할을 밝혀낸 것은 불과 1870년의 일이었다. 이때 발견한 효모를 파스퇴르의 이름을 따서 사카로마이시스 파스토리아누스(Saccharomyces Pastorianus)라고 한다. 또한 덴마크의 칼스버그에서 미생물학자로 일했던 한센은 맥주 발효에만 사용되는 순수한 효모만을 배양하는데 성공했다. 그렇게 하여 현대의 맥주는 대부분 순수 배양된 효모만을 사용해서 만드는 것이다. 하지만 예외는 있으니, 바로 사우어 맥주이다.

사우어 맥주는 어찌 보면 고대의 맥주와 가장 비슷하다. 그럼 고대에는 맥주가 어떻게 만들어졌을까? 최근에 캐나다의 한 대학에서 보리로 빵을 구운 후 물에 개어 낮은 온도에서 자연 발효하는 고대의 맥주 레시피를 발굴하였다. 한 걸음 더 나아가, 이스라엘의 한 고고학 연구팀은 옛 효모까지 부활시켜가면서 고대 맥주를 만들었다. 옛 유적에서 발굴한 과거 효모를 복원하여 맥주 양조에 성공한 것이다. 실제 고대 맥주와 비교해볼 수는 없겠지만, 야생 효모를 사용하여 복원된 맥주는 단맛이 나고 약간 더 시큼한, 현대의 맥주 맛과 다르지 않았다고 한다.

현대 맥주와 고대 맥주의 차이는 아무래도 효모의 차이에서 나온다(그리고 일부는 홉의 차이이다). 자연에서 발생하는 야생의 효모를 사용한 맥주와 순수하게 배양된 효모를 사용한 맥주. 그리고 신맛 특성이 도드라진 맥주와 홉을 사용해 쓴맛의 밸런스를 살린 맥주. 맥주는 어떠한 효모를 사용하느냐에 따라 라거와 에일로 이분된다. 이것을 효모의 활동 영역에 따라 상면발효와 하면발효라고 부르기도 한다. 이것은 단순히 효모의 역할에 따라 나눈 것이다. 맥주를 나누는 구분에 한 가지를 더 추가하자면 미생물과 야생 효모의 도움으로 만들어지는 맥주가 있다. 와일드 맥주 혹은 자연 발효 맥주라 하는데, 바로 이 안에 사우어 맥주가 있다.

사우어 맥주는 역사적으로 독일과 벨기에의 곳곳에서 발생했다. 유럽 맥주 스타일 중에서 사우어 맥주라 할 만한 것에는 람빅, 괴즈, 플랜더스 레드 에일, 베를리너 바이쎄, 아우트 브라운, 고제 등이 있다. 미국에서는 크래프트 브루어와 홈 브루어들 사이에서 전통적인 양조 효모 외에 미생물을 사용한 스페셜티 맥주를 만드는데, 그들은 이를 총칭하여 아메리칸 와일드 에일이라 부른다. 와일드 에일이라 하여 반드시 야생 효모를 사용하여 자연 발효하는 것은 아니지만 어찌 된 것인지 그들 사이에서는 와일드 에일이라 불리기 시작했다.

람빅은 벨기에 브뤼셀 인근 지역의 농가에서 자연 발효로 만든 와일드 에일이다. 발아되지 않은 밀을 30% 정도 사용하고 홉은 3년간 묵혀 사용한다. 숙성 정도와 양조장에 따라 맛도 다르고 탄산감도 다르다. 보통 미숙성 람빅은 홉보다는 산미의 특성이 강하고 탄산감은 거의 없다. 괴즈는 미숙성 람빅과 숙성한 람빅을 블렌딩하여 만든 맥주이고, 과일 람빅은 람빅에 과일을 섞어 과일의 풍미를 높인 맥주이다. 대표적인 스타일로 체리를 섞어 만든 크릭과 라즈베리를 섞어 만든 프람부아즈가 있다. 플랜더스 레드 에일은 벨기에의 플랑드르 서쪽에서 시작한 사우어 맥주로 오크 배럴에서 숙성한 오래된 맥주와 미숙성 맥주를 섞어 만든다. 원래는 벨기에의 전통적인 양조 방식 중 하나였으나 1821년에 설립된 로덴바흐 양조장에 의해 정립되었다. 한국의 마트에서 심심찮게 볼 수 있고 'Ⅳ. 맥주와 브랜드'에 등장했던 두체스 드 부르고뉴도 이 스타일의 맥주이다. 베를리너 바이쎄는 지금은 많이 사려졌지만 독일 베를린의 지역 특산주이다. 한때 나폴레옹이 이 맥주를 북유럽의 샴페인으로 불렀다고 전해진다. 고제는 독일 라이프치히에서 성행했던 전통 맥주로 그 역사가 천 년도 넘는다. 신맛과 약한 수준의 짠맛이 느껴진다. 독일에서는 고제 양조장이 거의 사라졌지만 미국 크래프트 브루어리는 고제에 과일을 첨가하여 더욱 발전시켰다.

국내에서 사우어 맥주를 가장 잘 만드는 곳은 누가 뭐래도 와일드웨이브 브루잉이다. 와일드웨이브는 2015년에 집시 브루잉으로 출발했고, 자체 양조장을 갖게 된 해는 2017년이다. 그때 처음으로 출시한 맥주가 현재까지도 와일드웨이브에서 가장 사랑받고 있는 맥주 '설레임'이다. 와일드웨이브가 처음

으로 양조 시설을 임대한 양조장은 부산의 아키투 브루잉(지금의 어드밴스드 브루잉)이었다. 그러다가 트레비어 브루어리, 어메이징 브루잉에서도 잠시 했었다. 레시피를 가지고 있다고 아무에게나 양조 시설을 임대해 주는 것은 아니다. 그들이 와일드웨이브에 양조장을 임대해 준 것은 업계에서 오래전부터 알고 지냈던 친분도 있긴 했지만, 그보다 사우어 맥주에 대한 가능성을 보았기 때문이다. 시설을 임대해 주는 양조장은 쉽게 시도해 보지 않은 스타일에 대해 경험을 쌓을 수 있었고, 와일드웨이브는 이 스타일이 대중에게 받아들여질 수 있을지의 가능성을 타진해 볼 수 있었다. 이렇게 양조장 간의 이해관계가 잘 맞아떨어졌기 때문에 집시 브루잉이 가능했던 것이다.

사우어 맥주를 만들 때 사용하는 효모는 브레타노마이시스(Brettanomy-ces)라는 효모이다. 일명 브렛이라고 줄여서 말한다. 일반적인 효모는 단당류 외에는 잘 소화하지 못하는 반면, 브렛은 다당류도 잘 분해한다. 탄수화물에서 단당류는 과당이나 포도당, 다당류는 녹말이나 식아 섬유가 대표적이다. 브

렛만 단독으로 사용하는 것은 아니고, 일반적인 맥주에서 사용하는 사카로마이시스 효모와 함께 사용하므로 사우어 맥주는 조금 더 복잡하고 독특한 특성을 가진다. 일반적인 맥주에서는 브렛이 오염 물질로 간주될 수 있다. 하지만 사우어 맥주에서는 이를 잘 통제하여 야생 효모가 가지고 있는 특성을 부여한다. 브렛을 사용할 때는 배럴에 숙성하기도 하는데, 이때 배럴에 붙어 있는 탄닌(tannin, 아주 떫은맛을 내는 폴리페놀의 일종) 성분을 같이 소화시키면서 특유의 캐릭터를 부여한다. 효모에서 나오는 에스테르, 열대 과일에서 나오는 프루티함, 스파이시한 향료의 페놀같은 느낌을 복합적으로 생산해 낼 수 있다. 브렛에서 나오는 산뜻하지 않고 특유의 퀴퀴한 맛을 '펑키(funky)하다'는 표현을 사용하는데 이를 한마디로 명확하게 정의하기는 힘들다. 사람마다 다르겠지만 흔히 '말안장 냄새 같다', '젖은 가죽 냄새 같다', '속옷에서 나는 땀 냄새 같다'고 한다. 나의 경우에는 어릴 적 시골 외양간의 냄새가 느껴진다. 마른 볏짚을 삶아 축축한 채로 소에게 주었을 때의 바로 그 냄새이다.

펑키한 느낌은 브렛에서 나오지만 브렛이 신맛을 많이 내는 것은 아니다. 사우어 맥주에서는 의도적으로 신맛을 내기 위해 락토바실러스(Lactobacillus)와 페디오코커스(Pediococcus)라는 미생물을 사용한다. 락토바실러스는 줄여서 락토라고도 부르며, 우리말로는 젖산균이라고 부른다. 한국의 김치나 요구르트의 신맛을 내는 미생물로 당분을 소화하여 젖산을 만들어 낸다. 페디오코커스는 줄여서 페디오라고 부른다. 젖산균과 비슷하지만 조금 더 거친 느낌의 신맛을 낸다. 주로 브렛과 함께 사용하여 펑키한 느낌을 살린다.

맥주에 신맛을 입히는 과정은 크게 두 가지가 있다. 자연 발효를 통해 야생의 효모나 박테리아를 양조에 허용하는 것과 케틀 사우어링(Kettle Souring)이라고 하는 의도적으로 신맛을 입히는 과정이다. 유럽의 전통적인 사우어 맥주가 자연 발효 방식이었다면, 미국의 크래프트 브루어리들은 케틀 사우어링을 주로 사용한다. 자연 발효 방식은 맥아즙을 쿨쉽(Coolship)에서 천천히 냉각시키는데 이 동안에 야생 효모와 박테리아가 활동을 한다. 자연 발효 방식은 시간이 오래 걸리지만 자연 속에 포함된 다양한 미생물이 활동하므로 다채로운 특성이 기다리고 있다. 한마디로 기다림의 미학이 있는 것이다. 케틀 사우어링은 맥아즙을 탱크 안에 넣고 일정한 온도를 유지하면서 젖산균을 첨가하면서 의도적으로 산을 만들어 내는 과정이다. 케틀 사우어링은 빨리 완성할 수 있지만 사우어의 특성이 단조롭다. 이를 보완하기 위해 드라이 호핑을 하거나 과일을 넣기도 한다. 와일드웨이브에서는 이 두 가지 방식을 모두 사용하고 있다.

그런데 현대와 같은 오염된 도시에서도 자연 발효가 가능할까? 물론 가능한데, 그건 효모가 개체 싸움을 하기 때문이다. 그러니까 어떤 효모가 환경을 지배하느냐에 따라 달라질 수 있다는 것이다. 현대의 맥주 양조장에서 자연 발효를 하기 위해서는 원하는 미생물이 일을 할 수 있는 환경을 만들어 주고 원하지 않은 미생물은 일을 못하게 한다. 이것은 한국의 전통 막걸리 양조장이나 와이너리를 만드는 것과 비슷하다. 한국에서 막걸리 양조장을 다른 곳으로 이전하면 이전의 양조장에서 만든 막걸리를 새로운 양조장의 시설 곳곳에 뿌

와일드웨이브의 브렛벨라(왼쪽)와 레드홀릭(오른쪽)

려 준다. 대들보에도 뿌리고 지붕에도 뿌린다. 이것이 바로 원하는 미생물들이 개체를 선점하기 위한 환경을 만들어 주는 것이다.

케틀 사우어링은 일반적인 맥주 양조 과정 즉, 맥아즙을 만들고, 홉을 넣고 끓이고, 워트(맥아즙에 홉을 넣고 끓인 것)를 빠르게 식히고, 효모를 넣고 발효시키는 과정에 사우어링 과정이 추가된다. 이중 홉은 맥주에서 쓴맛과 향을 담당하면서 방부제의 역할도 하므로, 홉이 미생물의 활동을 막기 전에 사우어링 과정이 들어간다. 자연 쿨링을 할 경우에는 굳이 케틀 사우어링을 할 필요가 없으니, 케틀 사우어링은 사우어를 빠르게 만들기 위한 과정이라고 생각하면 된다.

와일드웨이브의 설레임을 마셔 보았다. 요구르트에서 단맛이 빠진 신맛이 느껴졌다. 산뜻한 신맛이었다. 여름 더위에 지쳐 입맛을 잃었을 때 집 나간 입맛이 살아 돌아올 것 같았다. 아니면 식전주로도 적당할 것 같다. 대단히 펑키한 느낌은 아니다. 와일드웨이브에서 가장 펑키함을 느껴 보려면 브렛 호피 IPA를 추천한다. 설레임 플러스도 있다. 설레임이 유산균에서 나오는 산미와 드라이 호핑이 부각되었다면 설레임 플러스는 신맛과 과일 맛에 부담이 되는 분들에게 추천하는 맥주이다. 설레임 플러스는 캐러멜 몰트를 사용하였다. 캐러멜 몰트로 인해 신맛을 조금 낮추고 부드러운 커피 향과 캐러멜의 단맛이 조화롭게 어우러져 있다.

와일드웨이브 브루잉은 사우어 맥주 종합 선물세트이다. 김관열 대표와 이준표 앰버서더에게 이 양조장의 수많은 사우어 맥주 중 가장 좋아하는 맥주 한 개만 추천해 달라고 요청했다. 둘은 각각 패셔네이드와 레드 홀릭을 추천했다. 패셔네이드는 베를리너 바이쎄 스타일의 맥주다. 독일의 베를리너 바이쎄는 신맛이 아주 강해서 부담스러울 수도 있지만, 패셔네이드는 열대 과일을 넣어서 음용성은 높이고 프룻 람빅 같은 느낌을 더했다고 한다. 레드 홀릭은 배럴 에이징 사우어로 오크통에서 오랜 시간을 보낸 맥주와 새롭게 만든 사우어 맥주를 블렌딩하고 블랙커런트와 체리를 넣어 만든 맥주이다. 맥주와 와인을 모두 좋아하는 분, 페일 에일의 쓴맛과 향을 좋아하지 않는 분이라면 또 다른 재미를 선사할 것이다.

나는 개인적으로 벨지안 라이 IPA인 벨라가 무척 마음에 들었다. 벨라는 벨기에 효모를 사용해서 과일 같은 에스테르가 느껴지고, 호밀에서 나오는 쌉쌀함과 스파이시함, 그리고 아메리카 홉을 사용해 IPA 느낌을 가진 맥주이다. 벨라는 스페인어로 아름다운 여성이라는 뜻이라는데 7%에 이르는 이 맥주는 여러 가지 매력이 있는 아주 치명적인 여성으로 느껴졌다.

와일드웨이브는 자발적으로 맥주 심사 대회에 참여한 적은 없다고 한다. 요즘처럼 맥주 대회 시상을 양조장의 간판처럼 여기는 시대에 대단히 이례적인 일이다. 그럼에도 불구하고 와일드웨이브와 사우어 맥주는 소비자들이 뽑은 맥주로 뽑혔다. 과연 이렇게 대중적이지 않은 맥주가 한국에서 사랑받는 이유는 무엇일까? 우리나라 사람들은 기본적으로 산미에 대한 거부감이 없기 때문이다. 어려서부터 먹어 왔던 김치와 한국식 요구르트의 유산균은 사우어 맥주에서 사용하는 유산균과 같은 것이다. 하지만 맥주의 신맛은 아직도 한국의 대중들에게는 익숙하지 않다. 맥주에서 신맛이 나면 이상할 것 같다는 선입견은 사우어 맥주에 대한 진입장벽을 높인다. 사우어 맥주는 진정 사랑받기에 충분하니 조금 더 대중들이 알아주기를 바란다. 이런 점에서 와일드웨이브 브루잉의 존재는 지대하다. 최근 와일드웨이브는 헤드브루어로 일하던 이준표 브루어를 앰버서더로 바꾸어 사우어 맥주를 알리는 일을 하고 있다. 또한 과일이 들어간 사우어 맥주를 개발하여 대중이 쉽게 진입할 수 있도록 하고 있다. 김관열 대표는 사우어 맥주를 여러 번 말하는 것보다 한 번 마시게 하는 것이 더 낫다고 한다. 그는 한 번도 마셔 보지 않은 사람은 있어도 한 번을 마시면 다시 찾지 않을 사람은 없을 거라고 자신한다.

이준표 앰버서더(왼쪽), 김관열 대표(가운데)

수염 난 남자와 여자가 만드는 맥주가 맛있다
– 브로이하우스 바네하임

닌카시에게 바치는 찬양

닌카시,

당신은 커다란 갈대 매트에 가공된 맥즙을 펼쳐 놓는 분이니,

서늘하게 식으면 두 손으로 달콤한 저 위대한 맥즙을 집어

꿀과 와인으로 맥주를 만드신다.

– 〈맥주의 정석〉에서

　맥주 업계에서는 오래된 속설이 하나 있다. '수염이 난 남자와 여자가 만드는 맥주가 더 맛있다'는 속설이다. 과연 그럴까? 맥주의 역사를 재치 있게 기술한 '맥주, 세상을 들이켜다'에 보면 이에 대한 흥미로운 대목이 나온다. 이 책의 저자는 대체로 여자들이 맥주를 잘 빚을 확률이 높다고 말한다. 그 이유로 맥주를 끓일 때 뜨거운 열기를 쐬면 피부에서 효모가 배출되는데, 이 양이 여성

이 남성보다 많기 때문이라고. 믿을 만한 사실인지는 알 수 없다. 하지만 분명히, 맥주의 역사에서 여성이 기여한 바는 많다.

몇 가지 예를 들어 보겠다. 우선 신화 속에 등장하는 맥주의 신은 대부분 남신이 아닌 여신이다. 인류 최초의 문명 발생지이자 맥주가 처음으로 발견된 메소포타미아의 수메르에서는 닌카시라는 양조와 술의 여신이 있었다. 이 여신은 얼마나 유명한지 미국의 크래프트 업계에는 이 이름을 딴 양조장이 있을 정도다. 이집트에서는 '술독에 빠진 여신' 하토르 여신을 기념하고 맥주를 통해 인류를 구원한다는 이유로 만취할 때까지 맥주를 마시는 축제가 있었다. 영화 〈어벤져스〉의 토르로 주가가 올라간 북유럽 신화에는 게르만 민족에게 맥주를 선물한 오딘과 그의 아내 프리그가 누가 더 맛있는 맥주를 만드는지를 내기하기도 하였다. 그리스 신화에는 세레스라는 여신이 풍요의 신, 대지의 어머니로 나오고 스페인과 포르투갈에서는 맥주를 부르는 말인 세르베사와 세르베자의 어원이 되었다.

중세에서 맥주를 빚는 역할은 거의 여자가 전담했다고 봐도 무방하다. 그들을 에일 와이프라 불렀다. 중세의 에일 와이프는 전쟁에 나간 남편 혹은 바깥으로 일을 하러 나간 남편을 대신해 가정에서 맥주를 빚었다. 이렇게 여성이 빚던 가양주가 남자의 몫이 된 것은 수도원과 산업화 때문이었다. 그렇다고 수도원에서 남자만이 맥주를 빚었던 것은 아니었다. 오히려 수도원에서 맥주를 빚어 유명한 여성들이 많다. 12세기 독일 빙겐 지역의 수녀원 원장 힐데가르트는 최초로 홉에 대한 기록을 남긴 걸로 유명하다. 그녀는 뛰어난 양조 실력을 가졌고 평생 동안 하루 한 잔의 맥주를 마셨다고 한다. 16세기 종교 개혁을 시작한 마틴 루터는 성경만큼이나 맥주를 사랑한 인물이었다. 그는 모두의 반대를 무릅쓰고 카타리나 폰 보라라는 수녀와 결혼했는데, 그녀는 전직 로마 가톨릭 수녀로 수녀원에서 맥주를 빚는 책임 양조가였다. 결혼 후에는 루터에게 평생 동안 맛있는 맥주를 공급해주었으며 종교 개혁에도 이바지했다.

이 이야기를 바네하임의 김정하 대표에게 들려주었더니 '글쎄요'라고 답했다. 맥주를 15년간 만들어 온 여성 양조가여도 여성 호르몬이 맥주를 잘 빚게 하는지는 알 수 없는 일이다. 대신 그녀는 남자가 만든 맥주가 거친 느낌이 있을 수도 있고, 여자가 만든 맥주가 부드럽고 섬세할 수도 있을 것이라 했다. 그녀가 만든 맥주 중에 벚꽃 라거와 장미 에일이 떠올라 쉽게 수긍할 수 있었다. 아무래도 여성들이 오랜 기간 주방과 음식을 대부분 담당해왔기 때문에 식재료에 대한 이해, 맛보기 등의 경험이 잘 활용되었을 것이라고 했다. 그녀는 대학에서 조리를 전공한 경험이 도움이 되었다고.

바네하임의 벚꽃라거.
사진 출처: 바네하임 페이스북(facebook.com/vaneheimbrewery)

김정하 대표는 서울 노원구 공릉동에 2004년 설립한 수제 맥주펍 브로이하우스 바네하임의 대표이자 브루마스터이다. 2002년에 주세법이 개정되면서 소규모 맥주 제조 면허가 생겼으니 1세대인 셈이다. 그런데 다른 1세대와는 달라도 많이 다르다. 당시 1세대의 수제 맥주 오너들은 대부분 사업적인 감각이 뛰어나 이 분야에 뛰어들었다. 정부가 주세법을 개정하면서 마련해 준 블루오션이었기 때문이었다. 그들은 십수억 원에 달하는 맥주 제조 장비를 사들이고 외국의 맥주 기술자를 초빙해 맥주를 생산했다. 대부분 큰 홀을 갖추고 있었고 직원도 여러 명이었다. 당시 내가 자주 갔던 비어 하우스(당시에는 이렇게 불렸다)에는 외국인 밴드까지 갖추고 있었다. 1세대 하우스 맥주로 명맥을 유지하는 곳으로 서울에는 옥토버훼스트가 있었고, 대전에는 바이젠하우스가 있었다(지금도 있다). 대기업도 뛰어든 적이 있는데 지금은 사라졌지만 현대상사에서 설립한 미요센이라는 곳도 있었다.

그런데, 바네하임은 다른 1세대와는 출발한 동기가 다르다. 김정하 대표는 술을 좋아하는 아버지의 권유로 이 일을 시작하게 되었다고 했다. 원래 조리과를 나왔고 음식 만드는 것을 좋아했지만 어릴 때부터 탄산음료를 마시지 못해서 맥주를 즐겨 마시지는 않았다. 그러던 그녀가 아버지와 함께 수제 맥주를 맛보았고, 탄산감으로만 가득한 다른 맥주와는 다르게 맥주에서 맛이라는 게 느껴졌다. 수제 맥주의 매력에 빠졌지만 처음부터 큰 규모로 할 수 있는 환경이 아니었다. 그녀가 태어나고 자란 공릉동에 작은 양조장이 딸린 레스토랑을 차렸고, 5년만 하고 그만두자는 생각으로 시작했다. 초반부터 상당히 힘들었다고 한다. 주택가가 밀집되어 있는 동네에 있다 보니 고가의 맥주를 마시려는 사람들이 없었고, 제대로 홍보할 수 있는 수단도 몰랐다. 수제 맥주에 어울리는 고급 이미지의 레스토랑으로 가려다 보니 아르바이트보다는 직원을 고용해야 했고 덕분에 인건비도 상승했다. 그녀는 초반에 여러 번 문을 닫을 정도로 힘들었지만 그때마다 아버지가 많은 도움을 주셨다고 했다.

수제 맥주의 열풍은 2~3년이 지나자 꺼지기 시작했다. 지금까지 남아 있는 1세대 수제 맥주 양조장들은 그 시기를 잘 버티고 살아남았지만 많은 양조장들이 서서히 사라졌다. 현대상사의 미요센도 2년을 버티지 못하고 문을 닫았다. 하지만 바네하임은 오히려 조금씩이나마 매년 매출이 늘었다. 그 이유는 처음부터 양조장 규모를 크게 시작하지 않았기 때문이라고 한다. 그리고 항상 맥주가 중심이었다. 맥주가 흔들리면 모든 것이 흔들릴 거라 생각했다. 그래서 김정하 대표는 직접 양조의 길에 뛰어들었다. 다른 1세대 양조장들이 경영과 양조를 철저하게 분리했던 것에 반해 상당히 독특한 것이었다. 처음부터 양조를 할 생각은 아니었다. 처음엔 경력이 없었던 양조 직원을 채용했다. 그에게 모든 양조 권한을 주진 않았지만 본인에게 기술이 없었기 때문에 대부분 그에게 맡길 수밖에 없었다. 하지만, 양조 직원이 한 달도 안 되어 그만두면서 모든 것을 깨달았다. 이런 문제는 언제든 다시 일어날 수 있는 일이라고, 지금부터라도 내가 나서야 한다고. 처음에는 양조 시설을 납품받은 회사로부터 기계 작동 방법을 익히고 그들이 제공한 양조 레시피대로 만들기 시작했다. 그것을 혼자서 오롯이 해냈다.

바네하임에서 만드는 맥주는 매일 마실 수 있는 편안한 맥주이다. 처음부터 그렇게 의도한 것은 아니었지만 맥주에 집중해 하나둘 개발하다 보니 본인이 추구하는 스타일이 세션 스타일[1]임을 깨달았다. 바네하임은 초기에 프레아 에일과 노트 에일을 생산했고, 12년이 지난 2016년에 란드 에일을 생산했다. 그동안 기계의 생산능력이 좋지 못해 2종만 출시했다가 유통이 시작되면서 생산량을 늘린 것이다. 이 맥주는 지금까지도 바네하임에서 가장 사랑받는 맥주 삼총사이다. 프레아 에일은 음용성이 좋은 편안한 에일이고, 노트 에일은 도수가 세지 않고 편하게 마실 수 있는 흑맥주이다. 란드 에일은 여행 중

---

[1] 도수가 높지 않지만 풍미가 가득한 편안한 스타일의 맥주. 예를 들어 페일 에일보다 도수가 더 높고 홉이 많이 들어간 스타일을 IPA라고 하는데, 세션 IPA라고 하면 도수가 높지 않고 홉의 쓴맛이 적어 좀 더 대중적인 IPA를 말한다.

알래스카에서 마신 알트 비어를 연상하면서 만든 맥주인데, 독일식 알트 비어는 아니고 아이리쉬 레드 에일로 몰트 특성이 강하다. 이 3개의 맥주는 모두 고대 게르만어에서 이름을 따왔는데, 프레아는 군주, 노트는 밤, 란드는 땅을 의미한다.

김정하 대표의 이야기를 가만히 듣고 있다 보니 문득 일본 미노비루(箕面ビール)의 여성 창업자 카오리가 떠올랐다. 미노비루는 일본 오사카에 양조장을 두고 있는 크래프트 맥주 회사이다. 그녀는 주류 판매점을 운영하는 아버지를 따라 두 여동생과 함께 양조장을 설립했다. 맥주를 만들기에 적합한 장소를 찾다 오사카 주변의 작은 동네를 골라 매일 마실 수 있는 친근하고 편안한 데일리 맥주를 만들고 있다. 일본에서도 여성 양조가는 흔하지 않은 일이라서 기억하고 있었다. 미노비루 이야기를 꺼내자 김정하 대표는 반가워하며 카오리와 잘 아는 사이라고 했다. 역시 국경을 초월한 여성 양조가들만의 커뮤니티가 있었다. 한국의 여성 양조가는 생각보다 많지는 않지만, 몇몇 생각나는 이름이 있다. 바이젠하우스에는 모든 양조 업무를 총괄 지휘하는 권경민 브루마스터가 있고, 코리아 크래프트 브류어리에는 해운대 맥주를 개발한 김우진 팀장이 있다. 그밖에 최근 칼리갈리 브루잉에서 문베어 브루잉으로 옮긴 김주미 리더 브루어가 있다. 핸드앤몰트에는 이지은 브루어, 더테이블에는 김원 브루어가 있다. 2019년 김정하 대표와 이 여성 양조가들이 한 자리에 모여 하나의 맥주를 공동 양조하였다. 맥주 한 잔으로 더 크고 확실한 행복을 선사한다는 의미로 이 맥주에 '대확행 IPA(플레이그라운드 브루어리)'라는 이름을 붙였다. 해외에는 맥주 산업에 종사하는 여성을 지원하는 국제 비영리단체 핑크 부츠 소사이어티(Pink Boots Society)가 있다. 대확행 IPA에는 이 단체의 핑크 부츠 홉 블렌드를 사용하였다.

바네하임에서 여성의 섬세함이 돋보이는 분야 중 하나는 푸드이다. 푸드 페어링은 그저 개인의 취향 정도라고 생각할 수도 있다. 하지만, 푸드 페어링

Photocredit © Jonas Jacobsson

일본 미노비루에서 출시된 여성이 만든 맥주들

은 대중들이 납득할 수 있는 보편성을 가지고 있어야 한다. 김정하 대표가 생각하는 푸드 페어링은 비슷한 계열의 맥주와 음식을 매칭시켜 맛을 극대화시키고 전체적으로 균형을 맞추는 것이라 했다. 그래야만 실패할 확률이 낮아진다. 예를 들어 스모크 비어는 훈제 소시지나 훈제 베이컨, 훈제 장어, 훈제 족발 등과 어울린다. 각각을 따로 먹는 것이 아니고, 음식과 맥주를 함께 섞어 입안으로 넘겼을 때 맛이 더욱 극대화된다. 바네하임의 프레아 에일은 바네하임의 토마토 해산물 스튜와 잘 어울린다. 프레아 에일의 로스팅된 맥아의 맛과 스튜에 들어있는 살짝 로스팅(?) 된 누룽지가 원료가 가지고 있는 특징을 크게 부각하기 때문이다. 그녀는 이밖에도 많은 예를 들려주었다. 하지만 너무 걱정하지 말라며, 특히 푸드 페어링이라는 단어에 현혹되지 말라고 했다. 한국 사람들은 이미 전통적으로 푸드 페어링을 잘해오고 있었다고. 치킨에는 맥주, 막걸리에는 파전, 이런 식으로 말이다.

　김정하 대표는 전통적인 양조의 영역에서 남성들이 하지 못하는 많은 일들을 해내고 있다. 2019년에는 농업진흥청과 3년간 했던 과제로 '도담도담'이라는 쌀맥주를 만들어 냈다. 아직은 국산 보리를 사용해서 맥주를 만드는 것은 쉽지 않은 일이다. 국산 재료가 비싸기도 하고, 맥주 보리 품종으로서 품질이 따라 주지 않기 때문이다. 그래서 국산 재료는 맥주의 주재료보다는 부재료로 쓰이는 실정이다. 도담도담에는 전북 익산에서 재배한 도담 쌀이 30% 정도 들어간다. 도담 쌀은 기능성 쌀로 식이섬유가 많고 당 흡수가 안 되는 전분을 많이 가지고 있다. 한마디로 당화 과정이 쉽지 않다. 여러 번의 시험 배치를 통해서 30%를 썼을 때 쌀에서는 나오는 알코올이 맥주의 맛을 헤치지 않는다는 것을 찾아냈다.

또한, 그녀는 여성 양조가의 성장을 돕기 위한 일을 하고 있다. 비정기적으로 강연을 하고 있으며, 맥주 문화를 알리기 위한 한국맥주문화협회의 이사이기도 하다. 최근에는 '맥주 만드는 여자'라는 책을 내기도 했다. 펍을 창업하거나 양조장을 만들고 싶은 많은 여성분들에게 책을 통해 그녀의 경험을 공유하고 싶어서 책을 냈다고 했다.

김정하 대표는 한국 여성 양조가들의 모범이 되는, 1세대 브루어리 양조가로 자리매김하고 있다.

바네하임의 다복이 맥주

Book · Character · Goods · Advertisement · Graphic · Marketing · Brand consulting

D · J · I
BOOKS
DESIGN
STUDIO

D·J·I BOOKS DESIGN STUDIO

내일의 디자인
더 나은 디자인

DESIGN STUDIO

- 디제이아이 북스 디자인 스튜디오 -

|

BOOK ·CHARACTER ·GOODS ·ADVERTISEMENT
GRAPHIC · MARKETING · BRAND CONSULTING

FACEBOOK.COM/DJIDESIGN

5분 만에 읽는 방구석 맥주 여행

1판 1쇄 인쇄 2020년 6월 1일
1판 1쇄 발행 2020년 6월 10일

지 은 이 　**염태진**
발 행 인 　**이미옥**
발 행 처 　**J&jj**
정　　가 　**20,000원**
등 록 일 　**2014년 5월 2일**
등록번호 　**220-90-18139**
주　　소 　**(03979) 서울 마포구 성미산로 23길 72 (연남동)**
전화번호 　**(02) 447-3157~8**
팩스번호 　**(02) 447-3159**

ISBN 979-11-86972-68-7 (13590)
J-20-01

제이 앤 제이제이